普通高等教育"十一五"国家级规划教材（高职高专教育）

PUTONG
GAODENG JIAOYU
SHIYIWU
GUOJIAJI GUIHUA JIAOCAI

建筑装饰设计

（第二版）

编　著　刘超英　张玉明
　　　　龚一红　段　然
主　审　陈静勇　季　翔

中国电力出版社
http://jc.cepp.com.cn

内 容 提 要

本书为普通高等教材“十一五”国家级规划教材（高职高专教育），是按“职业属性的专业观、工作过程的课程观、行动导向的教学观和学习情景的建设观”开发的新概念教材。

全书按8个学习领域，24个学习情景进行设计。每个学习情景链接了若干个知识点，详尽地介绍了建筑装饰设计的概念、特点、类型；基本原理、依据、方法；行为、尺度、心理；空间、界面、构件；形态、色彩、肌理；采光、照明、灯具；家具、织物、陈设；绿化、庭院、植物。本书还创新设计了“工学结合、行动导向”的教案，对学生的知识要求、能力要求、实践项目、教学场所、教学方法、作业要求、教学评价做了详尽的教学建议，对本课程的教学能起到科学的引导作用。全书图文并茂，论述系统科学、表述深入浅出，列举了大量最新工程实例。

本书主要作为建筑装饰、建筑设计、环境艺术、园林等专业教材使用，也可作为本行业的高级职业培训教材使用，同时对从事本行业的工程技术人员也有一定的参考作用。

图书在版编目（CIP）数据

建筑装饰设计／刘超英等编著．—2版．—北京：中国电力出版社，2009.2（2016.1重印）
普通高等教育“十一五”国家级规划教材．高职高专教育
ISBN 978-7-5083-7839-8

Ⅰ.建… Ⅱ.刘… Ⅲ.建筑装饰－建筑设计－高等学校：技术学校－教材 Ⅳ.TU238

中国版本图书馆CIP数据核字（2008）第139416号

中国电力出版社出版、发行
北京三里河路6号 100044 http://jc.cepp.com.cn
北京博图彩色印刷有限公司印刷
各地新华书店经售
*
2004年9月第一次版
2009年2月第二版　　2016年1月北京第四次印刷
787mm×1092mm　16开本　14.25印张　425千字
定价：39.80元

前言

本书的第一版推出后得到了众多学校的欢迎，并获得了很多正面的评价和有益的建议，本教材还得到了本行业专家的首肯，被评为普通高等教育“十一五”国家级规划教材。在出版第二版时，本书的作者对全书做了全面的修订升级，尤其是按 “职业属性的专业观、工作过程的课程观、行动导向的教学观和学习情景的建设观”重新组织了本书的内容。全书按8个学习领域，24个学习情景进行设计。每个学习情景链接了若干个知识点，详尽地介绍了建筑装饰设计的概念、特点、类型；建筑装饰设计的原理、依据、方法；建筑装饰设计的行为、尺度、心理；建筑装饰设计的空间、界面、构件；建筑装饰设计的形态、色彩、肌理；建筑装饰设计的采光、照明、灯具；建筑装饰设计的家具、织物、陈设；建筑装饰设计的绿化、庭院、植物。

本教材还创新设计了“工学结合、行动导向”的课程教案，对学生的知识要求、能力要求、实践项目、教学场所、教学方法、作业要求、教学评价做了详尽的教学建议，相信对本课程的教和学能起到科学的引导作用。但这部分的工作还处在探索实验阶段，希望我们的努力有助于“工学结合、行动导向”教改的深入，更希望同行专家、师生对我们的努力提出批评和改进意见。

本书的作者作了一些调整，宗旨是更多地吸收高职高专院校的优秀作者。学习领域1、2、7由宁波工程学院刘超英编著，学习领域3、4、6由山东建筑大学张玉明编著，学习领域5由浙江建设职业技术学院龚一红编著，学习领域8由宁波工程学院段然编著。感谢北京建筑工程学院陈静勇老师和徐州建筑职业技术学院季翔老师担任本书的主审。本书参考和吸收了国内外有关专家学者的学术见解和研究、实践成果，我们向这些专家学者表示崇高的敬意。此外，各个学校的校、系领导对本书的写作提供了各种方便和支持，中国电力出版社的有关领导及编辑为本书的出版倾注了很大的心血，对此向他们表示衷心的感谢。

刘超英

2008.08.08

第一版前言

建筑装饰设计作为一个满足人们精神物质需要、与人民生活密切相关的热门专业，目前受到社会极大的关注，它在国民经济中和人民文化生活中的重要性正日益地显示出来。

艺术与工程管理科学交叉是这个专业的一个鲜明的特点。因此，这个专业在学习上需要兼顾审美素质、工程素质和管理素养的培养，并使之达到有机的统一。在这个专业的学习上需要掌握的知识点很多，在人文艺术方面有艺术素养、造型基础、设计基础、历史文化、民间文化、流行文化等相关知识；在工程科学方面有工程制图、人体工程、建筑材料、施工技术、建筑物理、建筑设备、环境绿化等相关知识；在管理科学方面有施工管理、环境行为和环境心理、公共关系、市场营销、建筑经济和企业管理等相关知识。这么多的知识点，对一个初学者和初入此道的人来说未免有点眼花缭乱，在学习上具有一定的难度。但是，不要因此有畏难情绪。只要掌握恰当的方法，能够正确地入门，走正确的学习道路，就会有条有理地掌握一个又一个知识点，逐步成为这方面的行家。

本书是建筑装饰设计这个复杂的交叉专业的引导性教材。本教材的编写不是就设计论设计，不但提纲挈领地论述了建筑装饰设计的概念、建筑装饰设计的主要原理，而且概括性地介绍了建筑装饰设计相关的主要学科，并对建筑装饰这个行业和建筑装饰设计师这个职业以及建筑装饰设计师应该具备的素养进行了独到的介绍。本书有助于初入此道的人对建筑装饰设计在宏观上建立正确的概念，以便进一步学习其他各个方面的专业知识。

本书共分十章。第一、二、三、八章由宁波工程学院刘超英编写，第四、五、七、十章由山东建筑工程学院张玉明编写，第六章由长春工程学院刘秀梅编写，第九章由宁波工程学院段然编写。本书参考和吸收了国内外有关专家学者的学术见解和研究、实践成果。北京建筑工程学院陈静勇老师审阅了全稿，并提出了宝贵的意见和建议。此外，学院和系领导对本书的写作提供了各种方便和支持，中国电力出版社的有关领导和庞俊秀老师为本书的出版倾注了很大的心血。对此，向他们表示衷心的感谢。

由于本书涉及的知识点很多，编写人员虽然付出了极大努力，但一定还存在着不少疏漏和不妥之处，敬请广大读者批评指正。

作者

2004.1

目录

目录

[学习领域] 1

建筑装饰设计的概念、特点、类型

课程教学建议表

学习情景	[学习情景] 1.1　概念 知识链接1.1.1　建筑装饰的概念 知识链接1.1.2　设计的概念 知识链接1.1.3　建筑装饰设计与建筑的关系 知识链接1.1.4　建筑装饰行业的地位与作用 [学习情景] 1.2　特点 知识链接1.2.1　从属于建筑又不局限于建筑 知识链接1.2.2　艺术与科学并重 知识链接1.2.3　时代性强，发展迅速 [学习情景] 1.3　类型 知识链接1.3.1　建筑装饰设计的对象分类 知识链接1.3.2　不同功能对象对建筑装饰的总体要求
知识要求	1. 明确建筑装饰与建筑装饰设计的概念 2. 了解建筑装饰设计的特点 3. 掌握建筑装饰设计的分类及设计要求（重点）
能力要求	1. 参观考察能力尤其是观察能力 2. 资料收集能力 3. 竞争合作能力 4. 综合分析能力 5. 交流表达能力，包括文本制作和语言表达交流能力
实践项目	参观、考察、观察、摄影、收集图片、综合分析、写出考察报告
教学场所	教室 + 各类建筑装饰现场
教学方法	自学教材相关章节，然后完成下列教学任务 1. 按建筑装饰设计的分类，参观、考察各类现场 2. 要求学生拍摄不同现场的典型照片，或者通过专业书籍、网络媒体等收集各类典型的现场照片，参考教材，写出点评性的考察报告 3. 分组制作PPT考察报告，进行交流 4. 对学生的PPT由学生互评 + 教师点评
作业要求	学生以学生团队（作业小组每组4～6人）的形式，分工考察2～3类建筑装饰现场，分别写出考察报告。各小组至少调查2类场所。各类场所不少于10张照片；点评文字不少于500字。PPT20～30页；考察报告采用word文档，A4，利用业余时间完成，在下周上课之前上交。
教学评价	1. 相关概念正确，重点评价知识掌握情况（20%） 2. 考察到位，数量符合要求，重点评价考察、观察能力评价（20%） 3. 小组成员分工合理，任务均衡，态度积极，重点评价竞合能力（20%） 4. 资料收集正确，分析到位，重点评价综合分析能力（20%） 5. 考察报告符合要求，版面美观，汇报流畅，重点评价交流表达能力（15%） 6. 完成时间（5%）

[学习情景] 1.1 概念

知识链接1.1.1 建筑装饰的概念

“建筑装饰”是什么？从字面就可以略知一、二，建筑装饰是以建筑为对象的装饰。那么，只要我们把建筑和装饰这两个概念搞清楚，也就搞清了建筑装饰的基本概念。

《辞海》把“建筑”定义为（辞海1979年版缩印本499页）：

1. 建筑物和构筑物的统称；
2. 工程技术和建筑艺术的综合创作活动；
3. 各种土木工程、建筑工程的建造活动。

这个定义有三层意思：

第一层意思说的是建筑的范围。建筑物和构筑物的范围是相当大的。它不但包括通常人们熟知的房屋类的建筑物，而且包括水利工程、道路工程、园林工程、城市设施、游乐工程、风景工程、环境工程等需要构筑的对象。

第二层意思说的是这些对象的设计内容。即这些对象的创作包含工程技术和建筑艺术两大内容，缺一不可。它们是联系的，不是孤立的。用形象的话来说是“一个硬币的两个面”，离开了谁都不能成立。从高等学校的专业目录来看，它包括“建筑学”和“土木工程”两大学科。

第三层意思说的是实现上述设计需要进行的建造工作，即设计的实现必须经过建造这个环节。建造活动现在也是一个十分庞大的学科，材料学、施工技术、管理技术是建造活动的主要内容。

《辞海》对“装饰”的定义是：

修饰、打扮。

《中国大百科全书》对装饰艺术（Decoration art）的定义是：

依附于某一主体的绘画或雕塑工艺。使被装饰的主体得到合乎其功利要求的美化。

装饰艺术与人的日常生活联系广泛，结合紧密。如环境艺术设计、工业设计、日常用品装饰如服装、首饰、商品包装等，几乎一切工艺领域均与装饰艺术有关。从其与装饰主体的关系看，它有双重性。一方面，它必须从属于主体，即装饰是从使用功能的角度来标明主体的特征、性质、功用以及价值；另一方面，装饰艺术亦可从主体当中独立而出，显示出自己的审美价值。如中国古代汉墓中作为装饰的画像石、画像砖，它附属于整个墓室，与其浑然不可分离。然而，其精美、恢宏、古拙的画面完全可视为完美的艺术品。

从上述权威著作对“建筑”和“装饰”的定义，我们可以知道建筑装饰的基本含义。

中国建筑装饰协会在2001年对建筑装饰下了一个定义[❶]：

建筑装饰是指为使建筑物、构造物内外空间达到一定的环境质量要求，使用装饰装修材料，对建筑物、构造物外表和内部进行修饰处理的工程建筑活动。

从这个定义来看：

（1）建筑装饰的主体是“建筑物、构造物内外空间”；

---

❶ 2001年12月24日《经济日报》第5版中国建筑装饰协会课题组《建筑装饰业：充满生机和活力——建筑装饰行业在国民经济和社会发展中的地位和作用》。

（2）建筑装饰的要求是“一定的环境质量要求”。它不仅包括物理、技术的环境质量要求，更包括审美和心理的环境质量要求；

（3）建筑装饰需要“使用装饰装修材料”，它们是建筑装饰必须使用的物质；

（4）建筑装饰的对象是“建筑物、构造物外表和内部”。它们是建筑装饰的实际部位；

（5）建筑装饰的内容是对建筑装饰的实际部位“进行修饰处理”。它同样包括工程技术和装饰艺术两个层面；

（6）建筑装饰的形式是“工程建筑活动”。这个活动指的是实现上述两个层面内容必须进行的建造活动，包括施工技术和管理技术等内容。

从上述表述来看，建筑装饰的范围相当大，内容也十分丰富。不但包括建筑室内环境设计，还包括建筑室外环境设计。

我们可以用一张图来表达建筑装饰的范围，如图1–1所示。

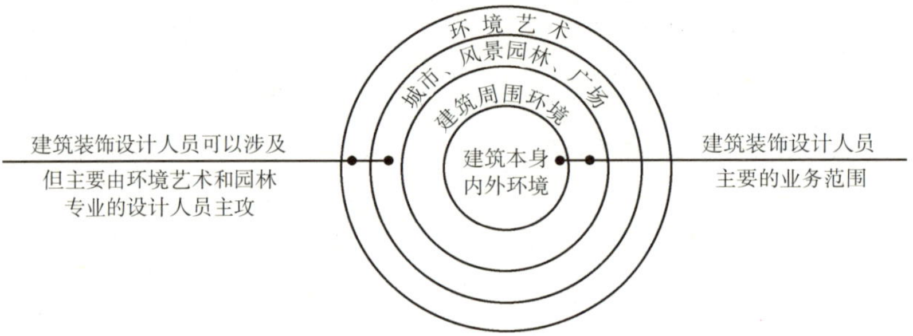

● 图1–1　建筑装饰范围示意图

知识链接1.1.2　设计的概念

设计的概念是什么呢？“设计”这个词的英文是“design”，它有如下词义：①设计，定计划。②描绘草图，逐渐完成精美图案或作品。③对一定目的的预定与配合。④计划、企划。⑤意图。⑥用图章、图记来表达与承认事件。日文在翻译“design”这个词时除了使用“设计”这个词以外，也曾用“意匠”、“图案”、“构成”、“造型”等汉字所组成的词来表示“design”。

英国设计史学家安东尼—博特伦（Anthony Bertram）在《什么是设计》一书中指出：“设计，是指与某物品有关的所有因素，它的意图和计划，物品本身的质量、材料、使用和美观，甚至包括价格和生产它的方式。” 由此看来，设计是关于人类创造事物的构思和所经历的所有成功或失败的发展过程。因此，广义来说，设计是一种构思与计划，以及通过一定手段（如草图、工程图、效果图、计划表、文字说明、实体模型、电子模型和样品等）使之视觉化的过程。

建筑装饰设计，就是以建筑装饰为对象的设计，也就是以建筑装饰为对象，在不违反社会公德、国家法律规范和公共利益的情况下，以业主要求为依据，对建筑的内外环境进行处理。从空间组织到界面处理、从材料选择到形象创造使建筑本身更符合功能的要求，更能体现特定的风格和时代精神，更具有独特的、美的形象的构思与计划的过程。

知识链接1.1.3　建筑装饰设计与建筑的关系

严格地说，建筑设计本身应该包括建筑的装饰设计。为什么把建筑装饰设计作为一个

专业单列出来，有以下多方面的原因:

（1）建筑设计的内容庞大，门类丰富，专业性强。建筑装饰设计本身是其中的一个研究领域。

（2）建筑一经落成，一般来说它会长期存在。而建筑的使用对象、使用功能却随着时间的推移在不断的变化。对象和功能的变化会导致对建筑外观和建筑内部的重新变更。这种变化和更新通常只涉及局部外观和内部格局。而这样的任务一般由建筑装饰设计师或室内设计师来承担。

（3）人们的审美情趣的不断变化，也会导致人们产生改变现有建筑内外环境的愿望。特别是当建筑特别陈旧或外观明显落伍时，人们就会产生更新建筑内外形象的强烈要求。例如，在南方某些城市2000年前后对一些主要的马路两旁的旧建筑的外观进行大规模的更新和装饰，使城市形象有明显的改观。这样的任务一般也是由建筑装饰设计师来主持设计工作的。

需要指出的是对建筑装饰的设计也不是随心所欲的。建筑装饰设计是建筑设计的丰富和深化，是对建筑空间、环境和形象的再创造；设计师需要深刻理解人与环境的联系，把人类艺术和物质文明有机融合。因为建筑装饰设计决定建筑的最后形象。

知识链接1.1.4　建筑装饰行业的地位与作用

从事建设装饰设计的工程技术人员必须对建筑装饰行业有充分地了解，这样才能更好地服务于这个行业。建筑装饰行业是同国民经济发展和社会进步紧密联系的行业。我国建筑装饰业近20年的发展历程充分证明，建筑装饰行业是在社会分工专业化发展中崛起的一个充满巨大活力和生机的行业，不仅为国家、社会创造了大量的物质财富，同时带动了众多行业的发展，在国民经济和社会发展中占有日益重要的地位。

近25年来建筑装饰业迅速发展，近年来的增长率都保持两位数，2007年更是达到了22%。我国建筑装饰业的从业人数2003年已达850万，2007年则增长到了1400万。装饰企业年总产值2003年是5500亿元，2007年达到14100亿元，其中住宅装修达到8700亿，增长率为25%，公共建筑装饰装修5400亿，增长20%。年增加值2003年已达1730亿元，2007年更是达到5880亿元。有一、二、三级资质的企业2003年为2万多家，2007年达到4.5万家，其中一级企业1100家。这就是说，我国建筑装饰业已经是一个从业人数达1400万、年总产值14100亿元、年增加值5880亿元的庞大行业。2007年我国GDP总值将达到24.5万亿元，我国建筑装饰行业的贡献率将达到6%以上；其中家装业从无到有，已发展到空前繁荣的程度。行业年增长速度在20%以上，在国民经济各行业中处于中上水平，并远远高于 GDP 的增长速度。

建筑装饰行业每年为社会提供的就业岗位在1500万人左右，占整个城市就业人口的7.3%，影响面相当大。

根据我国居室装修每年3000亿元工程量的测算，每年装修装饰材料的流通量为1500亿元，直接拉动整个商业零售额提高7%以上。

建筑装饰行业还推动了旅游业和餐饮娱乐业的发展。饭店装修标准的提高，星级宾馆饭店数量增加，旅游设施完善，餐饮环境普遍改善。使其经营效益大幅度提高。

受建筑装饰业拉动最直接、影响最大的无疑是建筑装饰工程中所涉及到的各种材料的制造业。外经、外贸业也受到建筑装饰业的推动。如轻纺工业，“布艺”在工程中占到

1.5%左右，每年有近百亿元的市场份额。又如家用厨房设备制造业在20年前还是空白，在家庭装修市场的刺激下，现在已经发展成为轻工系统的重要组成部分。对于化学工业，建筑装饰工程中大量使用新型化学建材产品，直接为化学建材产品提供了市场。对于森林工业，木材以其优美的花纹、图形和优良的吸音、保温、防污染性能，在装饰工程中得到广泛使用，成为绿色环保型材料的首选。我国建筑装饰行业年木业消耗量在680亿元左右。

建筑装饰行业自改革开放以来就成为外资机构在国内投资的重点行业，外资在材料生产、施工企业和设计机构等领域有大量的合资或独资企业。同时，我国建筑装饰工程企业积极参与国际市场的竞争，充分利用自身的优势，对外承接了大量的建筑装饰工程合同。我国建筑装饰工程企业在美国、英国、日本、俄罗斯等几十个国家，先后承担了近百项建筑装饰工程。

建筑装饰水平还是一个时代文明的象征。建筑装饰业在创造物资财富的同时，也在创造美好的社会环境和生活环境。一方面，装修装饰提高了人民生活的舒适度；另一方面，装修装饰提高了居住环境的美化程度。一个有风格、有品位、满足个性化需求的生活空间，是提高人民生活整体水平的重要方面。建筑装饰工程直接提高了建筑外立面的美观程度，使城市整体环境明显改善，并提高了城市居民对空间环境艺术的审美情趣和鉴赏力。

建筑装饰行业的不断壮大，引发了对人才的强劲需求，相关专业的学生分配抢手，收入较丰厚，使得各院校纷纷开设这类专业。我国还成立了近百所装饰装修方面的专门研究机构，研究范围涉及公共建筑装修、医院装修、居室装修、古建筑装修等多个专业领域，为行业的可持续发展奠定了基础。

随着装修装饰工程的普及，人们渴望获得更多的专业信息，这就给媒体提供了新的商机。报刊、杂志、广播、电视、网络等媒体各展特长，参与竞争。许多媒体都开辟有装饰装修的专版，全国公开发行的装饰类期刊有数十种，已经成为期刊市场上的一个亮点，作为行业内交流的期刊也有几十种。同时，有关建筑装饰行业的广告数额不断增加，在地方新闻机构中有关建筑装饰，特别是居室装饰及建材销售的广告占到广告总量的20%，每年广告费用达数十亿元。

建筑装饰行业对体育的支持体现在体育场馆的装饰工程上。体育场馆建设是提高我国在国际体育界地位的重要物质条件，也是举办大型国际性比赛的最基础的条件。我国体育场馆的建筑装饰水平在国际上也有一定的地位，我国许多城市的体育馆建设，着眼于举办国际性赛事，场馆的内外装饰更为专业化、现代化、国际化。特别是2008奥运场馆的设计已经达到国际最高水平。

[学习情景] 1.2 特点

知识链接1.2.1 从属于建筑又不局限于建筑

建筑装饰设计是以建筑为对象的装饰设计，所以，无论是外观还是内部，它都从属于建筑。

一座功能明确的新建筑的外观，一般是由建筑设计师完成的。因为建筑设计的第一个程序或者说是被甲方审查的第一个对象是建筑的初步设计。初步设计主要包含外观设计（通常用有感染力的效果图来表现）、平面布局、立面和剖面、技术指标以及设计理念的表述等内容。其中，建筑外观的好坏起关键的作用。因此，建筑的外装饰是建筑师着重花精力的地方。有时候，建筑师在艺术表现方面觉得自己还不能把设想表现好，也常常会请建筑装饰师或精通效果表现的画家来做参谋，有的干脆请他们代笔。建筑外观一经甲方审查通过，下面的设计就可以深入进行了。建筑一旦落成，它就会固定相当一段时间，甚至长期保持不变。只有经过了相当多的年代，其外观明显落伍于时代了，或者是建筑功能有了重大的改变，建筑的外装饰才可能发生变化。但即便如此，建筑的外装饰也不能完全脱离原来的建筑结构和总体形态。建筑装饰师在考虑新形态时仍然受到原来建筑的制约。建筑装饰师只能通过材料的变换，外形线条的改变，在不影响建筑的结构安全的情况下进行调整，通过装饰构件的增减、材料的改换来达到自己的目的。因此，一座建筑的二次装饰是受到很多限制的。

内部装饰也一样，原建筑的梁和柱、墙和楼板有许多是不能动的。特别是在进行空间设计和平面布局时需要注意这个问题。千万不要改变原建筑的支撑结构，否则会导致严重的安全问题。如果一定要改变原建筑的支撑结构，只有请有设计资质的建筑设计单位出具修改方案，然后，装饰设计师才能够按新的修改方案进行设计。在这个问题上装饰设计师必须十分慎重。

尽管如此，装饰设计师在进行形态与装饰构造的设计时还是有很大的发挥空间。许许多多的装饰设计完全改变了原来建筑的形象，在空间布局和形象感觉上完全找不到原来建筑的影子，可以说发生了脱胎换骨的变化。

要改变原来建筑的形象有很多手段。例如可以用不同的材质和线形、色彩和灯光的变化，也可以用完全不同的理念和风格，甚至改变结构和比例、空间和布局。这些都是装饰设计师的十分有用的造型武器。例如，20世纪80年代建成的上海火车站经过10多年时间的洗礼，作为城市窗口已经不能代表新上海的形象了。在世纪更替之际，它的外立面被一个高科技风格的现代立面替换了。大玻璃、钢管、钢丝、铝材为主材，水平线、垂直线为主要造型语言，银灰色为主要色调，完全改变原来老气横秋的形象，如图1–2所示。这样的事例在我们这个年代随时随地发生着。一个破烂的车间变成一个十分豪华的餐厅，如图1–3所示；一个平庸的仓库变成一个时尚的大卖场，如图1–4所示；一个20世纪50年代的老商场变成一个十分新锐的精品店……

我们的城市在发生着快速的变化。除了一座座新建筑

● 图1–2　改建后的上海火车站

● 图1–3　车间变成餐厅后的效果

● 图1–4　仓库变成大卖场后的效果

● 图1–5 剧场的内部造型

的诞生外，更多的是通过我们装饰设计师，使很多旧建筑变成了很有魅力的新城市形象代表。

知识链接1.2.2 艺术与科学并重

建筑装饰设计学科有着明显的学科交叉的特点。从大的方面讲它是艺术和科学的交叉和交融。具体的讲，建筑装饰设计的学科是由艺术方面的美术造型学、构成学、色彩学、图案学、装饰理论、艺术设计学等和科学方面的心理学、行为学、物理学、数学、力学、光学、声学、热工学、材料学、经济学、管理学等构成的。

一个设计虽然先是从艺术着手，通过形象、色彩和肌理等设计语言的运用，使用大量的绘画、雕塑、图案和构成塑造新的形象，但对它们的选用很多是出于行为、功能、效益、环境等方面的考虑。设计的实现还要仰仗施工技术和管理科学的支持。

● 图1–6 具有冲击力的展览设计

● 图1–7 体育场馆造型

● 图1–8 某法庭审判庭

在考虑很多问题时，艺术与科学是不能分离的。如设计空间形态时，不仅要考虑如何构造独特美观的效果，更要注重功能的合理性、流线的科学性。

在设计剧场的内部造型时，很大程度上必须符合声学和美学的双重要求，如图1–5所示。

展示设计不仅要有艺术上的视觉冲击力，而且还要有功能上的视觉吸引力和滞留力。不仅要把观众的目光吸引过来，还要把目光留住，让观众看清展示对象、了解对象，如图1–6所示。

很多新型的体育建筑，其结构本身不仅在力学上非常科学，同时它们在美学上也很独特，很有表现力，如图1–7所示。

法院审判庭的室内环境不仅要有庄重威严的视觉效果，还要满足庭审各方控、辩、议、判、听等功能的需要，如图1–8所示。

所有的造型还要符合结构和构造的要求，满足施工的要求，否则，就是纸上谈兵，毫无实际意义。

一般说来，建筑装饰设计分成艺术设计和技术设计两个阶段，但它们不是截然分开的。艺术设计阶段要考虑科学性；技术设计阶段也要尽量满足艺术效果。有时候大胆的艺术想象也会带来技术上的创新和科学上的突破。同理，技术和科学的发展也会给艺术创作更大的空间。

一个好的设计，艺术性与科学性、心理要求与生理要求、精神因素与物质因素是平衡和统一的。

知识链接1.2.3　时代性强，发展迅速

建筑装饰设计的发展用日新月异四个字来形容一点也不过分。它的变化来自以下几个方面：

（1）观念方面。求新意识、创新意识、个性意识的大大强化。

（2）信息的快速交流。世界的某一个地方有什么新的形式被人欣赏，就会通过各种途径传播开来，特别是通过互联网。一个好的样式会很快地被克隆、被模仿。流行的周期大大缩短。建筑的内外部环境明显地时尚化了。

（3）人们对新的、怪的东西已见怪不怪。一百多年前的法国艾菲尔铁塔一度被人们视为怪物，被一批文人、学者痛骂。而过了几十年，这个建筑已经成为法国的骄傲，成为世界人民向往的旅游胜地。

20世纪60年代，一座像机器一样的法国蓬皮杜艺术中心引起了人们的轩然大波，一时不被人接受。而现在这样的建筑风格到处可见，如图1–9所示。

● 图1–9　法国蓬皮杜艺术中心外立面

现在，如果出现一些另类的建筑造型，人们会比较宽容地对待，会用欣赏的眼光去评判、去品味。如果要征集一个重大的建筑项目，投资者惟恐应征的作品过于平淡，让人提不起精神。拒绝平庸，是现代人的共同要求。新概念的策划已经成为设计人、投资人、欣赏者、使用者共同关注的东西。如果一样新推出的东西没有新概念的包装，那么它的前途肯定不妙。如果一个设计者没有了创新能力，不能源源不断地创造新的创意，那么他的门庭很快就会冷落。

（4）科学技术的发展日新月异。新材料、新技术、新工艺层出不穷，可以说，每天有大量新的东西诞生。一个搞建筑装饰设计的人如果让他一个月不看新的设计杂志、一个月不光顾装饰市场，准保有不少新的东西是其见所未见的，有的甚至会让其摸不着头脑。

（5）装饰材料大流通的市场格局造成新材料及其施工

工艺推广的速度极快。新产品发布会、博览会、展销会、演示会一个接一个；总代理、总经销、分销商层层叠叠；专业的或业余的推销员、业务员比比皆是；各种媒体的广告铺天盖地。一种新的装饰材料很快会变成普通的材料，如果它不受市场的欢迎，就会马上在市场里失踪；相反，一种受欢迎的材料很快就会普及。

[学习情景] 1.3 类型

知识链接1.3.1 建筑装饰设计的对象分类

建筑装饰设计的对象主要有下列四大类：

（1）居住建筑；

（2）公共建筑；

（3）特殊建筑，如工业建筑、农业建筑、军事建筑等的装饰；

（4）构筑物如道路、广场、庭院等。

知识链接1.3.2 不同功能对象对建筑装饰的总体要求

一、居住建筑装饰设计的总体要求

1. 居住建筑的种类

townhouse——乡野别墅；

别墅区别墅——集中在别墅区里的别墅；

独立别墅——独门独户，单体独立，周围有绿化的别墅；

联排别墅——独门独户，但旁边有相连的别墅；

公寓——有管理的住宅楼；

高层住宅——10多层以上的住宅楼，必须附有电梯；

小高层——10层左右的住宅楼，必须附有电梯；

多层住宅——2层以上、7层以下的住宅楼；

四合院——有天井的四面围合的住宅；

普通房屋……

图1–10所示为不同风格的居家装饰。

● 图1–10 居住建筑室内环境

2. 各类居住建筑内的功能空间

起居室 客厅 主卧室 次卧室 老人室 儿童房 工作室 书房 储藏室 卫生间 洗衣房 厨房 餐厅 车库 楼梯间 庭院 阳台……

3. 居住建筑装饰设计的总体要求

（1）方便的生活设施；

（2）合理的功能布局；

（3）宜人的物理环境；

（4）个性化的居室情调；

（5）居室文化有一席之地。

二、公共建筑——商业建筑装饰设计的总体要求

1. 商业建筑的种类

商场　大卖场　专卖店　便利店　杂货店　小摊贩……

2. 商业建筑装饰设计的总体要求

（1）结合各种商业业态的特点，创造舒适宜人的商业环境；

（2）功能布局要符合商业效益；

（3）现代商业特别强调的商业文化个性；

（4）丰富性与吸引力；

（5）符合时尚潮流。

图1-11所示为一些不同业态的商业空间。专卖店见图（a）；大型商场的中庭见图（b）；品牌化经营的大商场见图（c）、（d）；大型购物街的共享空间见图（e）。

图1-11　商业建筑室内环境

三、公共建筑——办公建筑装饰设计的总体要求

1. 办公建筑的种类

行政中心　指挥中心　计算机房　会议室　招标中心　办事大厅　拍卖厅……

2. 办公建筑装饰设计的总体要求

（1）区分行政性办公和商务性办公的不同特点，适合行业办公事务的特点；

（2）行政性办公强调一目了然的空间布局与详细的指示设计；

（3）商务性办公强调整洁雅致的办事环境和独特的人文气氛；

（4）共同的要求是：足够的办事空间和合理的办事流程；

（5）时代性。

图1-12（a）、（b）PB上海办公室，宁静与和谐的色调，高雅而又时尚。

图1-12（c）某洁具公司的会议室，气氛十分独特时尚，很有设计感。

图1-12（d）瑞典Happy设计代理办公空间，有足够的办事空间，空间布局体现了合理的办事流程。

图1-12　办公建筑室内环境

(a) (b) (c) (d) (e) (f) (g)

● 图1-13 希尔顿饭店室内外环境

(a) 北京首都博物馆内景

(b) 北京城市规划馆中的一个场景

● 图1-14 文化建筑室内环境

四、公共建筑——旅游建筑装饰设计的总体要求

1. 旅游建筑的种类

宾馆　饭店　客房　大堂　商务中心　美容中心　度假村　景区景点……

2. 旅游建筑装饰设计的总体要求

(1) 营业空间有精彩的视觉效果;

(2) 独特的个性和高雅的品位;

(3) 浓郁的文化氛围和地方特色;

(4) 方便舒适的生活空间和设施;

(5) 周到的服务设施。

图1-13所示为上海希尔顿饭店外景。大堂见图(b),咖啡厅见图(c),总统套房见图(d),健身馆见图(e),游泳馆见图(f),商务中心见图(g)。

五、公共建筑——文化建筑装饰设计的总体要求

1. 文化建筑的种类

影视建筑　观演建筑　舞厅　歌厅　音乐厅　剧场　时装表演厅　演播室　博物建筑　展览建筑……

2. 文化建筑装饰设计的总体要求

(1) 激动人心的外观和引人入胜的内部空间;

(2) 满足针对性的演观条件;

(3) 独特的个性和高雅的品位;

(4) 浓郁的文化氛围和地方特色;

(5) 高品质的视觉环境;

(6) 许多文化建筑是本地建筑的代表和城市的标志。

图1-14(a)所示是北京首都博物馆大厅,巨大的青铜钟和牌楼展示了北京的地方风格。图1-14(b)是北京城市规划馆中的水资源保护馆,多种展示手法,展现了一个现代展馆的特色。

六、公共建筑——会议建筑装饰设计的总体要求

1. 会议建筑的种类

重大会议场所　一般会议场所　评审会议　工作会议　主题会议　新闻发布会……

2. 会议建筑装饰设计的总体要求

(1) 满足各类会议功能的要求,如国际会议的同声传译;

(2) 指示、会标、背景清晰鲜明;

(3) 大型会议还要具有良好的安全及疏散功能;

(4) 清晰的、高品质的视觉环境;

(5) 浓郁的文化氛围和地方特色;

（6）特大型国际会议对会议场所的外观和内部空间的形象有特殊的高要求。

图1-15所示为不同类型的会议室。其中图（a）是APEC2001年年会上海的一个会场。借用的是一个宾馆的多功能厅，经过适当的布置，有一种热情祥和的氛围。其他是典型的会议空间设计，图（c）是清华大学教学楼的一个会议室。

(a)

(b)

(c)

(d)

● 图1-15　会议建筑室内环境

七、公共建筑——司法建筑装饰设计的总体要求

1. 司法建筑的种类

审判室　审判大厅　调解室　合议厅　调查室　羁押室……

2. 司法建筑装饰设计的总体要求

（1）满足公诉、辩护、作证、合议、审判、调解、羁押等功能。

（2）体现公平、公正和秩序，体现法律的威严。

图1-16所示为上海法院外立面端庄、大气、威严。

● 图1-16　司法建筑外部环境

八、公共建筑——宗教建筑装饰设计的总体要求

1. 宗教建筑的种类

教堂　礼拜堂　庙宇　祭坛　佛堂……

2. 宗教建筑装饰设计的总体要求

（1）内部和外观具有明确的宗教流派特征；

（2）神秘、崇高、无边无际与超度；

（3）高耸的线条和强烈的精神寄托；

（4）平和、真诚、善良的氛围。

图1-17是两个美国建筑师的作品。图（a）是沙里宁的麻省理工学院小教堂；图（b）是鲁道夫的美国亚拉巴马州特夫洁斯教堂。

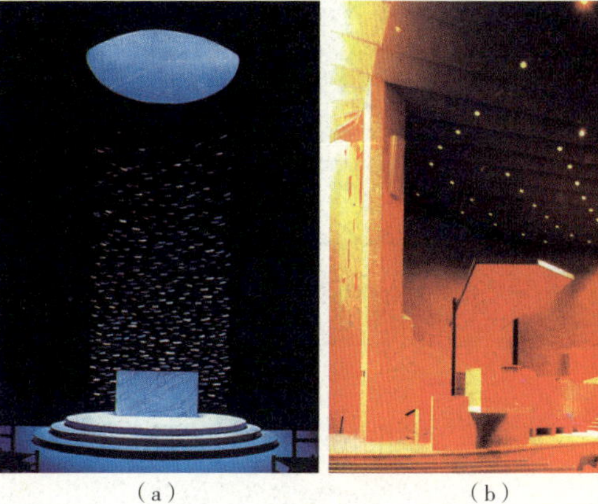

(a)　(b)

● 图1-17　宗教建筑室内环境

九、公共建筑——医疗建筑装饰设计的总体要求

1. 医疗建筑的种类

候诊室　治疗室　化验室　分析室　手术室　药房

急诊室　观察室　诊所　会诊室　疗养建筑……

2. 医疗建筑装饰设计的总体要求

（1）安静、平和、宽慰的视觉环境；

（2）空间布局和治疗流程必须符合科学规律；

（3）流畅的功能线路、明晰的指示设计，尽可能减少

(a) (b) (c) (d)

● 图1-18　医疗建筑室内外环境

(a) 清华大学环境工程教研大楼局部

(b) 清华美院图书馆

● 图1-19　教育科研建筑室内外环境

病员麻烦；

(4) 符合抢救、观察、手术、诊疗、护理等治疗功能；

(5) 尊重患者的隐私，保护患者的利益。

图1-18 (a) 所示为重症监控病房，既具有必要的监护设施又有温馨的家庭气氛。

图1-18 (b) 所示为医院周围，有宜人的休闲设施，适合陪护人员休息等候。

图1-18 (c) 所示为明亮的候诊区，令人神清气爽。

图1-18 (d) 所示为适合儿童的候诊区。

十、公共建筑——教育、科研建筑装饰设计的总体要求

1. 教育、科研建筑的种类

教　室　电教室　研究室　语音室　实验室　会议室　制图室　实验室　试验室　观测室　机房　多媒体教室……

2. 教育、科研建筑装饰设计的总体要求

(1) 安静平和的视觉环境；

(2) 满足年轻学子青春澎湃的活力与动感；

(3) 照明充足，视野清晰；

(4) 流畅的功能线路、明晰的指示设计；

(5) 满足现代教育功能。

图1-19 (a) 所示为清华大学环境工程教学科研楼；图1-19 (b) 为清华大学美术学院图书馆中庭。

十一、公共建筑——体育建筑装饰设计的总体要求

1. 体育建筑的种类

体育馆　训练房　台球　保龄球　赛场　室内游泳池……

2. 体育建筑装饰设计的总体要求

(1) 体现健力美的视觉环境；

(2) 展示动感和气势；

(3) 满足体育训练、比赛、观赏、安全及疏散功能；

(4) 照明充足，视野清晰，功能线路流畅，指示设计明晰；

(5) 标志性的外观。

图1-20 (a) 所示为第29届北京奥运会主场馆“鸟巢”的局部。如图1-20 (b) 所示为北京游泳馆，即著名的“水

立方”内景，具有优秀体育馆的内外特征。

十二、公共建筑——交通建筑装饰设计的总体要求

1. 交通建筑的种类

火车站　汽车站　机场　轮船码头　磁悬浮车站　地铁车站　售票厅　安检　货运大厅……

2. 交通建筑装饰的总体要求

（1）大跨度、多功能的空间；

（2）快速、通达、疏散和安全；

（3）流畅的功能线路；

（4）明晰的指示设计；

（5）照明充足，视野清晰；

（6）标志性的外观。

图1–21所示为北京机场第三航站楼内景。

十三、公共建筑——餐饮建筑装饰设计的总体要求

1. 餐饮建筑的种类

酒店　咖啡厅　餐厅　包厢　商务餐厅　娱乐餐厅　宴会厅……

2. 餐饮建筑装饰设计的总体要求

（1）具有优雅的环境；

（2）浓郁的文化氛围和独特的个性；

（3）对食欲有适度的刺激；

（4）照明充足，视野清晰。

图1–22所示为法国和美国的几个有特色的餐饮空间。

知识链接1.3.3　建筑装饰设计所涉及的主要内容

建筑装饰设计在艺术和技术层面所包含的主要内容是：满足建筑使用者的生理、物质功能和精神、心理需要，以及对其所处环境的主客观感受。具体地说有以下15项内容：

1. 改善建筑内外的空间关系

注意，这里是指改善而不是决定。因为建筑本身已经决定了基本的空间关系，建筑装饰师的工作是调整改善不适应用户需要的空间关系。所谓空间关系就是指空间的形态和功能。这项任务主要是根据人的客观尺度和主观感受来确定各种空间关系，如空间的大小、高低、开闭、虚实、分隔等，使装饰后的建筑比装饰前更加宜人。

（a）北京鸟巢局部

（b）北京游泳馆即“水立方”内景

● 图1－20　体育建筑室内外环境

● 图1－21　北京机场第三航站楼

● 图1－22　餐饮建筑室内环境

2. 按不同用途对象的使用要求，确定建筑内外的功能布局

这项内容决定了设计是否符合使用者的要求，流线是否合理，布局是否科学。

3. 设计室内外的视觉气氛和文化内涵，确定室内的表现主题

这项内容包括室内外界面及构造的结构、形状、色彩、肌理、风格、情调、意境、文化内容等。这项任务决定了整个设计的艺术品位。

4. 决定或改善建筑内外界面的形状与材质

这项内容主要对建筑的各个界面如墙面、地面、天花板进行艺术和技术的处理，使之符合整体的视觉和艺术的要求。

5. 设计室内构造的形式及其做法

这项内容主要是对门、窗、柱子、梁板、楼梯、入口、檐口等建筑的局部构造进行适当的艺术处理，使之符合整体的环境质量。

6. 设计、选择或布置室内外的家具

这项内容既要满足人的具体的使用功能，也要满足人的精神要求。

7. 设计、选择并布置室内外的小品、陈设、织物、装饰、绿化

这项内容会使建筑空间更加丰富、更加宜人，更加富有艺术情趣。

8. 设计布置庭院的道路和绿化

这项内容决定了庭院及道路的艺术感觉和环境质量，并使之与建筑主体协调。

9. 决定和布置建筑室内的声、光、电、热等物理环境

这项内容决定建筑的声音质量，决定室内外的照明和采光形式，决定强电、弱电的容量大小和线路配置，决定室内冷暖空气的调节和空气、通风等空气环境的质量。

10. 选择建筑内外的消防、交通、智能等设备

这项内容使建筑的使用功能更完善，特别在安全和设备控制方面。

11. 选择并确定各项装饰材料及其品牌、等级、价格等级

这项内容决定了装饰对象的档次。

12. 计划以上各项的施工工艺和施工组织

这项内容决定了上述各项设计从想象到现实、从图纸变为实物的手段和过程。

13. 确定上述各项工程的造价

这项内容要保证在国家定额和市场经济规则的指导下，确定合理的工程造价，确保业主和施工企业的利益。

14. 用国家质量标准检验上述各项设计及施工的质量

这项内容主要是在施工过程中，检查、监督施工企业的质量，保证施工企业按照国家质量标准实施施工作业。

15. 绘制设计图纸。包括构思草图、方案效果图、平面、立面、剖面图和详细节点图

所有这些都要使用规范的技术语言进行设计表达和交流。具体就是设计图，它是设计人员的水平体现，也是业主评判设计质量的依据，同时还是施工人员、预算人员、质检人员的技术依据。

建筑装饰是一个大的专业。它还可以细分为建筑装饰设计、建筑装饰设备、建筑装饰

施工、建筑装饰设计技术、建筑装饰设计经济等专业方向。本教材主要涉及的是建筑装饰的设计。材料、设备、施工技术、预算、质检等在其它课程中另行介绍。

[学习领域] 2

建筑装饰设计的原理、依据、方法

课程教学建议表

<table>
<tr><td rowspan="19">学习情景</td><td>[学习情景] 2.1　原理</td></tr>
<tr><td>知识链接2.1.1　以人为本的原理</td></tr>
<tr><td>知识链接2.1.2　整体环境的原理</td></tr>
<tr><td>知识链接2.1.3　艺术与科学的原理</td></tr>
<tr><td>知识链接2.1.4　时代与文脉的原理</td></tr>
<tr><td>知识链接2.1.5　动态与发展的原理</td></tr>
<tr><td>知识链接2.1.6　绿色与环保的观念</td></tr>
<tr><td>[学习情景] 2.2　依据</td></tr>
<tr><td>知识链接2.2.1　功能与行为环境分析</td></tr>
<tr><td>知识链接2.2.2　艺术风格的确定</td></tr>
<tr><td>知识链接2.2.3　人与空间、建筑相关物的尺度关系</td></tr>
<tr><td>知识链接2.2.4　设计规范、相关标准</td></tr>
<tr><td>知识链接2.2.5　装饰材料、施工工艺与施工技术</td></tr>
<tr><td>知识链接2.2.6　建筑工期、建设标准、投资额度</td></tr>
<tr><td>知识链接2.2.7　设计原则</td></tr>
<tr><td>[学习情景] 2.3　方法</td></tr>
<tr><td>知识链接2.3.1　建筑装饰设计的表现方法</td></tr>
<tr><td>知识链接2.3.2　建筑装饰设计的步骤</td></tr>
<tr><td></td></tr>
<tr><td>知识要求</td><td>1. 了解建筑装饰设计的原理
2. 掌握建筑装饰设计的依据（重点）
3. 了解建筑装饰设计的方法和程序</td></tr>
<tr><td>能力要求</td><td>1. 原理理解能力
2. 案例分析能力
3. 尺度把握能力
4. 规范、标准查阅能力
5. 设计步骤把握能力</td></tr>
<tr><td>实践项目</td><td>测量、查找资料</td></tr>
<tr><td>教学场所</td><td>教室＋图书馆+网络</td></tr>
<tr><td>教学方法</td><td>自学教材相关章节，然后完成下列教学任务
1. 测量自身与设计相关尺度
2. 上网或上图书馆查阅相关规范
3. 制作设计流程泡泡图</td></tr>
<tr><td>作业要求</td><td>收集建筑装饰设计的相关标准和规范，并制作相关列表，表明法规标准名称，标准编号，发布和实施时间，发布部门，使用范围。</td></tr>
<tr><td>教学评价</td><td>1. 相关概念正确，重点评价知识掌握情况（30%）
2. 尺度获取和确定，重点评价尺度测量能力（35%）
3. 搜索、查阅相关规范和标准，重点评价收集资料的能力（30%）
4. 完成时间（5%）</td></tr>
</table>

[学习情景] 2.1 原理

一个优秀的设计师在进行建筑装饰设计时，会根据自己的观念和爱好，遵循一定的原则，体现自己的设计个性，从而形成设计特色。如果我们把他们的设计放在一起来看，就可以看出在设计个性的背后都遵循着一些共同的观念和原则。这些观念和原则我们可以把它们看成是建筑装饰设计的基本原理和依据。

知识链接2.1.1 以人为本的原理

“以人为本”，这是建筑装饰设计最大的也是最基本的原理。体现了建筑装饰设计所有工作的目标。就是让使用者感觉到这个建筑的内外空间的设计是安全的、适用的、舒适的，美观的、独特的，能够满足使用者的生理和心理的要求。所有的考虑、设想都围绕着使用者的各种需求。

● 图2-1 设计合理的病房

例如，一个医院的病房设计，首先要让病人感觉到这是一个可信的、有助的、安静的、安全的地方；其次，让医生觉得这个地方的空间安排能够开展正常的医疗活动，符合医疗的工作特点；第三，病人在这个地方养病十分舒适，家具、床都十分合体，行动没有任何障碍。因为，病人有别于正常人，病房一定要遵循无障碍的设计原则；第四，这个地方的色彩要特别宁静、协调，墙上有优美的艺术作品，看了让人感觉到视觉悦目、精神松弛、心情舒畅；第五，这个地方是有特色的，有别于其他医院，给人留下美好的印象。能够符合这些条件，可以说这个病房的设计者遵循了以人为本的设计原理。图2-1所示为设计合理的病房。

又如，一个幼儿园的设计，首先这个幼儿园的空间和设施的设计让家长感觉到是安全的、舒适的、美观的。因为只有家长有这样的感觉，才会把他的孩子送进幼儿园。其次，小朋友在里面生活确实是安全的，舒适的；第三，幼儿园的老师、保育员在给小朋友上课、活动、吃饭、睡觉的过程中没有任何困难和障碍；第四，幼儿园有小朋友喜欢的家具，墙面上也有小朋友喜欢的图形和色彩。小朋友能够在幼儿园的环境中学到许多知识；第五，这个幼儿园的环境与空间是有个性、有特色的。这样的幼儿园的设计才是符合“以人为本”的设计原理。

这一点说起来容易，做起来却有一定的难度。因为设计的过程中矛盾错综复杂，问题千头万绪。很多情况下，考虑问题不是很周到，很容易出纰漏。所以，一定要反复考虑，多方斟酌。

还是以医院为例，一个医院的流程非常复杂。每一个环节都会有不同的要求，一个环节考虑不到就会出很大的纰漏。挂号、候诊、就医、检查、住院办手续、付费、取药，还有从一个环节到下一个环节的中间环节等，每一个环节都有自身特殊的要求。处理不好就会产生大的问题。给人留下了深刻印象的2003年春季的“SARS”爆发，好多地方，医院成为了传染“SARS”的源头。一个好端端的普通病人，因为在就医的环节中与“SARS”病人有了接触，不知不觉中就感染了“SARS”。这个问题其实与医院的流程设计和环境设计有很大的关系。许多医院包括著名的大医院，在功能区划时考虑问题比较简单，一个挂号大厅、一个药房、一个付费大厅、一个候诊室、一个注射室等，丝毫没有考虑传染病人与普通病人的交叉传染问题。这样的医院其流程设计和功能布局就是失败的。这就是设计中没有遵循“以人为本”这一设计原理的重大后果。

在空间组织、区域划分、尺度的确定、家具设计、色彩配置、照明选择、陈设运用等方面，设计师都要考虑这个设计的使用对象有什么要求，他们的行为、心理、生理各方面的要求如何，有什么特殊需要照顾的因素等。并用切实可行的措施解决他们的各种问题。

知识链接2.1.2　整体环境的原理

建筑装饰设计的对象就是建筑的室内外环境。人们评价一个建筑的环境好坏往往是指这个环境给他留下的总体印象。也就是这个建筑空间的内外环境有较强的整体性和统一性。一个设计往往是一个空间序列，大空间套着若干个区域（中空间），每个区域又有一系列小空间组成。而这个建筑本身又处于一定城市的一定区域（街坊），我们进行建筑装饰设计时必须有强烈的整体环境意识。

譬如，宁波的老外滩，它的建筑装饰设计很有特色。特色之一就是其环境具有强烈的整体效果，就是我们所说的“整体环境观”。这个地方的室内外环境具有浓郁的传统海派文化的特色。整块区域、每条里弄，外面保留着典型的浙东石门。里面的装饰也是旧时宁波的风格。这里的每一个细节都有一定的来历，每一个装饰都有一段故事，里面装满了浓浓的文化和历史，无论是本地人还是外地人，特别是外国人都喜欢到这里来喝一杯咖啡、嚼一杯浓茶、吃一顿美餐，如图2-2所示。

● 图2－2　整修后的宁波老外滩

● 图2–3 周庄的茶馆内外

● 图2–4 “郎香教堂”迷幻的天外来光

江苏昆山的周庄之所以受世人的欢迎，也在于周庄具有浓郁的中国传统江南民居的整体环境的感觉。所有的建筑内外环境与这个小镇的区域、整排的街坊、小桥流水的环境十分的协调。可以说，整个周庄的区域内基本没有出格的建筑装饰。图2–3所示为周庄的氛围。

一个区域如此，一座建筑的室内与室外也是如此。香港的室内建筑师凯勒先生就认为：“旅游建筑的室内设计最主要的一点应该是让旅客很容易联想起自己在什么地方。”每一座建筑确实应该有自己恰当的风格。这里有一个故事很能说明这个问题。我国著名的大诗人徐志摩与印度大诗人泰戈尔有十分良好的关系。泰戈尔曾经到上海访问。为了迎接泰戈尔，好客的徐志摩特地把泰戈尔下榻的房间布置成印度的装饰风格。结果泰戈尔住到这里觉得十分不解。他问徐志摩：为什么不让我住上海风格的房子？徐志摩这时才恍然大悟。

整体环境观除了要体现在装饰风格上，还要体现在物理环境上。除了视觉环境效果，设计师还应该关心声环境、光环境、热环境、空气环境、心理环境的效果。一个用途明确的建筑环境应该有与之相适应的协调的物理环境。如视听空间，需要绝对良好的声学环境。大的音乐厅如此，小的居室视听空间也是如此。我国的居室大多数都会在客厅里安排一个视听区域。懂得声学原理的就会有合理的安排，而不懂声学原理的设计师就不会考虑到这个细节。

在空气环境的组织上，懂得节能的设计师在空间布局时会十分重视利用自然的通风条件为室内创造良好的空气环境。不懂得节能的设计师只会从视觉效果出发，忽略自然的通风条件，一味地通过人工的空气调节手段来处理空气环境。

光环境的处理也是一样，其中自然光的利用有很大的学问。它也是一个很有表现力的造型手段。图2–4所示是法国的著名建筑师柯布希埃设计的著名建筑“郎香教堂”。神秘、迷幻的天外来光效果就是利用自然光营造的。

整体环境观确实是设计师必须理解的十分重要的建筑装饰设计原理。在空间组织、区域划分、尺度的确定、家具设计、色彩配置、照明选择、陈设运用等方面要处处体现这一原理。

知识链接2.1.3 艺术与科学的原理

建筑装饰设计离不开艺术，也离不开科学。尤其是现在的设计，规模庞大，种类繁多，设计中遇到的艺术和科学的问题越来越多。不懂得艺术，无法成就有价值的设计；不懂得科学，无法获得理想的环境，更无法实现伟大的设计构想。所以设计师必须是一个复合型的人才。一个好的艺术设计一定有一个好的科学的解决方案。一方面我们要在艺术方面大胆设想、大胆创造。另一方面，我们也要寻求设想的实现，创造的实现。

● 图2-5 北京游泳馆

一些体育建筑的设计很能给我们以启迪。

图2-5所示是2008年奥运会主体育馆之一的北京游泳馆的设计。无论在创意上还是在形态上都给人以石破天惊的感觉。这样的形式在艺术上是独创的，但它们在技术上却是合理、可行。从北京游泳馆的外观看：任何一个普通人，都会通过它自由的结构和气泡的外墙，看到漫天的水泡。伴随着惊喜，得到一种仿佛置身在水中的快意；从它的结构和表皮看：由“ETFE”材料构成的类似海绵的气泡和自由的结构，这是一种消解了建筑固有几何关系的自然观感，但它仍然是有严格逻辑的；从它的材料与施工看：“ETFE”是近年国际上渐渐流行的材料，它实际是“聚四氟乙烯”的超稳定有机物薄膜。中间充气，形成气枕，边界固定在铝合金边框上，形成一个个扇页，再将边框固定在结构构件上。其施工工艺与一般的玻璃天窗大同小异。这种材料与家用不粘锅内的“特氟龙”属同族物质，表面附着力极小，对灰尘、污水的自洁性能大大优于玻璃，在北京的特殊气候下，无疑是较好的透明半透明的材料。

这样的设计一定是艺术家和科学家完美的合作。在创意阶段，应该以艺术为主导，着重进行大胆的设想，前人没有想过的东西我们要想，不要设置想象的禁区，不要轻易用“无法实现”来否定自己的设想。但艺术设计完成之后，在设计实施阶段，就要以科学为主导，进行细致的功能分析、合理的环境设计，巧妙的结构处理、革新的施工技术，运用最新的科学技术手段实现大胆的艺术想象。

一方面重视艺术，另一方面要重视科学，两者不能割裂。但人的精力是有限的，人的智力也是有局限的。许多艺术上有专长的人往往科学知识贫乏，相反也是如此。数理化很好，可是艺术细胞缺乏。学建筑装饰设计的人大多在艺术上有比较自觉的追求，但在科学方面都会觉得十分困难。怎么办？学习与关心、沟通与合作，就是好的解决办法。一方面自己加强科学知识的学习，至少要掌握必须的常识。要关心当代科技的发展，关心新材料、新工艺的成果，不断地学习。另一方面要与科学技术人员加强沟通，本专业无法解决的问题，对其他专业的人来讲可能不怎么困难。所以，各专业的人士要加强合作，借头借脑，互相激发，互相利用。这样才能实现自己的设计构想。

知识链接2.1.4　时代与文脉的原理

建筑装饰设计无疑是人类文化的组成部分。时代感就是建立在历史文脉的基础上的。一个设计如果与时代格格不入，那就是一个失败的设计。反过来，一个没有文脉的设计就是一个苍白的没有特色的设计。

设计一个项目，对历史文脉的考虑是不可缺少的。所谓文脉，就是历史文化延续的脉络。这里有两条文化的脉络需要我们把握。一条是设计文化的脉络，另一条是地方文化的脉络。

● 图2–6 运用传统要素，形成鲜明特色

我们学习设计史，一方面就是要让大家了解设计的历史发展过程，另一方面也让大家见识历史上灿烂辉煌的设计文化。在设计史的长河里，有多少精彩的作品值得我们学习、欣赏、借鉴；有多少设计的方法和思路能够启发我们的设计思维；有多少设计的宝藏值得我们发掘、整理、利用。每次翻开前人的作品集，欣赏前人的作品，无不给我们感染和感动。

除了设计史，还要对地区史、地区文化、地区风俗有一定的了解。这个方面的历史文化内容更加丰富，领域更加博大。衣、食、住、行、天文、地理、各行各业、方方面面，有多少精彩的文化积淀。在这些东西里面有太多的内容可以触发我们的设计灵感，有些东西可以直接作为我们的设计元素。有些东西经过我们适当的改造，也可以成为富有张力、富有个性的文化符号。如图2–6所示。

借用历史文化元素进行设计是使设计出特色、出个性、出精品的一个重要的方法。许多好的、有涵养、有内容、有创新的设计，往往就是走的这条设计路线。但是直接搬用还是经过改造的利用是值得我们精心斟酌的。因为复古与怀旧是不同的概念，毕竟时代发展的车轮是永不停息的，复古必定不会有庞大的市场，而怀旧则不同，怀旧是站在现代的立场上去怀念过去，因此，怀旧的风格里还是有着鲜明的时代因素。

创造具有时代感，同时又具有文化内涵的设计作品，应该是我们的追求，也是我们创新的目的。在这方面，前人作了大量的探索，留下许多不朽的精品，可以成为我们的榜样。

知识链接2.1.5　动态与发展的原理

与时俱进，对一个设计师来说都是必须具备的素质。不断吸收新的知识，不断更新设计理念，不断面对新的客户，不断满足市场提出的新要求，不断推出新的创意。这就是我们建筑装饰设计专业的人员所面对的现实形势。如果我们不能适应这样的形势，我们就不能以此为业。

设计者是如此，设计对象也有一个动态和发展的问题。因为，任何一个设计它都有一定的时间性。设计者在设计时，考虑的所有问题都是在施工前考虑的。一个项目完成后，可能某些情况就发生了变化，业主需要做一些调整。这时，他有没有可能进行调整？有没有变化的余地？如果一切都是固定的，无法变化的，就会给业主造成很大的问题。所以，在设计时要给未来适当地留一些余地，可以让业主在一定范围里做某些调整和变化。这些是设计者必须考虑的问题。

如何给业主留余地？有四个主要的方法：

第一，大量采用活动家具和装修。一些家具和装修的位置是可以变化的，允许业主在一定的范围里进行空间的重新组织。这样就给业主以一定的自由。类似隔断、屏风、吊挂物之类的装修，尽量不要固定，而是通过巧妙的构造设计将其临时固定在某个位置。

第二，尽可能采用可调式家具和装修，家具和装修可以在一定的范围里改变尺寸和用途。例如桌子和椅子是可以调整高度的。家具是可以通过简单的拆装改变用途。如将沙发改为床，将柜子改为床，将书房变成客房等。这样当业主需要的时候就可以进行随时变化。

第三，在尺寸方面，尽可能采用模数化。这样的家具或装修可以通过模数组配而获得不同的环境效果。

第四，多一些留白的墙面，供业主随时自由发挥。留白的墙面可以做主题墙、广告墙、信息墙、装饰墙。这些都可以按照流行的变化而随时进行变化。这些墙面很能吸引顾客的注意力。所以多留一些这样的墙面，可以使业主在稍做改动后就能获得新的视觉效果。

有些行业，由于竞争激烈，环境变化的周期很短。一般2～3年就要重新变化、重新装修。例如餐饮业、时尚服务业。某些行业变化缓慢一些，允许5～7年重新装修。例如宾馆业、医疗教育业，也包括居家等。但尽管如此，我们还是要把动态和发展的观念作为一个重要的设计理念。认真对待各种设计问题。

知识链接2.1.6　绿色与环保的观念

绿色和环保是事关现代建筑装饰目的的两大命题。建筑装饰的目的是什么？一是为了使人类生活的更加美好，二是为了使人类的生存环境更加美好。通过设计师对各类建筑空间的科学和艺术的设计，使人类能在具有各种功能的建筑环境中更加自在、舒适、愉悦、健康、有效率地从事生活或生产活动。但是，在装饰设计实施的过程中，却有大量违反我们目的的做法，有的直接导致使用者健康的损害；有的则造成人类生存环境的损害。所以在设计时就应该避免任何可能导致人类身体损害或环境损害的各种做法。

有可能导致健康损害的设计有下列表现：

（1）结构的安全问题。如无视结构安全，破坏建筑的支撑体等；

（2）与人体接触的细节处理不够妥当。如锐利的尖角等；

（3）不恰当的采光与照明设计。如强烈的日照眩光、过度使用人工灯光等；

（4）不恰当的物理环境。如通风组织差，噪声超标、过度依靠人工能源等；

（5）不恰当的材料运用。如没有明确要求采用绿色认证的装饰材料，甚至过度使用带镭、带苯和甲醛的装饰材料；

（6）不恰当的施工手段。在施工过程中没有禁止使用有害的施工材料。如苯大量超标的胶黏剂等。

这些做法至今还是十分普遍地出现在各类设计和施工的现实当中，各种纠纷层出不穷，有的甚至诉诸于法律。为此，近年来国家有关部门已经发布了大量的限制性规章，制订了一系列的国家标准，对这些材料和施工行为进行约束。

2001年12月29日，国家质量监督检验检疫总局和国家标准化管理委员会联合发布了

《室内装饰装修材料有害物质限量》10项强制性国家标准。该标准从2002年1月1日起实施，2002年7月1日起正式执行，10项标准对人造板及其制品中甲醛释放量以及有机溶剂型木器涂料、胶黏剂、木家具、壁纸、聚氯乙烯卷材地板等材料有害物质含量进行了限制性规定。这10项标准是：

GB 18580—2001《室内装饰装修材料 人造板及其制品中甲醛释放限量》；

GB 18581—2001《室内装饰装修材料 溶剂型木器涂料中有害物质限量》；

GB 18582—2001《室内装饰装修材料 内墙涂料中有害物质限量》；

GB 18583—2001《室内装饰装修材料 胶黏剂中有害物质限量》；

GB 18584—2001《室内装饰装修材料 木家具中有害物质限量》；

GB 18585—2001《室内装饰装修材料 壁纸中有害物质限量》；

GB 18586—2001《室内装饰装修材料 聚氯乙烯卷材地板中有害物质限量》；

GB 18587—2001《室内装饰装修材料 地毯、地毯衬垫及地毯用胶黏剂中有害物质释放限量》；

GB 18588—2001《混凝土外加剂中释放氨限量》；

GB 6566—2001《建筑材料放射性核素限量》。

我们从事建筑装饰设计的人员应该认真学习这些法规，并在设计中自觉加以运用。

除了存在直接对人的健康或环境有害的做法，还有因为设计语言运用不当而造成的视觉污染，这也是有损于环境的。如因为设计水平不足，设计出丑陋的造型；又如只顾自己彰显个性而不顾周围的环境暗示，设计出排他性的形态；不顾区域色彩的统一，设计出强烈对比的刺目的色彩效果等。

在建筑装饰设计师的脑海里必须有一个航标，随时指引我们的设计活动，并对我们的设计效果进行判断。这就是——人工的环境与自然环境的协调，单体建筑环境与群体建筑环境的协调。这两个协调应该是我们所追求的一个重要的设计目标。

[学习情景] 2.2 依据

当设计师接到了一个设计任务后，他应该如何进行设计思考？如何沿着正确的思路进行设计分析？如何确定合适的形态、色彩、风格、尺度、材料……最后完成设计？用什么标准进行设计效果和设计可行性的判断？下面一些因素是值得设计者重视的设计依据：

知识链接2.2.1 功能与行为环境分析

首先，设计师需要对设计项目进行类型判断。在正确判定项目类型后，需要设计者对这个项目进行细致的功能分析。同时，对项目使用者的使用行为进行分析。

例如，一个小型旅馆的前厅（有的也叫大堂）和一个大型宾馆的大堂，虽然都是旅馆建筑，但功能与环境行为完全不同。

小型旅馆的前厅的行为及功能都非常简单，咨询、接待、登记、付款、行李储存都在一个柜台或窗口进行。对面可能有简单的休息、会客的座椅和不大的空间。顾客一般不会在此停留太久。

而大型宾馆的大堂，其环境行为及功能就复杂多了。有门生和行李生的服务空间；有专门的咨询、接待、登记、付款柜台；有负责处理大堂事务的大堂副理的工作空间；有豪华的休息、阅读和会客空间；有告示空间；有交通空间；有景观空间；有的还有小型物品的购物空间；有的还有大堂吧。顾客在大堂中的行为比小型的旅馆复杂的多，不仅仅是登记入住，还有其他多样的行为发生。这么多的功能，要把它们有机地组织在一起就需要一定规则。

任何项目的设计，第一步就是进行功能和环境行为的分析，然后根据一定的原则和规律，把它们组织在一起。

知识链接2.2.2　艺术风格的确定

设计师应该对项目的设计风格和设计艺术进行合理的确定。这个设计在艺术上应该采用什么风格？是采用现代风格还是采用怀旧风格？是采用西洋风格还是采用东方风格？是进行夸张的艺术表现还是走含蓄的中庸路线？这些虽然要由设计师决定，但设计师在决定艺术风格时不能完全凭个人的爱好。

以下几个问题必须考虑：

一是业主的爱好和要求。这是一个十分重要的参考因素。因为我们的设计最终要获得业主的认可。如果你采用的艺术风格不为业主所欣赏、所爱好，那么你的设计就很难被业主认可。有时，业主欣赏的风格与设计师擅长的风格有很大的距离，或者与项目的性质有明显的冲突，那么，设计师就要想办法说服业主。如果业主比较开明，可能会接受意见，但有的业主比较固执。那么，设计师最好还是折中一些。否则，设计有可能白做。

二是周围同类项目的有关情况。设计师一定要把周围的同类项目调查清楚。例如餐厅项目，同一个区域内可能有很多，设计时最好不要重复别人。要采用差别化的策略。例如，有了一个古埃及风格的舞厅，在同一个地区，千万不能采用同样的风格。如果你设计的项目有个约定俗成的格式，如西式快餐店，那么，你必须设计出一个形象鲜明的标志，如“肯德基”和“麦当劳”。西式快餐的风格是十分相近的，主要色彩的感觉也十分接近，它们最鲜明的区别就在于它们各自具有个性鲜明的标志。如图2-7所示。

三是项目本身的要求。有的项目本身对风格有一定的限定。例如体育用品商店的装饰风格，一般都要表现力量和速度，一般都要采用明快的现代风格。又如婴儿用品商

● 图2-7　“肯德基”和“麦当劳”店标

店，一般表现温柔的母爱或可爱健康的宝宝形象。有些项目比较中性，风格表现的范围较大，那么设计师就可以自由发挥了。

知识链接2.2.3　人与空间、建筑相关物的尺度关系

人是使用建筑装饰对象的主体，人在环境中的安全性、适用性、舒适性很大程度上是通过空间及界面的尺度关系获得的。人的要求来自三方面：第一是人的行为要求；第二是人的心理要求；第三是事件性质的特殊要求。

就人的行为要求而言，它们是客观的。如人的高度、宽度、厚度，是静态的；人的动作的幅度和连续性的尺度要求，是动态的；工作的流程要求、装置物的相应尺度，这是配合的；这些都有科学的数据，《人体工程学》对它进行专门研究，学习建筑装饰的技术人员必须透彻地掌握这门学科。

就人的心理要求而言，它们是主观的，因人而异的但也有共性和规律。如关于人际间距离的设定，对设计就有很重要的参考。空间的尺度有的要采用亲密间距、有的要采用工作间距、有的要根据职务高低设定不同的职务间距等。

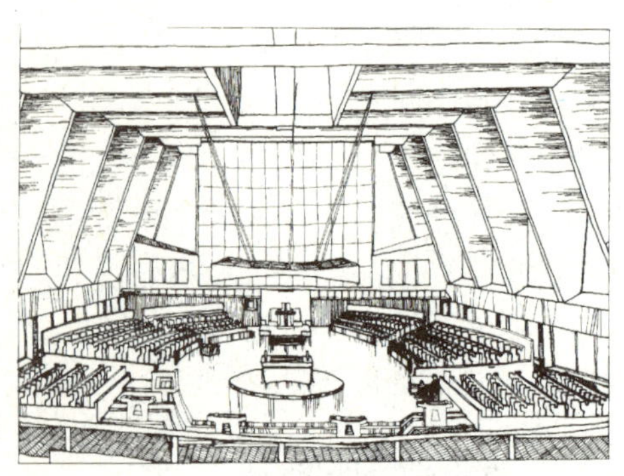

● 图2-8　教堂的空间尺度

就场所性质的特殊要求而言，它们是约定俗成的。如教堂的空间尺度与会议室的空间尺度有较大的差别，如图2-8所示。普通会议室与高级会议室在空间尺度的要求上也有明显的差别。儿童使用的空间和成人使用的空间差别更大。对这些差别，设计者应当做深入细致的研究。另外一门重要的课程需要建筑装饰的技术人员好好学习，这就是《环境心理学》。

物是除了人之外的另一个主体。家具、陈设、植物、道具等都有一定的尺度，在空间中也要占一定的位置。对它们与人的尺度关系也要正确地把握好。

知识链接2.2.4　设计规范、相关标准

建筑装饰设计除了美学方面的要求，在结构选型、柱网尺寸、楼地面厚度、安全、消防、设备安装、照明、电气、暖通、给排水、声环境、光环境、热工环境、无障碍设计、卫生、环境保护等方面有一系列的设计规范和相关标准。设计师应该具备这些方面的相关知识。对设计规范和相关标准有一定的了解，在设计中充分考虑与其他工种的设计人员协作。

建筑装饰设计人员一定要重视多工种的综合协调会，并能主动与这些方面的技术人员沟通协调，取得他们的支

持和帮助。有些规范和标准的规定虽然很死板，但也有一定的调整空间。

知识链接2.2.5 装饰材料、施工工艺与施工技术

装饰材料、施工工艺与施工技术这三个因素是建筑装饰设计实现的关键。

设计者应当熟悉各种装饰材料，并对它们有独到的理解。设计者不但要熟悉装饰材料的美学、物理、化学属性，而且还要熟悉装饰材料的经济属性、加工方法和施工技术的属性。否则，在选用材料时就会出现失误。

装饰材料的流行性特别强，变化可以说是日新月异。材料商推出新材料的速度和周期快得惊人。所以设计者应当经常去材料市场，接触新的装饰材料。可能的话，应与大的材料供应商建立良好的关系，要积极尝试各种新材料。为了获得独特的设计效果，也可以与材料制造商联合，研制新的装饰材料。

加工工艺和施工技术是设计师实现设计理想的桥梁。虽然，施工工艺和施工技术是一个专门的专业，但设计者对此必须十分熟悉。有经验的设计师与设计新手的差别在哪里？对施工工艺和施工技术的熟悉就是其中重要的一个方面。有的新材料的推出，会同时推出一种新的施工技术和施工方法。例如。点式玻璃幕墙近年十分流行，它与传统的玻璃幕墙相比，有更加现代、更加技术化的感觉，它的安装有一整套特殊的工艺技术。设计者必须对新材料及其施工工艺十分敏感，对有应用前景的，要快速收集相关的技术资料，掌握它的施工方法和施工技术，并在设计中加以运用。

知识链接2.2.6 建设工期、建设标准、投资额度

建设工期、建设标准和投资额度这几个因素是设计的控制条件，因为任何一项具体的工程都有具体明确的投资和工期的约束。

设计者要注意建设工期这一控制条件。它影响着设计和施工的简繁程度。对投资方来说，时间就是金钱，工程早日完工，就可以早日投入使用，早日产生效益。有些商业性强的项目对工期的要求极高。因为，第一，商机是不能错过的，商机一旦错过，损失无法计算；第二，时间成本确实也高。时间成本包括场地成本、人员成本等。商业场地的租金十分昂贵，装修时间越短，成本就越少。

建设标准和投资额度这两个控制因素对设计的关系极大。一个五星级酒店与一个准星级酒店的设计是截然不同的。五星级酒店的设施标准和造价标准大大高于准星级酒店。就大堂而言，五星级酒店的单方造价可以高达万元，而准星级酒店的单方造价最多也就是千元。两者相差十余倍。因此，它们的设计手法、材料运用、施工方法大相径庭。把握的尺度就是建设标准和投资额度。设计师要遵守建设标准和投资额度。一般情况下，建设标准确定后，设计师既不要突破，也不要不达标。

知识链接2.2.7 设计原则

建筑装饰设计还有一定的设计原则。我国目前对建筑装饰设计的原则有四条，它们是“适用性、可行性、美观性、经济性”。改革开放前，我国的设计原则是“经济、实用、美观”。社会经济发展状况会对上述设计原则的权重产生影响。随着经济的发展“美观”已位列“经济”之前。

1. 适用性

适用性指不同类型、不同功能的建筑装饰设计，首先应该考虑适用。居住建筑的装饰首先要符合居住的要求。经过装饰设计的居住建筑必须达到使用舒适方便的要求；演观建

筑的装饰设计首先要符合演出和观看的要求，而且舞台宽敞、设施灵便，观众席视线优良、声音逼真，整体安全、疏散快捷。依次类推。如果连基本的功能都达不到，那么装饰就失去意义了。

2. 可行性

可行性指建筑装饰设计必须是可以实现的。装饰材料、施工技术和施工工艺都有现实的解决方案。

3. 美观性

美观性本来就是进行建筑装饰设计的主要目的，只不过要达到这一要求，设计者必须有较高的审美修养和美的表现能力。

4. 经济性

经济性指建筑装饰设计手段简繁得当。具体表现在装饰材料选择得当，施工方法运用得当。而且，设计是优化的，性价比是较高的。

[学习情景] 2.3 方法

设计的原则和依据确定之后就要进入设计的过程了。设计的过程主要包括设计的效果表达和技术要求的表达。设计表达是设计人员的基本功。

知识链接2.3.1 建筑装饰设计的表现方法

建筑装饰设计的表达手法很多，主要有三类：第一类是艺术的效果表现；第二类是严谨的技术表达；第三类是快速的设计草图。三类表现方法适合不同的设计要求，具有不同的作用。

1. 艺术的效果表现

建筑装饰设计非常注重设计的艺术效果。它不仅被设计者自己所关心，而且也被业主所关心。有些大的设计项目甚至被公众所关心。所以设计者总是尽其所能，用最艺术、最适合的手段，把最佳的设计效果直观地表达出来。表达的载体就是通常所说的“效果图”。

效果图的要求是：真实性和艺术性高度结合，具有较强的说服力、感染力、冲击力，甚至是震撼力。要达到这样的要求，必须要求设计者有较高的艺术素养，精通效果图的表现技术，同时具备较高的艺术表现技巧。

效果图的种类主要有手工精绘、快速表现和电脑表现三种。它们分别具有不同的效果和特点。

（1）手工精绘效果图。好的手工精绘的效果图主观性比较强，表现场面大小适宜，重点非常突出，有很强的艺术感染力，能够体现设计者的艺术表现功底。要制作手工精绘效果图，没有扎实的造型基础、娴熟的表现能力是不可能的。

手工精绘图效果图的主要表现手法有：喷绘表现、水粉表现、水彩表现和综合表现等。喷绘表现的效果图表现力很强，效果比较细腻逼真；水粉和水彩表现的效果图表现力也很强，水粉覆盖力强，厚实；水彩轻松、明快。这两种表现手法自然地流露了作者的绘画笔触，所以更能体现设计师的情感。综合表现则可以结合各种表现手法的长处，被设计师广泛采用。图2-9是手工精绘效果图，表现的是一个大堂阳光照耀的效果。

（2）快速表现效果图。快速表现效果图常常采用马克笔（mark）、彩色笔、钢笔水彩、色粉笔、彩色铅笔等工具。采用环境速写和快速着色的形式。

这类表现图的特点，表现的画面和场面一般比较小。有的是某个小场景或某个局部的表现，但重点非常突出。艺术上这样的表现图一般线条自然流畅，色彩简洁明快，有一气呵成的感觉。

图2-10是一个居室过道的快速表现效果图，其潇洒的笔法，简洁明了地表现了设计构思。

（3）电脑表现效果图。电脑表现效果图是采用设计专用的电脑应用软件绘制的效果图。它的特点是能虚拟现实，空间效果直观，材质非常逼真。其表现效果尤其被大众喜欢。有的电脑表现效果图采用专业软件制作，制作的速度非常快。

目前，可以用来绘制效果图的常用电脑应用软件有：3Dmax、3DMaxVI Z、AutoCAD、Lightwave、Photoshop、圆方、RD2000、德赛等。图3-11是一个开发区道路入口的电脑效果图，逼真地表现了设计的仿真效果。

2. 严谨的技术表达

建筑装饰设计除了运用效果图进行设计表达外，更多是采用严谨的技术表达。规范的制图语言是超国界的，CAD制图是进行严谨的技术表达的最常用的手段。大到整体布局，小到某个节点，设计的各个环节都可以用它表达得清清楚楚。图纸的形式有平面图、立面图、剖面图、构造详图、节点图和设计说明。

一般情况下，效果图的表达比较理想化，与实际效果可能会有一定的出入。但严谨的技术表达——专业制图，不允许半点含糊。因为它是评审、预算、施工、监理、检验的依据。

严谨的技术表达是任何一个设计师必须掌握的设计语言。

图2-12详细表达了门及门套的构造，施工人员可以按图施工。

3. 快速的设计草图

快速的设计草图一般是采用铅笔、钢笔等工具，在设计的构思阶段用来记录设计师的思维。它是设计师思维轨迹的记录，也是进行沟通的绝佳手法。快速的设计草图是利用手边的材料即兴而作。这样的表达一般自由、流畅、快速、不拘形式。正因为放松、随意，有的草图表达的很

● 图2-9　手工精绘效果图

● 图2-10　笔法潇洒的手绘效果图

● 图2-11　电脑效果图

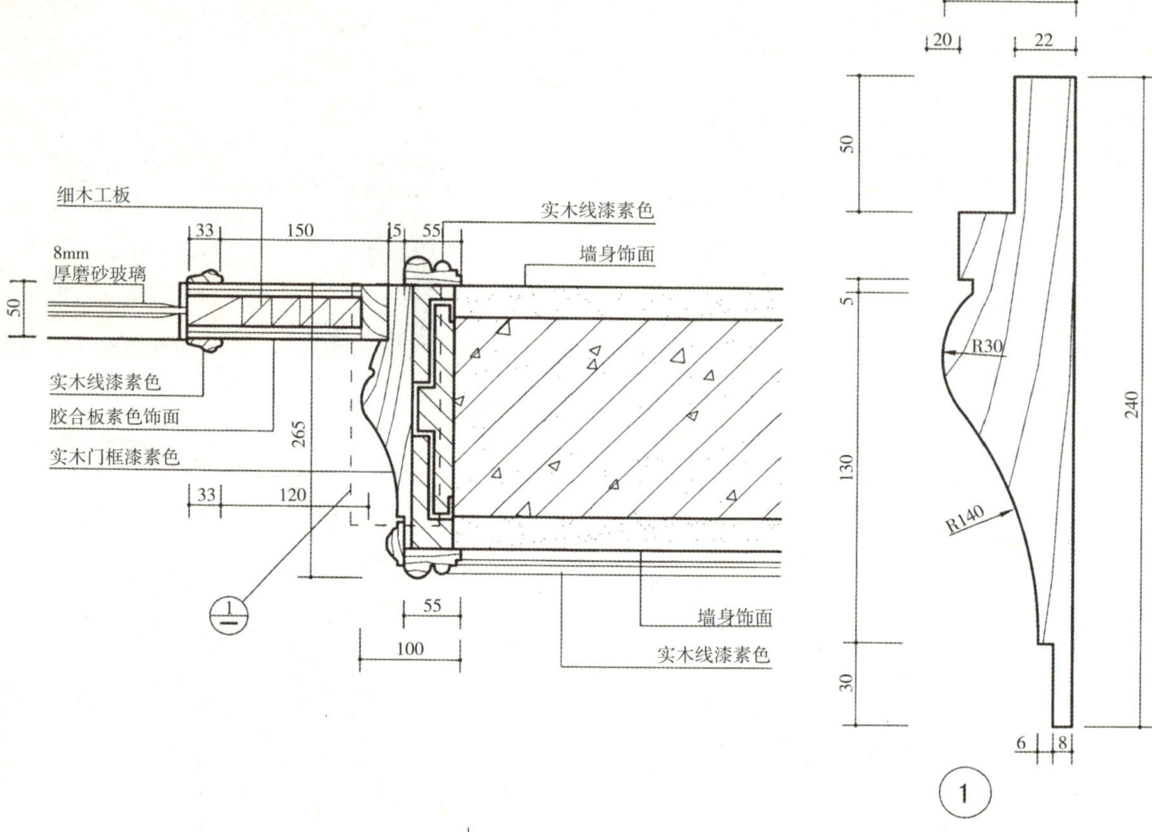

● 图2-12 门及门套构造设计图

率真、很有灵气，很能体现设计师的艺术气质。有些作品虽然简单，但在艺术上也具有相当的观赏价值。

知识链接2.3.2 建筑装饰设计的步骤

当我们开始从事建筑装饰设计这个职业时，就会接受客户的委托，进行某一项具体的设计。但设计不光是在纸上画一些线条和色彩，而是要准确地理解客户的意图，按照建筑装饰设计的原理和方法，对设计元素进行艺术和科学的组织。还要通过切实可行的办法实现设计的构思，使客户和相关使用者都感到满意。这个过程是一个复杂的系统工程，总体来说分三个阶段：设计前阶段——设计中阶段——设计后阶段。将这三个阶段具体细分，就有以下二十几个环节，如图2-13所示。

下面对这些环节作一个简要的说明：

1. 获得设计任务

获得设计任务的方式有：

（1）通过招投标——主要的获取任务的方式。首先需要有一定的设计资质，通过初步设计的竞争，获胜后取得设计任务。

（2）委托设计——信任你的业主会采用这种方式。业主一般需要经过多方考察后，才会作出决定。

2. 获取有关设计信息

需要获取的有关业主设计信息主要是：业主的需求、观念、品位、爱好等。这些有的通过直接和业主交谈获得；有的通过对业主的观察获得；有的通过侧面了解获得；有些通过实地调查获得。

如果是公建项目设计，还要对项目使用者和客户群进行调查。了解使用者的行为特点、使用状况、借助器物及相关尺寸、使用氛围、流行信息等。这些信息将成为设计的重要依据。

如果是招投标项目，则要对甲方发出的标书作深入细致的研究。

3. 设计场地实地测量和观察

对设计场地的实地测量是设计者进行有效设计的基础工作。设计场地是设计的空间对象和尺度依据。设计者要对设计场地有透彻的了解和详细的记录。主要了解的内容包括外环境、建筑风格、结构形式、门窗位置、空间尺寸、供水供电情况、下水位置、交通情况、楼梯形式、空调、消防、监控、电信、网络、电梯等设备设施情况等，凡是与装饰设计有关的情况都要了解测量清楚。

4. 同类项目市场调查

设计者在取得设计任务后，需要对同类设计项目做市场调查。特别是公共建筑的装饰设计项目。调查的内容有：周围乃至本城市区域内有没有同类项目？同类项目的数量、建设档次、装饰风格、主要特色、主打品种、主要客户群、资信状况、社会声誉怎么样？做这样的调查，主要是为了确定正确的设计路线，避免雷同，尽可能使业主能够在市场的竞争中获得主动，使设计为业主带来利益和利润。

5. 收集有关资料

除了本地的市场调查以外，还要从更大的范围收集同类项目的设计资料。设计项目的行业信息、先进地区、先进企业的成功信息、著名设计、著名设计师的看法等。这些资料

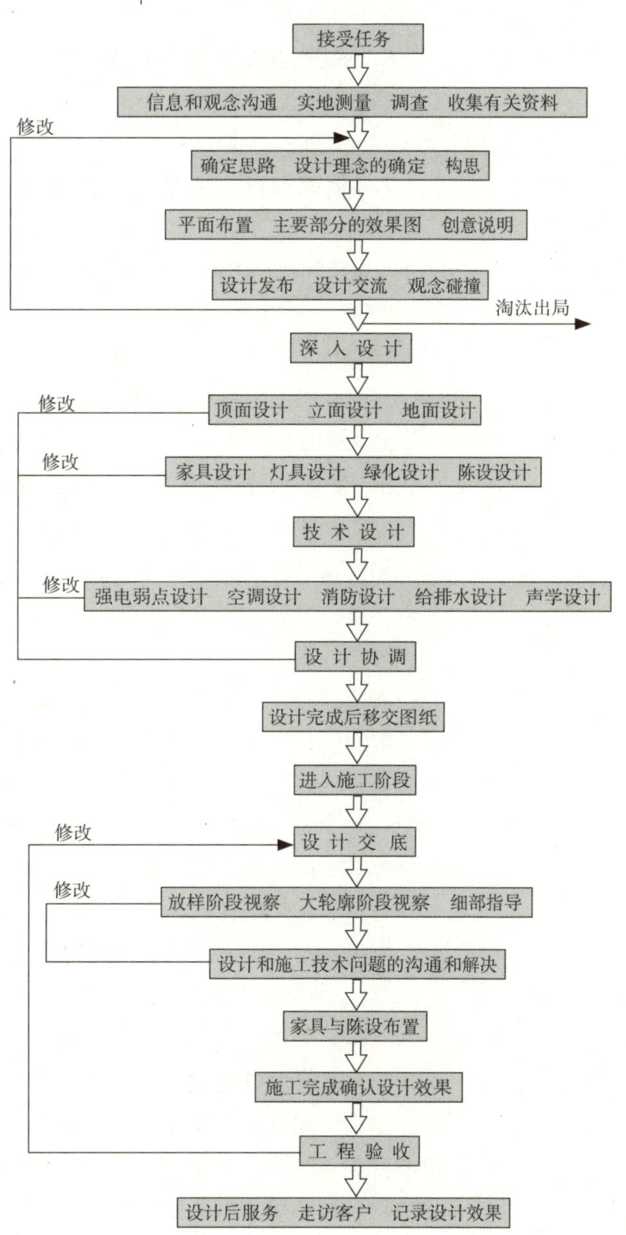

图2-13　建筑装饰设计流程

将启发设计者的设计思路，成为对设计有益的借鉴。

6. 构思与设计理念的确定

构思与设计理念的确定是设计师根据已有知识和设计信息的一个综合的思维反应。这个环节十分重要。可以决定设计的成败。这个问题十分复杂，需要专题讨论。

7. 平面布置、主要部分的效果图、主要材料概算和创意说明

思路确定之后，接着就要进行项目的行为分析和功能布局，并将这些体现在总平面图上；同时确定设计的重点部位，并将这些部位的效果图精彩地表现出来。还要就设计使用的主要装饰材料进行说明，并提出一个大致的工程概算。除此之外，还要准备一份创意说明，简要而精彩地表达设计者的设计思想。

这些就是初步设计的内容。通过初步设计，人们可以全面而概括地了解项目的主要情况。如果是投标项目，这些设计文件将主要决定设计项目是否中标。

8. 发布初步设计，进行设计交流

发布初步设计是设计者与客户进行沟通的重要环节。设计者和业主都十分重视这个环节。初步设计完成后，设计者最想了解的是自己的设计是否符合业主的口味？在设计竞标中处于什么地位？而业主最关心的是自己的信任有没有给错对象？自己的投资项目将来会是一种什么形式？有没有独特的创意？有没有令人眼睛为之一亮的设计闪光点？

有些设计，只要作品一亮出去，设计者和业主双方在目光相交的一刹那就知道竞标的结果如何了。这样的设计要么是中标了，要么就是淘汰了。

有些作品则还需要通过业主的细细品味，或通过设计师的讲解，才能使业主理解设计的奥秘和设计师的用心。这类作品要么蕴涵着艰深而新颖的设计创意，让一般人一下子不能猜中其中的奥秘。要么设计师的表达还没有到位，需要通过语言进行补充。

有些设计，设计师与业主产生了分歧，一般的分歧可以通过交流进一步明确对方的想法。有的分歧不可调和，设计就要推倒重来。

在这个环节设计者除了准备作品以外，还要注重作品发布的形式。作品以什么形式发布大有讲究，特别对大的公共建筑装饰设计项目。

9. 确定设计任务

这个过程是水到渠成的。一般说来，出色的设计自然赢得设计的项目。但赢得设计的项目并不意味着十全十美。好多地方仍然需要调整和修改，更多的地方需要深入设计。淘汰的项目也不是一无是处，有许多东西可以借鉴。如果投标没有成功，要分析原因，找出差距，不怕失败，从头再来。这应该是设计人应有的健康心态。

10. 扩初设计

在赢得设计后，就要进一步进行深入设计了。这个过程叫扩初设计。它的任务是对项目进行全面的设计。

11. 确定空间布局和界面设计

确定空间布局和界面设计是扩初设计的主要内容。装饰设计需要面面俱到，空间布局通过界面设计体现出来。所以，界面设计是不可缺少的。

12. 陈设设计

除了界面的设计还要进行陈设设计，包括家具、灯具、绿化、陈设等。这是空间布局和界面设计完成以后的重要设计。这些设计不是绝对分割的，而是相互交融的。在进行这

些设计时要时刻参照上面的界面设计，要使它们互为衬托，相得益彰。

13. 进行相关技术设计

扩初设计完成后，一般要经过业主的确认。经过与业主的交流后，根据业主的意见进行必要的修改调整后，就要进行相关的技术设计和施工图的设计了。

14. 相关工种技术设计

建筑装饰设计是复杂的。除了美学形式、空间、界面设计及陈设设计等以外还要与其他技术工种的技术人员配合，进行电气、声学设计、空调、供暖通风、给排水、消防、设备安置等相关设计。这个过程主要是技术人员之间的技术配合。它是使设计取得最好效果的保证。

15. 总体设计协调

各种技术设计完成后，各个工种的设计要与装饰设计做一次总体协调。检查各类技术设计有没有互相冲突的地方。如有冲突，必须有人进行修改，以消除冲突。

16. 移交图纸

图纸设计完成后，需要按程序进行签字，盖草。然后将整套图纸移交给委托者。这样，设计阶段就结束了。

17. 施工阶段

在进入了施工阶段后，设计师的工作状态就发生了变化。这时，他面对的不是图纸上的问题，而是设计如何实施的问题。

18. 技术交底

设计实施的第一项工作就是向施工方进行技术交底。所谓技术交底就是把设计实施的主要问题向各方面做一个交代。但由于设计的实施是一个比较长的过程，所以技术交底不可能一次完成。在第一次技术交底会上，最主要的是与施工有关的技术人员互相认识。然后在今后的施工过程中逐一解决各种具体问题。

19. 放样、大轮廓、表面和细部施工阶段

施工的关键阶段有三个：放样、大轮廓完成和表面及细部构造装修。每个阶段都有重要的事项需要把握。放样阶段主要把握大的尺度关系，对复杂的构造形态要重点把关。大轮廓阶段，主要看设计的大关系是否体现出来了？有没有明显走样的地方？有没有需要返工的地方？表面和细部的施工是最后出效果的关键。设计师要对设计细节的做法作详细的交代。

20. 技术问题的沟通和解决

在施工过程中，不可避免地会产生各种技术问题。在这个过程中，设计师要虚心向施工技术人员学习，因为有许多问题可能就是因为设计人员考虑不周，或对施工的具体细节不了解而产生的。所以在施工过程中，设计师有许多施工技术知识可以学习。这也是一个设计经验积累的过程。设计师知道的施工技术知识越多，设计经验就越丰富，今后的设计可行性就越强。

21. 家具与陈设品配置

施工基本完成后，就可以进入到家具和陈设的配置阶段，这个阶段是设计逐步出效果的时候，也是容易功亏一篑的时候。因为，家具与陈设配置得当，各个设计要素就相映生辉，相得益彰；布置不当，就会出现生硬和不协调，甚至把设计的意味抵销殆尽。

22. 确认设计效果

在施工完成以后和工程检验前，设计师应该有很多机会确认设计的施工效果。实际上，施工是逐步完成的，确认设计效果可以随时进行。当然，整体的确认也是很有必要的。施工单位更愿意设计师在工程验收前提出需要整改的问题。

23. 工程验收

工程验收，通常都会邀请设计者参加。设计师一般是从感觉、感受、效果、意境等方面审视施工的效果。因为一些技术性的数据测量和检验会有专业的技术人员去完成。实际上，这个时候设计师比较潇洒。因为，需要设计人员解决的事项，基本上都在前面的施工工程中完成了。

24. 设计后服务

工程完成后，设计师应该进行一些设计后服务。如走访客户，观察、询问设计的实际使用效果和设计的不足。这个过程既能加深设计师与客户的联系和感情，又能使设计师了解自己设计的优点与不足。

25. 记录设计效果和设计反思

设计效果的记录有两种形式，一是摄影，一是摄像。将自己的作品用影像记录下来，有很多好处。一是作为自己的设计档案，日后可以用来证明自己的工作能力；二是通过它们可以反思自己设计的效果；三是可以用作同行交流探讨的媒体；四是可以成为艺术欣赏品供人欣赏。

经常进行设计反思是使设计师进步的好办法，一个设计师在完成一项设计之后，应该好好总结一下设计的成败得失。这也应该是设计的有机组成部分。

[学习领域] 3

建筑装饰设计的行为、尺度、心理

课程教学建议表

学习情景	[学习情景] 3.1　行为 知识链接3.1.1　环境行为学概述 知识链接3.1.2　环境行为学在室内环境设计中的应用 [学习情景] 3.2　尺度 知识链接3.2.1　人体工程学概述 知识链接3.2.2　人体工程学的基本理论 知识链接3.2.3　人体工程学在室内设计中的应用 [学习情景] 3.3　心理 知识链接3.3.1　环境心理学概述 知识链接3.3.2　心理需要层次 知识链接3.3.3　视觉心理 知识链接3.3.4　环境心理学在室内设计中的应用
知识要求	1. 明确环境行为学、人体工程学、环境心理学的相关概念 2. 了解建筑装饰设计中环境行为、人体工程、环境心理的特点 3. 掌握建筑装饰设计与这三个方面的关系及设计要点（重点）
能力要求	6. 参观考察能力尤其是观察能力 7. 资料收集能力 8. 竞争合作能力 9. 综合分析、调研能力 10.交流表达能力，包括文本制作、现场搜集资料和语言表达交流能力
实践项目	参观、考察、观察、摄影、收集图片、问卷资料、写出考察调研报告
教学场所	教室＋各类公共场所
教学方法	1. 按建筑空间进行分类参观、考察各类社会现场中的空间环境行为规律 2. 要求学生拍摄不同现场的典型照片或者通过专业书籍、网络媒体等收集各类典型的现场照片，参考教材，写出点评性的考察报告 3. 分组制作PPT考察报告，进行交流 4. 对学生的PPT由学生互评＋教师点评
作业要求	学生以学生团队（作业小组每组4～6人）的形式，分工考察2～3类公共建筑空间，进行答卷资料收集，分别写出考察报告。各小组至少调查2类场所。各类场所不少于10张照片；资料调查问答表不少于2份；点评文字不少于500字。PPT 20～30页；考察报告采用word文档，A4，利用业余时间完成，在下周上课之前上交。
教学评价	1. 相关概念正确，重点评价知识掌握情况（20%） 2. 考察到位，资料数量符合要求，重点评价考察、观察能力评价（20%） 3. 小组成员分工合理，任务均衡，态度积极，重点评价竞合能力（20%） 4. 资料收集正确，分析到位，重点评价综合分析能力（20%） 5. 考察报告符合要求，版面美观，汇报流畅，重点评价交流表达能力（15%） 6. 完成时间（5%）

建筑装饰设计作为一门实用的设计艺术，它不同于绘画、摄影等这些纯欣赏意义上的艺术；它始终是为人类生活服务的，具有一定的实用性。设计师在创造室内外空间环境的过程当中，不但要通过一定的艺术与技术手段考虑使用功能、空间环境艺术间的适当整合，还要考虑空间环境的使用对象——人的行为、尺度、心理等因素对其环境的相应要求，充分体现以人为本的设计理念。建筑装饰设计的行为、尺度、心理的相关理论主要来源于环境行为学、人体工程学和环境心理学，这就需要对这些理论进行相应的分析研究。

[学习情景] 3.1 行为

人类对于环境行为学的研究始于20世纪50年代。美国人类学家霍尔在他的邻近学理论中提出：不同文化背景下的人，生活在不同的感觉世界中，人们对同一个空间，会形成不同的感觉。而且，他们的空间使用方式、个人空间、领域感、私密感等也不尽相同。这样，不同文化背景下的人群，对空间环境的需求也就不尽相同，表现在行为方式上，就会有一定的差异。

知识链接3.1.1 环境行为学概述

环境行为学是研究建筑环境如何作用于人们的行为、感觉、性格等因素，而使人们如何获得一定的空间感和领域感的学科。这些空间感和领域感具有一定的层次和范围，它们均建立在私密性的基础之上。

一、私密性

私密性是指对接近自己的有选择的控制。也就是设法控制自己对别人封闭或开放的程度。

1. 私密性的基本类型

私密性有四种基本类型：独处、亲密、匿名和保留。

（1）独处是指一个人呆一会，且远离别人的视线。

（2）亲密是指两个人以上（包括两个人）小团体的私密性，是小团体成员之间寻找较为亲密关系的需要。

（3）匿名是指在公开场合不被人认出或被人监视的需要。如某些名人在公开场合上街购物时，总要化妆出现一样。

（4）保留是指保护自己信息的需要。不论在任何场合，都不想让别人知道自己的有关私人信息。如有关个人生活的某些污点等。

2. 私密性的特点

在当今信息社会中，人与人的沟通和信息交流非常重要。过去农耕时代离群索居的文人隐士已极为少见。人们不得不与别人共同相处，通过语言和肢体行为与人接触，但时时都在控制与他人的接触和沟通程度。在控制与接触的过程之间，有一个界限调整的过程。这个过程如同一扇门，有时开启，有时封闭，视情景而定，来控制私密性的开放和封闭。

通过空间行为，人们也能表现出对别人的开放和封闭程度。如打开房门，把熟悉的客人引入室内，表示一种接纳，一种空间的开放暗示。而对不熟悉的人，则可以在门外交谈，并不引入室内，暗示了一种空间上的封闭程度。

3. 私密性的影响因素

每个人都有自己的私人空间，都有私密性的需要。随着环境氛围、文化修养、社会阅历的不同，对私密性的影响因素不一，要求也会有所差异。具体对私密性的影响因素有个体因素和情境因素两个方面。

（1）个体因素。对私密性有影响的个体因素为性别和个性。男女性别在私密性上有一定的差异，通常女性适应空间环境的能力比男性强，对私密性的要求比男性弱。而在个性方面，通常自尊感弱的人有更为强烈的私密性需要，且自我控制能力较差、幸福感较低。

（2）情境因素。对私密性有影响的情境因素为社会情境和实质环境。社会情境的变化对私密性的影响是显而易见的。如周边社会环境的改变，不可避免的影响人们对私密性的要求。而实质环境则是指客观现实的存在，人在这种客观环境中对私密性的要求会因人而异。如柔和的灯光环境，会使人感到亲切，客观上拉近了人与人之间的距离。

二、个人空间与“气泡理论”

1. “气泡理论”

每个人都有属于自己的个人空间。心理学家所做的实验证明，这个空间相当于以人体为中心向四周发散的气泡，这个气泡前部最大，后部较小，两侧最小，这称之为“气泡理论”。

人在空间里的不同位置，显现了人际间的不同关系。在大多数情况下，人们不会意识到它的存在和价值，但当个人空间受到侵犯时，就会感觉到它的存在。如在餐厅进餐时，相互间不熟悉的顾客总是尽可能的错位就餐；在一些公共空间里，如果空间并不拥挤，没有人愿意夹在两个陌生人之间。在日常生活和工作当中，人与人之间通常保持一定距离，来调整与他人交往的程度。

（1）个人空间的定义。个人空间是人们周围看不见的界限范围内的空间。如影随形，人们到哪儿，这个空间就会跟到哪儿。个人空间不是固定不变的。在空间环境中，个人空间会伸展或收缩，是一种变化着的界限调整现象。虽然每个人都拥有各自的个人空间，但它们并不会完全一样，而有着各自的区域范围。

（2）个人空间的作用。在个人空间的人际交往过程中，控制距离是非常重要的。合适的人际距离，能产生积极的正面效果；而不合适的人际距离，能导致令人感觉不舒服、焦躁、缺乏安全感的负面效果。

（3）“气泡理论”。美国人类学家霍尔在他的邻近学理论中，对北美人日常交往中的人际距离进行分析研究，发现由于人体“气泡”的存在，人们在相互交往和活动时，通常保持一定的距离，而且这种距离与人的心理需要、心理感受、行为反应等产生了相当密切的关系。霍尔对此进行了深入的分析研究，归纳出了四种常用的人际距离：亲密距离、个人距离、社交距离和公共距离。而人们在不同的场合下，使用的人际距离不一；不同文化背景下的国家，其个人空间距离也有所差距。

亲密距离：亲密距离的范围约为0～45cm左右。在亲密距离内，视觉、气味、声音、呼吸和体温的感觉，合并产生了较为亲密的关系，如亲人、密友、情人等。

个人距离：个人距离的范围约为45~120cm左右。在这一范围内的人大多关系融洽，使人们的交往保持在一个合理的亲近范围之内。

社交距离：社交距离的范围约为120～360cm左右。这个距离通常用于商业业务接洽，当不需要过分热情时，可以采用社交距离。

公共距离：公共距离的范围约为360～750cm左右。这个距离一般用于较正式的场合，用于地位不同的人们之间。如讲演厅的演讲人和听众之间通常使用这个距离。人们之间的交流和沟通，主要通过视觉和听觉进行。

在以上四种人际距离中，根据不同的行为性质，每种距离又可分为接近相和远方相。如在亲密距离中（0～45cm），接近相为0～15cm，亲密的接触使得彼此嗅觉和放射热的感觉灵敏，而其他的感觉器官基本上不起作用；远方相的亲密距离为15～45cm，可以是与对方握手的接触距离。当然，不同民族、不同宗教信仰、不同文化程度、不同性别和职业，其人际距离也会有所差异。各种人际距离和行为特征见表3－1。

表 3-1　　**人际距离和行为特征**（距离单位：cm）

亲密距离 0～45	接近相0～15，亲密，嗅觉、辐射热有感觉 远方相15～45，可与对方接触握手
个体距离 45～120	接近相45～75，促膝交谈，仍可与对方接触 远方相75～120，清楚地看到细微表情的交谈
社会距离 120～360	接近相120～210，社会交往，同事相处 远方相210～360，交往不密切的社会距离
公众距离 >360	接近相360～750，自然语音的讲课，小型报告会 远方相>750，借助姿势和扩音器的讲演

各种人际距离空间的分类示意如图3-1所示。

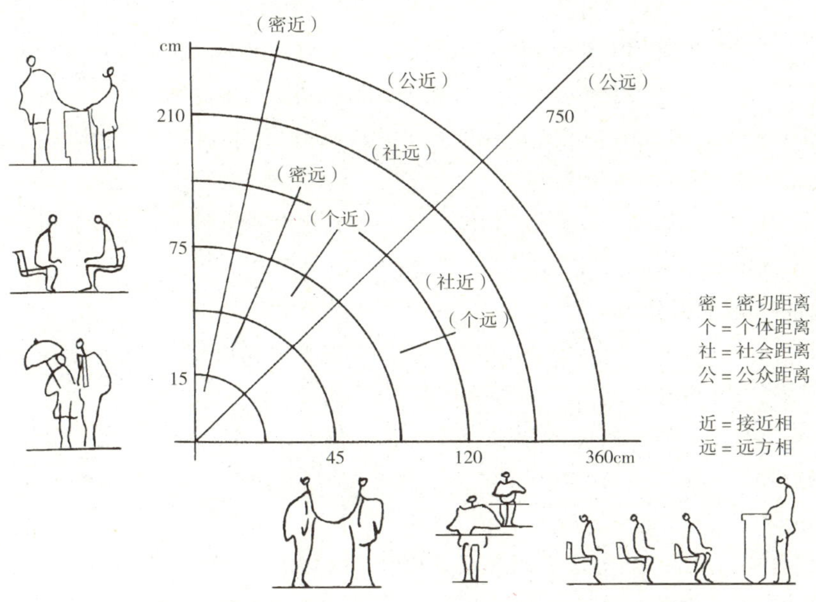

图3-1　人际距离空间的分类

适宜的人际距离方便了人们之间的沟通。距离作为一种媒介，在亲密距离内交流，视觉、触觉、听觉、嗅觉器官均可发挥作用。但随着距离的增加，视觉和听觉将起主要的作用。

2. 个人空间的影响因素

个人空间的影响因素主要体现在个人因素、社会因素和文化因素上。

（1）个人因素。个人因素对个人空间的影响主要体现在年龄、性别和教育水平上。

（2）社会因素。社会因素对个人空间的影响主要体现在人际关系和吸引力、合作和竞争以及社会地位的差别上。

（3）文化因素。文化因素对个人空间的影响也是显而易见的，不同文化背景下的人们对个人空间的要求有所不一。如阿拉伯人的个人空间距离较近，德国人相对要求较远。

三、领域性

领域性是个非常广泛的概念，可以延伸到人类生活的方方面面。从抢占公交车的座位、就餐时桌椅位置的选择、到国与国之间的领土边界纠纷，都体现了出了领域性的问题。

1. 领域性的性质

（1）领域性的定义。在行为学上，领域性是指个体或团体暂时或永久控制一个场所或物体。

（2）领域性的类型。现实世界中的领域有大有小，涉及方方面面。基本上可以归纳为三个类型，即首属领域、次级领域和公共领域。

首属领域，是指由面对面互动所形成的具有亲密人际关系的社会群体所拥有或专用的领域。如住宅、办公室、国家等都属于首属领域。

次级领域，是指涉及个人生活的部分领域。如住宅小区内的组团绿地、住宅楼梯间、学校的公共教室等都属于次级领域。

公共领域，是指对所有的人都开放的公共场所。如商场、车站、公园、广场、剧院、餐厅等都属于公共领域。公共领域要求使用人遵守一般的公共道德规范。

（3）领域性行为。通常人们的领域性行为以占有和防卫为主。采用的方法有个人化标记、领域防卫、领域的占有和使用等。

（4）领域性行为的作用。领域性行为起着促进社会秩序的作用。如果没有领域性，国家社会就会一片混乱。领域性行为的作用有认同感和安定感两个方面。

2. 领域性的影响因素

领域性行为是人类行为中的一种明显模式，有较为复杂的表现形式和多种影响因素。领域性的影响因素主要有个人因素及社会环境和文化因素。

（1）个人因素。影响领域性的个人因素有年龄、性别、个性等因素。在性别上，通常男性的领域性大于女性的领域性。在个性上，通常男女中个性较强，且较为优秀的人的领域空间较大一些。

（2）社会环境和文化因素。不同的社会环境和文化氛围，对领域空间的影响也会有所不同。不同国家的人群，对空间领域的认同感不一。特别是有跨种族、跨文化的人或事入侵时，人们普遍反映的较为强烈。

知识链接3.1.2 环境行为学在室内环境设计中的应用

通过对人在室内环境中的行为方式进行分析研究，了解并掌握人群在室内环境中的行为规律，为室内环境设计提供一定的设计依据。以下对私密性、个人空间和领域性在室内环境设计中的应用，进行相应的分析。

一、私密性与室内环境设计

私密性意味着在对别人封闭的同时，又保留着对别人开放的可能。因此，室内空间设计的重点之一在于尽可能提供私密性空间调整的可能。

1. 室内空间的类型

（1）公共空间。在室内空间中可以组织非常公共的空间，人们可以共同使用，互不相识的人们在此空间环境中可以相遇交流，进行视觉接触、声音传递。如超市、酒店大堂、影剧院等。在公共空间的设计中，应适当考虑使用者的私密性，而对空间进行合理安排，使人们之间进行公开交流。

（2）半公共空间。半公共空间比公共空间较为私密一些，能创造一个既能鼓励社会交流，又能控制交流程度的场所。如住宅的走道、办公楼的门厅和走道等空间。半公共空间的设计应考虑人们的私密性需要。如在酒店的零点大厅、图书馆的阅览室均可设置一些低矮隔断来限定出半公共空间，以阻挡他人的视线，来满足人们对私密性的适度需要。

（3）半私密空间。半私密空间比半公共空间更为私密一些，这些空间专为空间的使用人员设计。如大空间办公室内的半私密空间设计，通过设置低矮隔断围合出许多半私密办公空间，解决办公人员的私密性需要。

（4）私密空间。私密空间是指对一个或若干个人开放的空间环境。当人们进入了一个私密空间后，就增加了一个自我调控的场所，遇到的干扰也会相应减少许多。如卧室、私人办公室、浴室等都是私密空间。

二、个人空间与室内环境设计

通过分析室内空间中的舒适距离、使用部分家具所需的个人空间及桌椅布置方式，来分析个人空间对室内环境设计的影响，为设计师营造室内环境提供一定的设计依据。

1. 舒适距离

人们相对而坐交谈的舒适距离一般为100cm以内；如果超过这个距离，人们相对交流会有生疏的感觉，一般会选择相邻而坐。同时，座椅或沙发的布置还应该同室内空间的功能结合起来。其布置方式应该适应空间功能变化的需要，而人们也应该根据自己的心理及活动需要来确定采用的舒适距离。

如在医院病房，发现大多数病人之间缺乏沟通和交流，这与病房内的设施布置有关。病房内属于病人的设施仅有病床、椅子和床头柜，使他们缺乏共同交流的设施。如果配置沙发或放置报纸杂志的桌子，就会促进病人之间的交流。

2. 桌椅布置

桌椅的布置和设计将会影响到人们的行为方式。如一个设计合理的椅子会使人感觉舒适，会坐的时间长一些。

另外，桌椅的布置应结合功能需要进行布局；如中餐厅内的椅子应围绕餐桌布置，形成向心式桌椅布局，人们可以舒心的交流聚餐，如图3-2所示。获得1994年普利策奖的法国建筑师鲍赞巴克设计的法国某法庭，其法庭内座椅采用离心式布局，如图3-3所示。可

● 图3–2　餐厅内向心式桌椅布局

● 图3–3　法庭内采用离心式座椅布局

以看出，座椅的布置需要设计师精心的设计，有一定的模式，而不是随意放置，这样来满足功能上的使用需要。

3. 坐位选择

在公共空间的座椅布局中，个人空间对座椅的选择行为具有较大的影响。由于边界效应，人们更喜欢选择位于空间边缘位置的桌椅，如位于两端、凹处或处于空间位置上划分明确的桌椅，及有高靠背的座椅较受欢迎。而那些位于中间位置及所在空间位置模糊的座椅常受冷落。这是因为人们常常倾向于在空间环境中寻找支撑物的缘故。

在一些餐厅、咖啡厅等公共空间中，经常发现顾客喜欢选择靠窗、视野开阔的座椅，以及靠墙或有靠背的座椅。在这些位置能够方便地观察室内外景观，个人空间的保护机制使得与他人保持一定距离。而中间部位的桌椅则暴露在众目睽睽之下，特别是后背在别人的注目之下，总有个人空间得不到保证的感觉，故中间部位的桌椅往往利用率不高。另外，如果桌椅足够，人们通常不会选择与陌生人相邻而坐，中间会空一些位子，这说明他人的存在对空间环境中个人空间的影响较大。

国外有关专家曾在1975年在桌椅放置形式不同的教室内观察研究了一个班的学生选择桌椅的行为规律。学生以8人为一组进入教室选择座位开会，三种教室平面及学生的选择行为示意，如图3–4所示。

在桌椅摆放成矩形平面的教室里，当教师距离第一排学生3m时，学生基本上选择前三排座位就坐；当教师距离第一排学生0.5m时，学生基本上选择后退三排座位就坐，与教师仍保持一定的距离；但在桌椅摆放成圆形平面教室中，圆形放置的桌椅角度抵消了一些矩形排列时的距离因

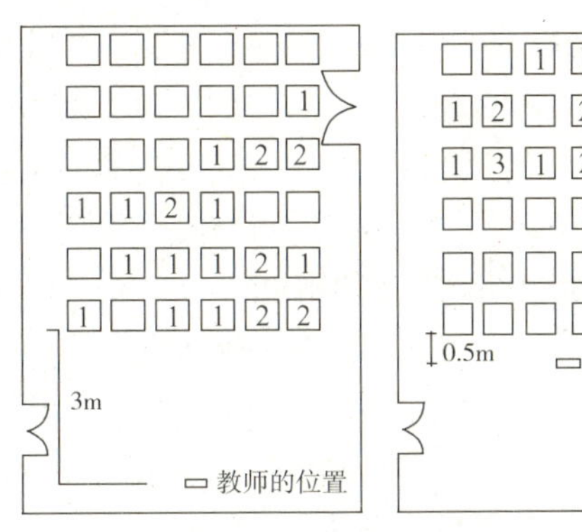

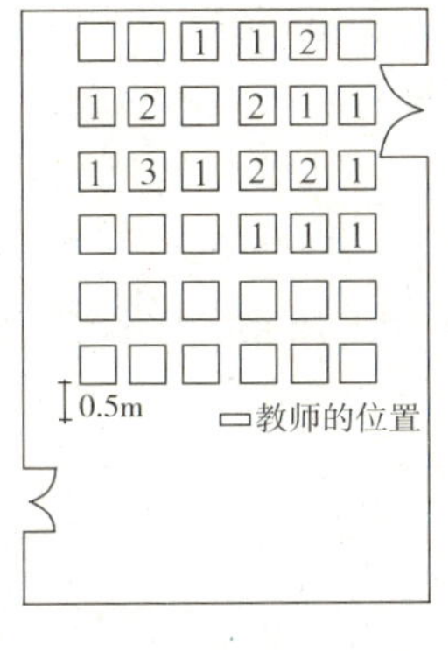

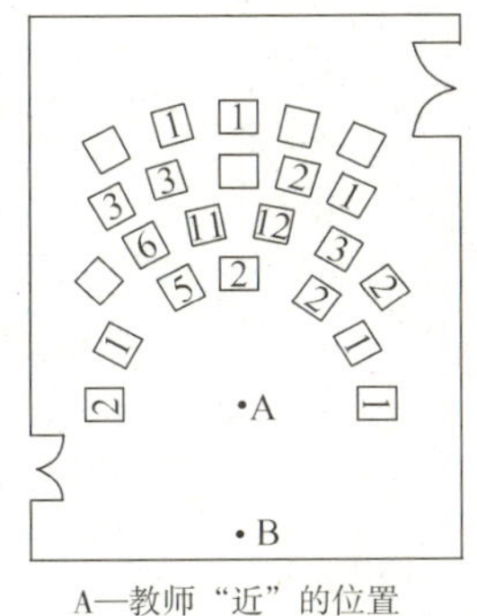

A—教师“近”的位置
B—教师“远”的位置

（a）座位直线排列在三次会议中，当教师站在远处时，座位选择的频率

（a）座位直线排列在三次会议中，教师站得较近时，座位选择的频率

（c）教师在四次“近”的试验和四次“远”的试验中，每只座位学生们占用的频率

● 图3-4　三种教室平面及学生的选择行为示意图

素，使得学生与教师之间拉近了相互交流的距离，增加了民主的氛围，便于学生参与到教学环节之中。故在体现平等关系的会议室中，可采用圆形的桌椅布局方式来烘托民主氛围；如在联合国安理会的会议大厅里，就采用圆形布局的会议桌。

三、领域感与室内环境设计

在室内空间的环境处理中加以领域感的设计，限定表示出空间环境的所有权和控制权；通过这种领域感的建立，使人们增强对所属空间的控制感，并加以约束、控制别人的行为，增强室内外空间环境的秩序感和安全感。

领域感即为群体或个人控制某个空间场所的能力或感觉。为增进领域感，在室内空间环境设计中可采取设置标志（单位团体或个人名称、标牌、特殊图案）、隔墙、隔断、吊顶和地面的局部变化、入口门扇、家具等方式，限定出不同的空间领域，增加空间环境的可识别性和导向性，突出属于团体或个人的空间范围，向别人传递出不言自明的信息，获得他人的认可，即构成具有相对安全感的空间环境领域。

华辰泰尔公司入口采用增进领域感的处理方法，如图3-5所示。

某精品商场内各售卖区域增进领域感的处理效果如图3-6所示。

● 图3-5　某设计工作室增进领域感的环境效果

● 图3-6　商场内售卖区效果

[学习情景]　3.2 尺度

建筑装饰设计的尺度确定依据人体工程学的研究成果。

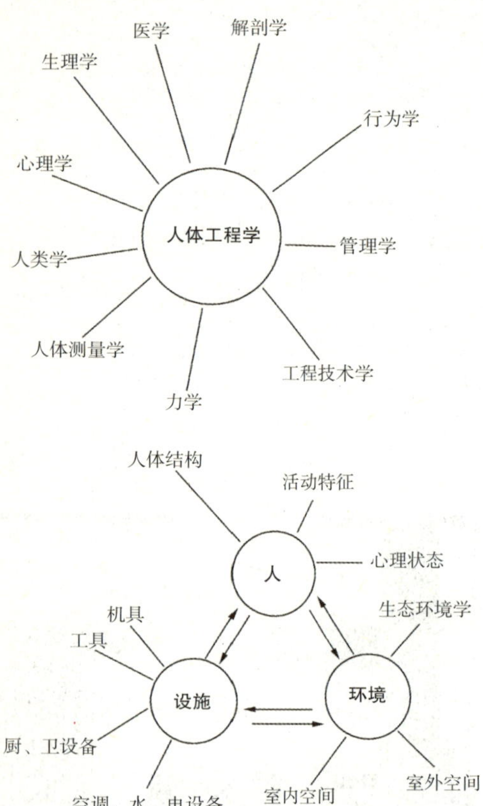

● 图3-7 人体工程学与相关学科及人、设备、环境关系图

人体工程学是于20世纪中期发展起来的新兴综合性学科，目前广泛应用于各行各业的设计领域。人体工程学也称为人机工学或人类工效学。国际上于1960年成立了国际人体工程学协会。

知识链接3.2.1 人体工程学概述

人体工程学强调“以人为本”，提倡高效细致地为人服务。在工业化及信息化社会中，深入分析人类在社会生活和生产活动中的行为规律，探讨人类与所操作的机器（仪器、武器装备、各种设备、家具）之间、人类与所使用的环境（机车船内舱空间、建筑空间）之间界面的关系，分析研究其内在的规律，进行人性化的科学设计，以期最大限度地减少疲劳、提高工效，舒适、健康、安全地进行工作、生产和日常生活。

人体工程学与相关学科及人、设备、环境的相互关系如图3-7所示。

在室内环境设计当中，人体工程学的含义是：以人为主体，运用人体计测、生理计测、心理计测等手段和方法，研究人体结构功能、生理、心理、力学等方面与室内环境之间的合理协调关系，以适应人体的身心活动要求，以取得最佳的使用效能。

知识链接3.2.2 人体工程学的基本理论

一、人体工程学的基础数据及应用原则

1. 人体构造

人体的基本构造是由头部、躯体、四肢所组成。人体构造与人体工程学关系最为紧密的是运动系统中的骨骼、关节和肌肉。在神经系统的指挥下，骨骼、关节和肌肉使人体完成一系列的运动。人体的骨骼系统如图3-8所示。

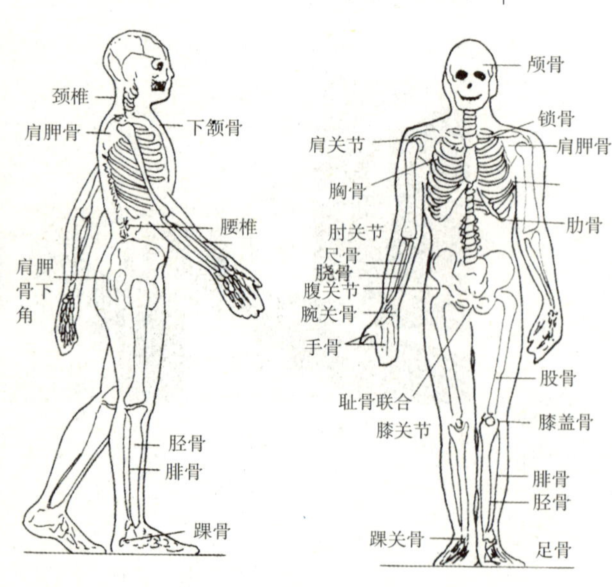

● 图3-8 人体骨骼系统示意图

2. 人体尺寸（静态尺寸）

人体尺寸是人体工程学研究的最基本的数据。人体在固定的标准位置的躯体尺寸为静态尺寸，也称为结构尺寸。中国人的静态尺寸，按照我国1988年公布的资料显示：成年男子平均身高为167cm，体重为59kg；成年女子平均身高为157cm，体重为52kg；由于我国地域辽阔，各地区人体尺寸存有一定差异，特别是随着生活水平的提高，使得近年来青少年的身高明显得到增加。我国成年男女中等身高地区的静态尺寸见图3-9；我国具有代表性地区，成年男女身体各部分

的尺寸见表3-2。中国、日本、前苏联、美国成年男子平均身高的比较见表3-3。

表 3-2　　我国不同地区人体各部分平均尺寸（mm）

编号	部位	较高人体地区（冀、鲁、辽）		中等人体地区（长江三角洲）		较低人体地区（四川）	
		男	女	男	女	男	女
A	人体高度	1690	1580	1670	1560	1630	1530
B	肩宽度	420	387	415	397	414	385
C	肩峰至头顶高度	293	285	291	282	385	269
D	正立时眼的高度	1513	1474	1547	1443	1512	1420
E	正坐时眼的高度	1203	1140	1181	1110	1144	1078
F	胸廓前后径	200	200	201	203	305	220
G	上臂长度	308	291	310	293	307	289
H	前臂长度	238	220	238	220	245	220
I	手长度	196	184	192	178	190	178
J	肩峰高度	1397	1295	1379	1278	1345	1261
K	1/2上骼展开全长	869	795	843	787	848	791
L	上身高长	600	561	586	546	565	524
M	臀部宽度	307	307	309	319	311	320
N	肚脐高度	992	948	983	925	980	920
O	指尖到地面高度	633	612	616	590	606	575
P	上腿长度	415	395	409	379	403	378
Q	下腿长度	397	373	392	369	391	365
R	腿高度	68	63	68	67	67	65
S	坐高	893	846	877	825	350	793
T	腓骨头的高度	414	390	407	328	402	382
U	大腿水平长度	450	435	445	425	443	422
V	肘下尺寸	243	240	239	230	220	216

表 3-3　　几个国家的成年男子平均身高比较

国家	中国	前苏联	日本	美国
平均身高（mm）	1670	1750	1600	1740

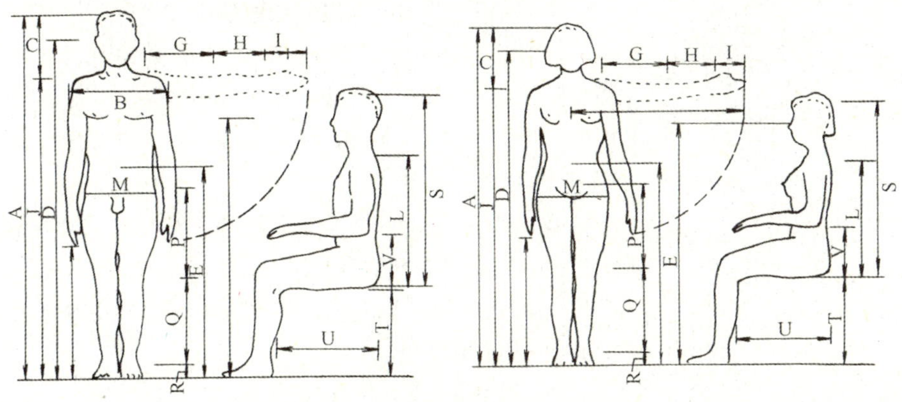

● 图3-9　我国成年男女中等身高地区的静态尺寸

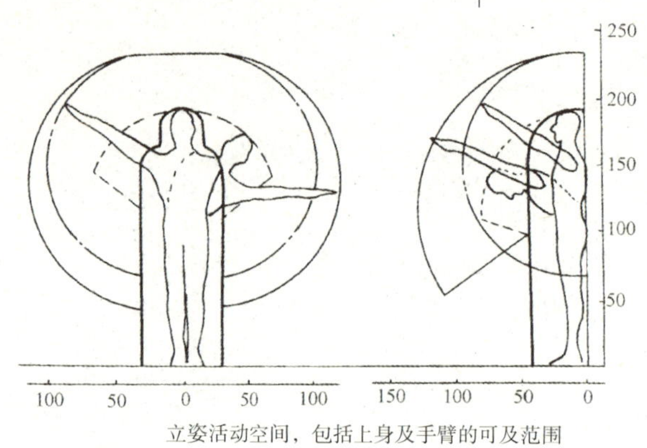

立姿活动空间，包括上身及手臂的可及范围

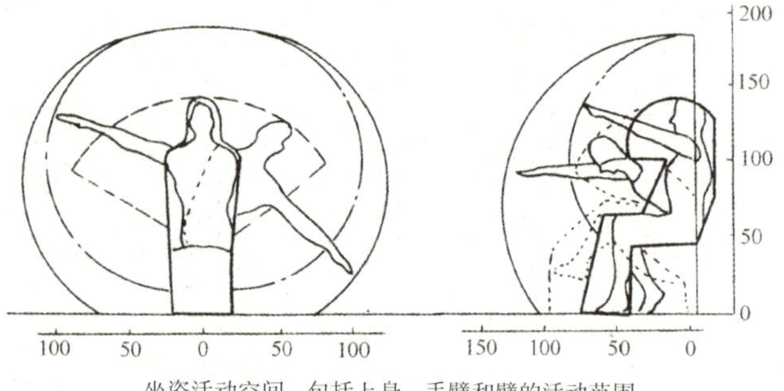

坐姿活动空间，包括上身、手臂和臂的活动范围

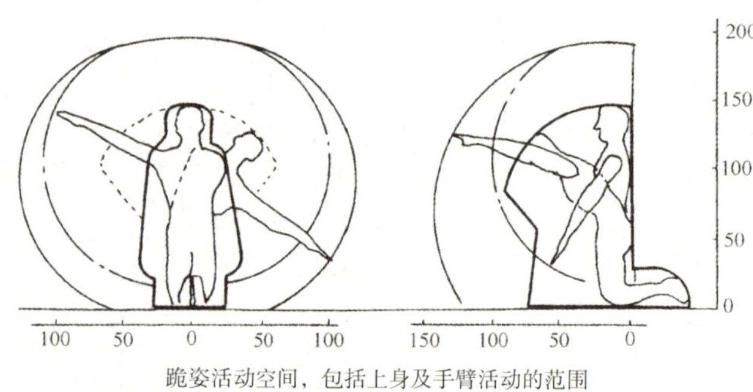

跪姿活动空间，包括上身及手臂活动的范围

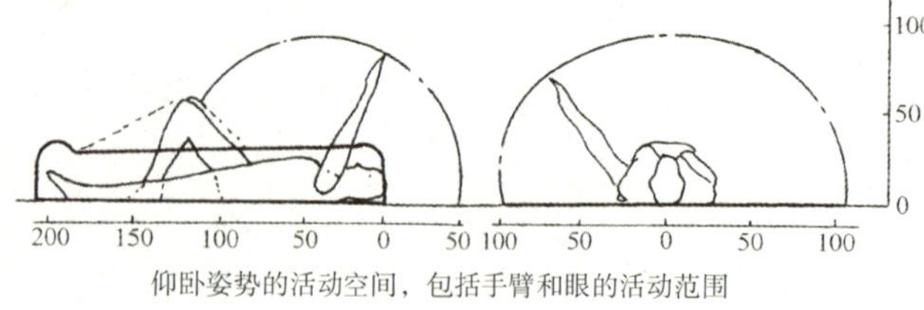

仰卧姿势的活动空间，包括手臂和眼的活动范围

图3-10　人体的各种动态尺寸（cm）

3．人体动作区域（动态尺寸）

人体进行各种活动时，身体各部分所占空间的范围即是动作区域。由于是在人体活动的情况下测量得到的，故称动态尺寸，也称为功能尺寸。

动态尺寸对于各类设计领域具有非常重要的实用价值。如汽车驾驶室的空间尺度、座椅尺度和各项操作设计；军用坦克的驾驶舱空间大小、各种武器的使用操作；室内设计中，家具的尺度、座椅的高度等，都是建立在人体动态尺寸的分析研究之上的。人体站、坐、跪、躺及头部活动的各种动态尺寸，如图3-10所示。

可作为各种空间设计依据的，人体基本动作的动态尺寸如图3-11所示。

二、人体生理计测

人体在进行各种活动时，生理上会发生相应变化。通过各种科学记录测量手段，进行科学、客观的测定，以分析人体在活动中的能量、负荷及相应变化，为工程设计提供相应依据。人体生理计测的主要方法有：肌电图法、能量代谢率法、精神反射电流法。

1．肌电图法

把人体活动时肌肉张缩的状态通过仪器测定，以电流图的形式记录下来，分析确定人体进行该项活动的强度及负荷程度。

2．能量代谢率法

把人体活动时由于能量消耗而相应引起的耗氧量，与平时耗氧量相比，来测定人体处于活动状态的强度。其能量代谢率（RMR）的计算方法为：

能量代谢率（RMR）=（运动状态耗氧量－安静状态耗氧量）/基础代谢耗氧量

经过精确测算，人体在进行不同活动时其能量代谢率（RMR）如表3-4所示。

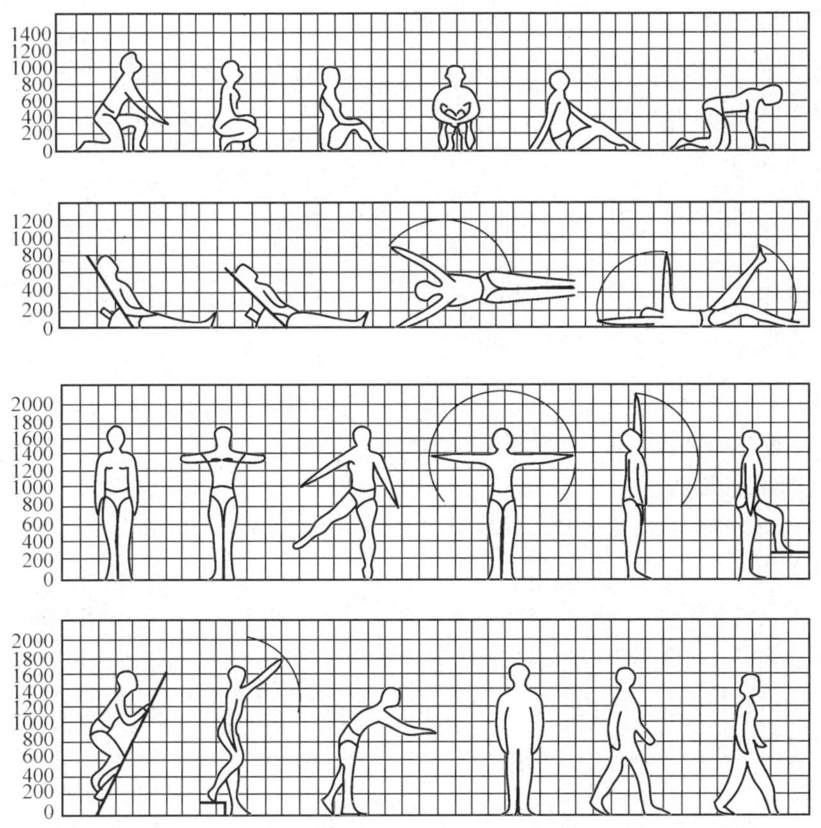

● 图3—11 人体基本动作的动态尺寸

表 3-4 人体进行不同活动的能量代谢率

活动项目	能量代谢率（RMR）	活动项目	能量代谢率（RMR）
浸泡浴盆里	0.44	熨衣服	1.13
睡眠	0.8	步行50m / min	1.6
使用缝纫机	1.01	步行60m / min	1.8
洗浴	1.51	步行70m / min	2.2
拖地板	1.73	步行80m / min	2.8
擦皮鞋	1.8	步行100m / min	4.7
扫地	2.15	百米赛跑	20.8

3. 精神反射电流法

通过对人体进行活动时排除的汗液量作电流测定，定量了解外界精神因素的影响强度，来确定人体活动时的负荷量。

以上三种方法是人体生理计测的主要方法。表3-5给出了以人体生理计测方法测定的几种行业一天24h的能耗量。

表 3-5　　不同职业一天24h的能耗量

职 业	每24h能耗（kJ）	
	男	女
公共汽车驾驶员、纺织工人、速记员、钟表工人	10080 ~ 11340	8400 ~ 9450
医生	12600	10500
家政工、邮递员、鞋匠	13860	11550
生产线工人	15120	12600
芭蕾舞演员、建筑装修工人	16380	13650
矿工、运输工人、伐木工人	17640 ~ 20160	

三、人体心理计测

人体心理计测采用的方法有精神物理学测量法和尺度法。

1. 精神物理学测量法

用物理学的方法，研究测定人体神经的最小刺激量和感觉到刺激量的最小差异。

2. 尺度法

通过在直线上划分若干刻度，相应表示出在心理感觉上的量度，来反映人的心理感觉变化。如对新旧、美丑、优劣、冷暖、大小、高低等的依次评价。

如对冷暖的心理评价如下：

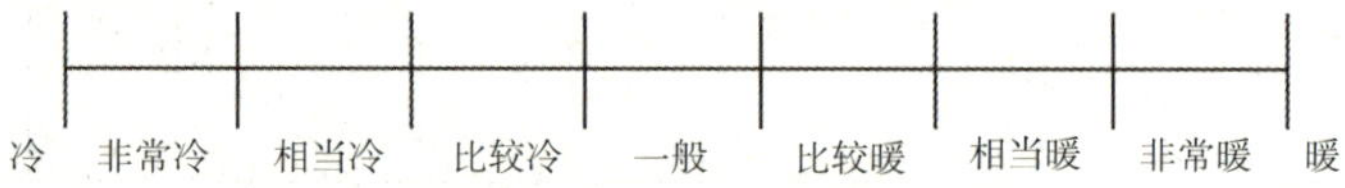

知识链接3.2.3　人体工程学在室内设计中的应用

人体工程学作为一门新兴学科，与室内外的环境设计有着密不可分的关系，其基本原理可以应用于室内设计的各个方面，且影响到室内空间及家具、设备使用上的方便和安全。今天，随着我国室内环境设计水平的不断提高，人体工程学在装饰装修行业中的应用，将会向一定的深度和广度延伸。

一、人体工程学与家具

作为家具的使用者，人体的尺度应该作为家具的设计依据。家具的造型、尺寸、位置及使用家具的空间，都应该由人体工程学予以科学地解决，以设计出令人感觉使用舒适且符合美学规律的家具。

以住宅设计为例，根据日常生活起居的行为规律，分析人体工程学在居室环境设计中的具体应用。人体一般生活起居的行为动作如图3-12所示。

1. 沙发

沙发是起居室中主要的家具之一。沙发的尺寸应主要考虑男性身体的尺度需要；沙发座高应考虑与膝高的关系；沙发座宽应考虑与肩宽的关系（应考虑较高大的身材需要）；沙发座深应考虑与臀部和膝部之间长度的关系（应考虑较小的身材需要）；沙发与茶几的距离应考虑人伸手能方便地拿到茶几上的东西，同时还应考虑人腿的放置与人体通行的关系。双人及三人沙发根据人体工学原理进行的平面设计如图3-13所示。

双人及三人沙发根据人体工学原理进行的侧立面设计如图3-14所示。沙发与茶几的距离易选用较小的间距尺寸。

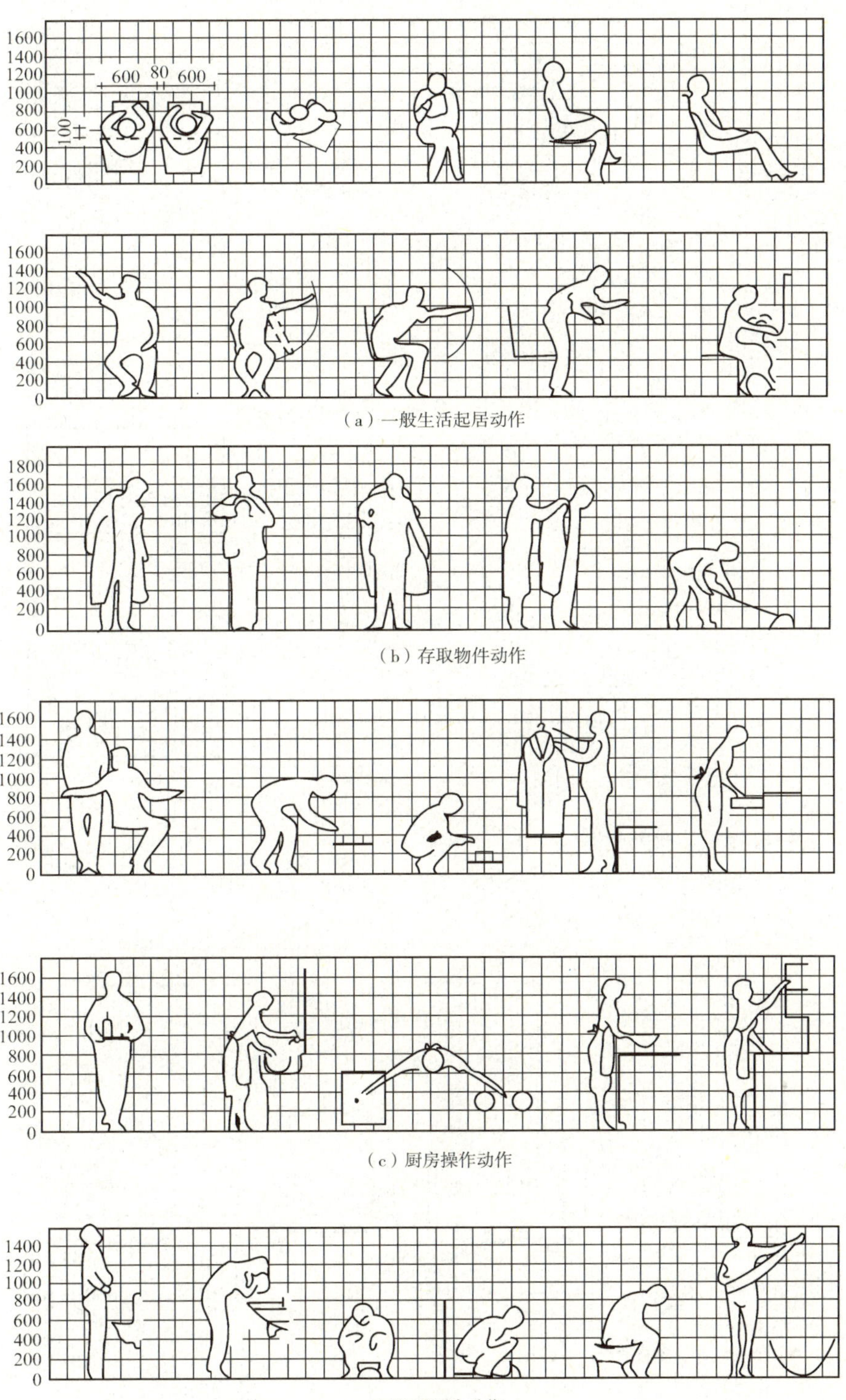

（a）一般生活起居动作

（b）存取物件动作

（c）厨房操作动作

（d）浴厕中动作

● 图3-12　人体一般生活起居的行为动作

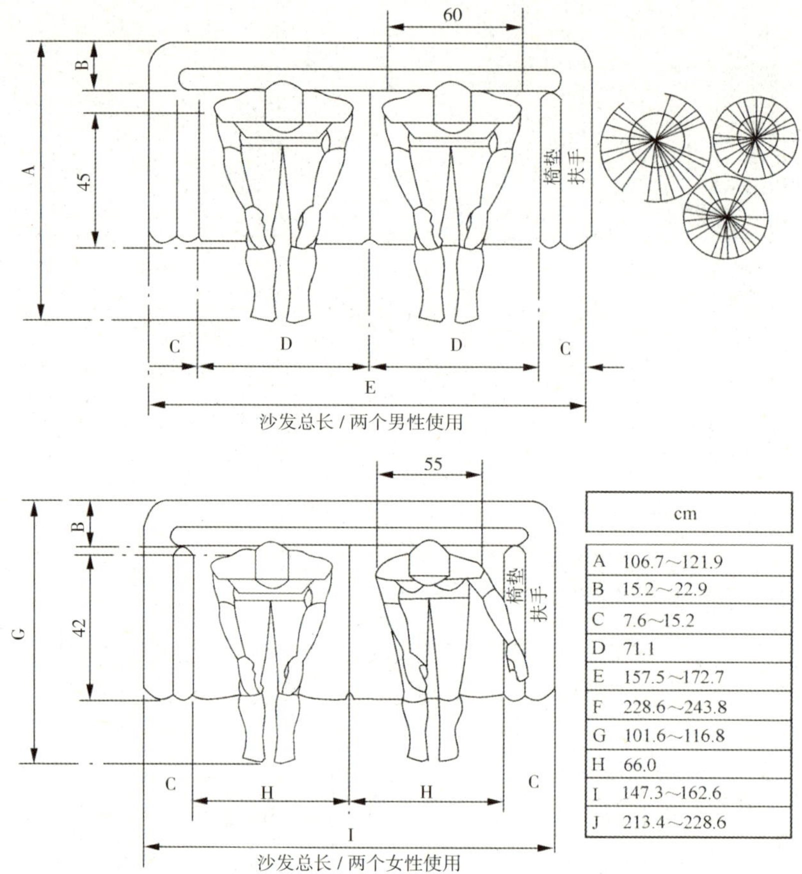

cm	
A	106.7～121.9
B	15.2～22.9
C	7.6～15.2
D	71.1
E	157.5～172.7
F	228.6～243.8
G	101.6～116.8
H	66.0
I	147.3～162.6
J	213.4～228.6

● 图3—13 男女身体尺度与沙发尺寸（cm）

cm	
A	213.4–284.5
B	33.0–40.6
C	147.3–203.2
D	40.6–45.7
E	35.6–43.2
F	30.5–45.7
G	76.2–91.4
H	30.5–40.6
I	152.4–172.7
J	137.2–157.5

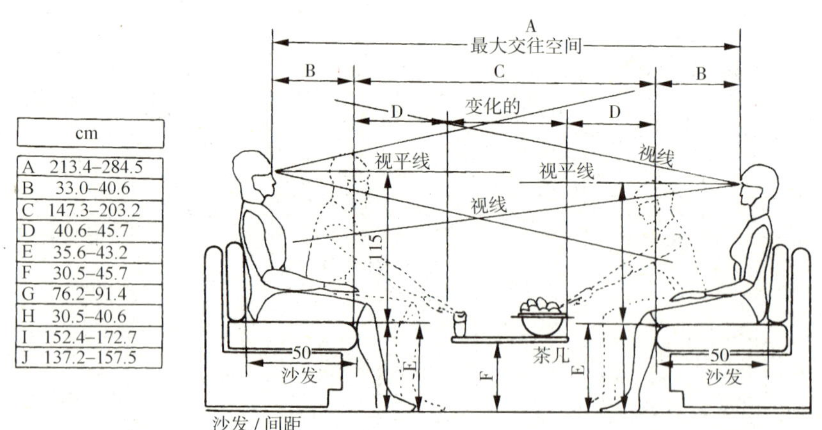

● 图3—14 沙发和茶几的间距（cm）

2. 座椅

座椅的尺寸和造型不仅要考虑人体的尺度需要，还应考虑人体躯干的受力关系和特殊的功能需要。

（1）座椅高度。考虑不同人体需要，男性和女性分别取39cm和36cm，在加上鞋跟高度，通常取43cm的座椅高度。目前，许多家具厂家生产可调节高度的座椅，满足了不同身高的人的需要。

（2）座椅的宽度和深度。座椅的宽度应考虑较高大的身材，一般不应小于40cm（若多个座椅并排，应考虑肩宽的尺度需要）。座椅的深度应考虑较小的身材，一般不应超过43cm。这样的尺寸设计，可以减少对大腿的压力。

（3）座椅的靠背。座椅靠背的合理曲线有利于身躯的稳定性和使用座椅的舒适性。通过人体工程学的研究发现，座椅的椅面角度为3°，靠背角度（椅面与靠背之间）为100° 时，人体感觉比较舒服。座椅的靠背角度及座椅尺寸示意如图3-15 所示。

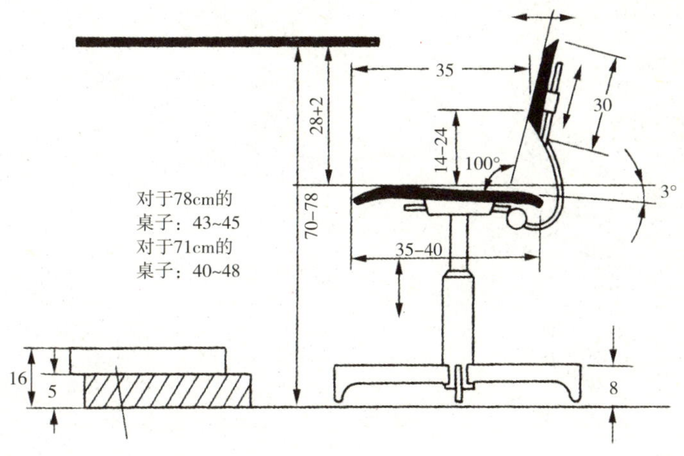

● 图3-15 办公座椅尺寸示意（cm）

3. 餐桌

当起居室中布置餐桌时，餐桌的平面尺寸应结合座椅数量设计。座椅同餐桌结合布置时，餐桌同墙之间的距离不宜小于152.4cm，这样即可以使椅子拉开，又可以保证椅子后面有一条使人通过的走道。如图3-16所示。

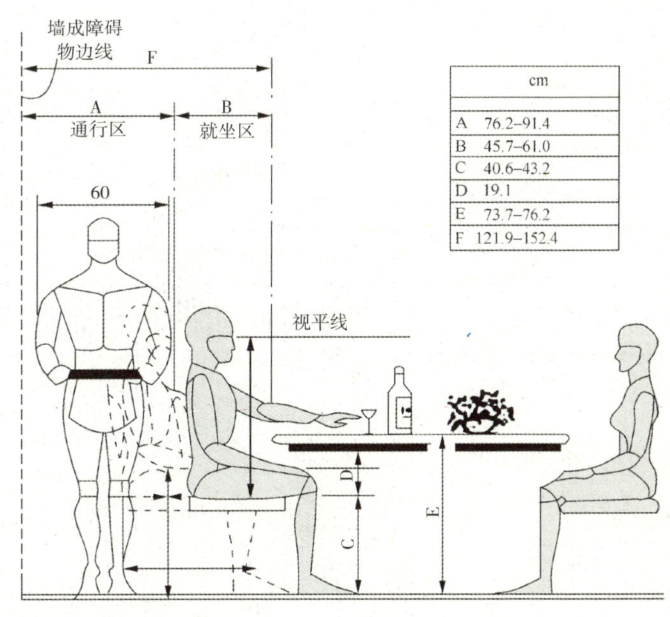

cm	
A	76.2–91.4
B	45.7–61.0
C	40.6–43.2
D	19.1
E	73.7–76.2
F	121.9–152.4

● 图3-16 座椅后可通行的最小距离（cm）

二、人体工程学与室内空间尺度

人体基本尺度的静态尺寸、动态尺寸、心理空间及人际交往空间等因素，作为确定室内空间范围的主要依据。不同人体的身高可能有所不同，男女人体的尺寸通常在一定幅度内变化。在商场空间设计中，考虑不同的人体尺度及各种售货活动的需要，而设计出的商场空间尺寸，应有一定的调整幅度，如图3-17所示。

具体进行空间设计时应采用何种尺寸，通常作如下考虑：

（1）通常根据人体的动态尺寸确定室内空间的尺度范围，如图3-11所示。

（2）通常根据较高人体的高度考虑所需空间尺度。如上下楼梯段的净高、门洞高度、床的长度等。此时可采用男性人体身高上限1.74m，另加鞋底厚度2cm，合计1.76m。

（3）根据较低人体的高度考虑所需局部空间及部分家具的尺度。如楼梯的踏步、碗柜、隔板、操作台、案板的高度等。此时可采用女性人体平均身高1.56m，另加鞋底厚度2cm，合计1.58m来考虑。

（4）一般室内空间的尺度按男女成年人平均身高1.67m和1.57m来考虑，另加鞋底厚度2cm。

三、人体工程学与室内物理环境

随着物质及精神生活水平的不断提高，人们越来越注重生活质量的同步提升，特别是室内的物理环境的质量，更需要采用人体工程学的研究方法进行改善。通常室内物理环境包括视觉环境、声学环境、热工环境、触觉环境和嗅觉环境等。

1. 室内视觉环境（光环境）

室内视觉环境涉及室内采光与照明、视觉信息的传递、视觉过程、室内界面色彩等多方面的内容。

在人的视野区域里，双目的视野称为“双眼视区”（也称为“综合视区”）。在水平视区范围内：在视点中心30°～60°，易于识别颜色。在5°～30°，易于识别字母。在10°～20°，易于识别字体。人眼在水平面内视野角度范围如图3-18 所示。

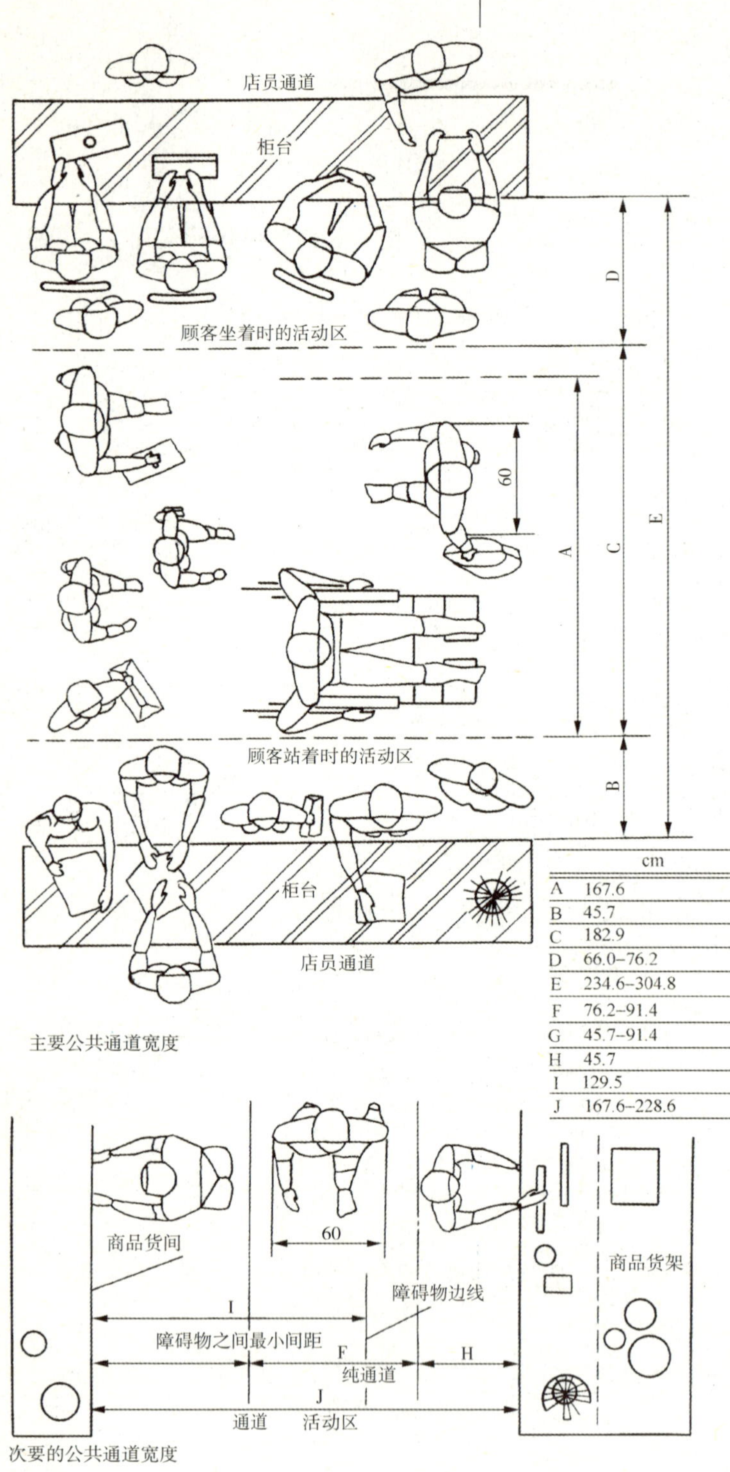

	cm
A	167.6
B	45.7
C	182.9
D	66.0–76.2
E	234.6–304.8
F	76.2–91.4
G	45.7–91.4
H	45.7
I	129.5
J	167.6–228.6

● 图3-17 商场空间尺寸与人体尺度（cm）

从图3-19中可以看出，人眼在铅垂面内的视野范围：人在站立时的自然视线为0°～10°。人眼在坐着时的自然视线为0°～15°。人眼观看物体的最佳转动范围为0°～30°的视野范围。

另外，人眼对不同颜色构成的视野感觉也不一样。通

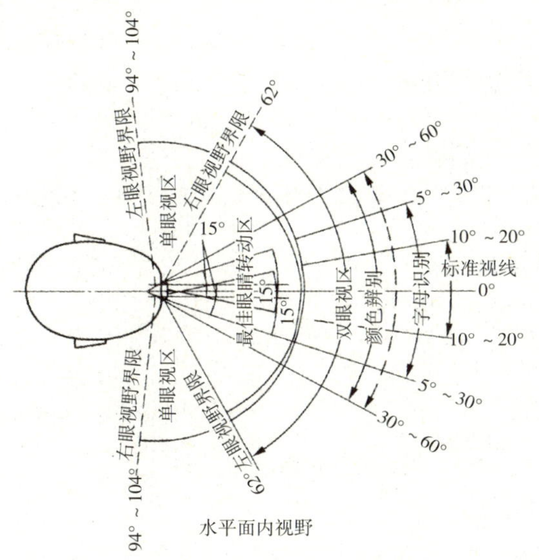

● 图3-18　人眼在水平面内视野范围

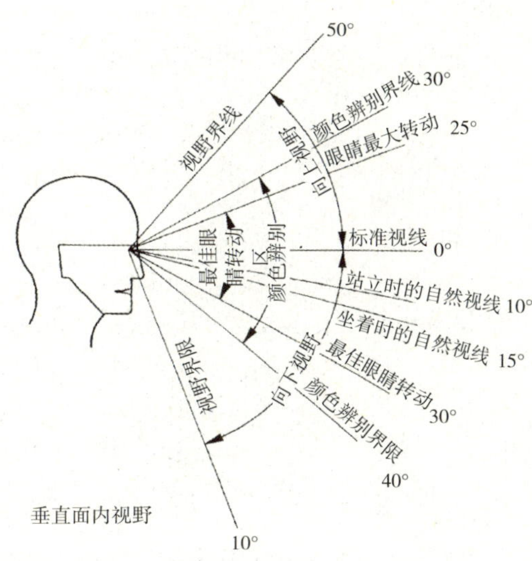

● 图3-19　人眼在垂直面内视野范围

常白色给人的视域感觉最大，黄色、蓝色和绿色次之。

2. 室内声学环境（声环境）

在音乐厅、影剧院、会议室、录音室等对音质要求较高的空间中，良好的音质条件显得尤为重要。应该对这些空间进行特殊的声学设计。而对于音质要求一般的空间，则主要通过对空间界面的吸声降噪处理，以及室内家具、饰物的布置，来取得较好的音质效果。

室内噪声的度量以噪声级的大小为标准，噪声级的单位称为分贝（dB）。人耳刚刚能听见的最弱声音的强度为0dB，人耳可以忍受的最大噪声为120dB。户外白天噪声超过60dB，夜晚超过50dB，人的听觉会感觉不适。噪声级的大小与人的主观感觉如表3-6所示。

表 3-6　　噪声级大小与主观感觉

噪声级A（dB）	主观感觉	实际情况或要求
0		正常的听阈，声压级参考值2×10^{-5}（N/m^2）
5	听不见	
15	勉强能听见	手表的嘀嗒声、平稳的呼吸声
20	极其寂静	录音棚与播音室；理想的本底噪声级
25	寂静	音乐厅，夜间的医院病房；理想的本底噪声级
30	非常安静	夜间医院病房的实际噪声
35	非常安静	夜间的最大允许声级
40	安静	教室、安静区以及其他特殊区域的起居室
45	比较安静	住宅区中的起居室，要求精力高度集中的临界范围。例如，小电冰箱，撕碎小纸的噪声
50	轻度干扰	小电冰箱噪声，保证睡眠的最大值
60	干扰	中等大小的谈话声，保证交谈清晰的最大值
70	较响	普通打字机的打字声，会堂中的演讲声

续表

噪声级A（dB）	主观感觉	实际情况或要求
80	响	盥洗室冲水的噪声，有打字机打字声的办公室，音量开大了的收音机音乐
90	很响	印刷厂噪声，听力保护的最大值；国家《工业企业噪声卫生标准》规定值
100	很响	管弦乐队演奏的最强音；剪板机机械声
110	难以忍受	大型纺织厂、木材加工机械
120	难以忍受	痛阈、喷气式飞机起飞（100m距离左右）
125	难以忍受	螺旋桨驱动的飞机
130	有痛感	距空袭警报器1m处
140	有不能恢复的神经损伤的危险	在小型喷气发动机试运转的试验室里

我国现行的《民用建筑隔声设计规范GBJ118—1988》考虑人体听觉系统，对住宅、学校、医院、旅馆室内允许噪声级的规定，见表3-7。

对于室外噪声的影响，可通过门窗的隔音密闭处理加以解决。对于卫生间管道的噪声，可通过对管道的隔音处理（包吸音棉毡，外加铝箔）加以解决。

表 3-7　　民用建筑室内允许噪声级dB（A）

建筑类别	房间名称	时间	特殊标准	较高标准	一般标准	最低值
住宅	卧室、书房（或卧室兼起居室）	白天		≤40	≤45≤35	≤50≤40
		夜间		≤30		
	起居室	白天		≤45≤35	≤50≤40	
		夜间				
学校	语言教室、阅览室			≤40		
	普通、合堂、美术、自然、音乐教室，琴房等				≤50	
	健身房、舞蹈教室、实验室、办公室及休息室					≤55
医院	听力测试室			≤25		≤30
	病房、医护人员休息室	白天		≤40	≤45	≤50
		夜间		≤30	≤35	≤40
	手术室			≤45		≤50
	门诊室			≤55		≤60
旅馆	客房	白天	≤35	≤40	≤45	≤50
		夜间	≤25	≤30	≤35	≤40
	会议室		≤40	≤45	≤50	
	多用途大厅		≤40	≤45	≤50	
	办公室		≤45	≤50	≤55	
	餐厅、宴会厅		≤50	≤55	≤60	

3. 室内热工环境（热环境）

人体对室内的热工环境有比较明显的适应性。人体的正常体温在36.5℃左右。人对于室内环境温度的舒适性要求随季节而发生变化。通常室内冬季的适应温度低于夏季的适应温度，冬季和夏季的室内适应温度分别为18℃和25℃左右。当环境温度低于或高于这些室温的适应温度时，人体的皮肤就要进行相应的吸热或放热。人们可通过增加或减少衣服来调节皮肤的舒适感，同时还可通过供暖或空调措施，调节室内的环境温度。

在使用空调的条件下，可以参考表3-8所示室内热工环境的主要参照指标，作为室内热工环境设计的重要依据。

表 3-8 室内热工环境的主要参照指标

参照项目	允许值	最佳值
室内温度（℃）	12～32	冬季：16～22 夏季：24～28
室内相对湿度（%）	15～80	冬季：40～60 夏季：40～65
室内气流速度（m/s）	冬季：0.05～0.20 夏季：0.15～0.30	0.1 0.2
室温与墙面温差（℃）	6～7	冬季：＜2.5
室温与地面温差（℃）	3～4	冬季：＜1.5
室温与顶棚温差（℃）	4.5～5.5	冬季：＜2.0

4. 室内触觉环境

人体皮肤及四肢具有较灵敏的触觉，有许多感觉神经，能感知周围环境温度、湿度的变化。如温度高时，皮肤能出汗散热。室温低时，则皮肤受冷收缩。

故在室内环境设计中，经常与人体接触的界面，人们喜欢采用质地柔和的材料，以获得一种舒适温暖的感觉。如木质家具、木栏杆、木地板、木作装修界面，能给人一种温暖的触觉感受。布艺、真皮、软包等质感柔和的材料，由于触觉上的舒适感觉，也得到了人们的广泛欢迎。

5. 室内嗅觉环境

室内嗅觉环境是室内环境设计中的一个组成部分。良好清新的流通空气能使人感觉到心情愉快。各种不同的香味能使人产生不同的心理感受，并可以调节人们的情绪。

目前的室内装饰装修材料中，部分含有一定的有害物质，使得某些室内空气中含有对人体有害的气体，影响了住户的身体健康，污染了室内空气。如甲醛、苯、氡气、氨等有害气体，特别是在某些人造板材（细木工板、密度板、强化复合地板等）、胶黏剂、油漆中含有的甲醛气味（释放温度≥19℃，释放时间3～15年），对人的呼吸嗅觉系统的刺激较大，刺鼻的异味，能使人感到头晕、恶心等。另外厨房中的二氧化碳、油烟气，卫生间内的异味等（排水地漏内应蓄水，通过水封作用可阻隔异味上升），对室内空气质量的影响也较大。因此，要首先解决好房间的通风换气问题，通过开窗通风或机械排风，使有害气体迅速排出室外。同时应注意材料质量的选材把关，选择使用环保型装饰装修材料。

四、人体工程学与卫生间洗浴设施

家庭及宾馆客房内的卫生间，空间一般不大，但需要布置各种卫生洗浴设备，以解决人们各种日常的洗浴、化妆及排泄活动。应该从人体工程学的角度出发，进行卫生间内的环境设计，使人们最大限度的感受到使用上的舒适和安全。

通常卫生间内布置的各种卫生洗浴设备有：洗手盆、坐式便器、浴盆或淋浴器等。

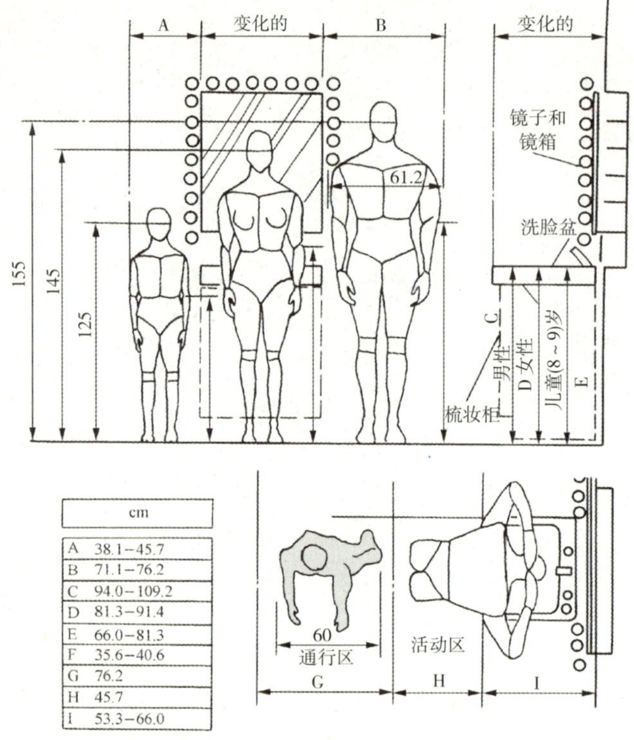

● 图3−20 洗手盆与人体尺度（cm）

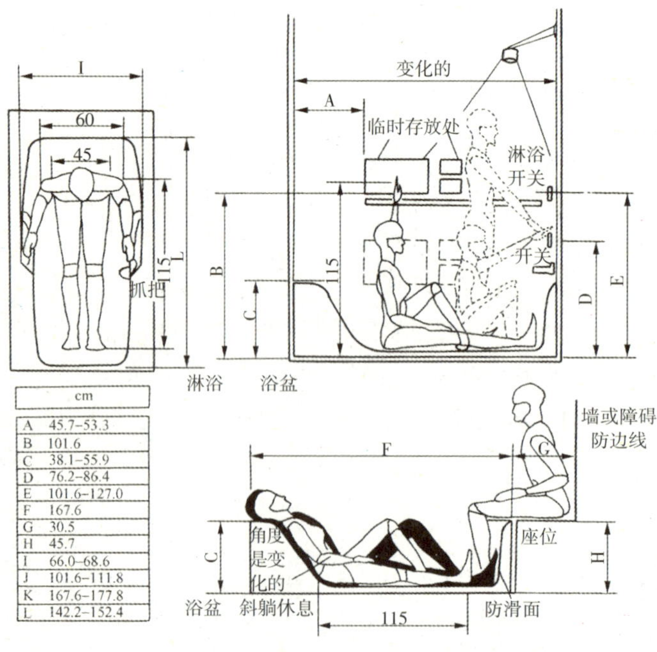

● 图3−21 浴盆、淋浴器和人体尺度的关系（cm）

各种卫生洁具的安装尺寸应考虑不同人体尺度（男性、女性、儿童）的需要。如洗手盆台面安装高度与人体尺度关系如图3−20所示。较为适宜的洗手盆台面安装高度范围为76～94cm（可开发能够调节高度的洗手盆）；洗手盆台面宽度为50～60cm。

浴盆和淋浴器的尺寸同人体的尺度关系如图3−21所示。淋浴喷头（可采用软管喷头）高度宜采用180cm左右，且可以调节高度。浴盆的喷头高度应使坐在浴盆内能方便使用。墙面设置壁龛或毛巾托架的适宜高度为100cm左右。

坐式便器的尺寸同人体的尺度关系如图3−22所示。防水手纸盒距地面高度约为80～90cm。条件许可时，可采用有自动冲洗、消毒、调控水温功能的智能型坐式便器。

卫生间地面应进行防滑处理。特别是淋浴区地面，易使人脚滑跌倒，故地面可铺设防滑橡胶地毯或麻面花岗石板。同时在墙面设置不锈钢扶手（高100cm左右）。

考虑残疾人使用卫生洁具需完成比常人复杂得多的动作。从人体工程学的角度出发，需设置一些必要的辅助使用装置，如扶手、支撑、地面防滑处理、引导信号装置（供盲人使用）。同时应考虑使用轮椅的空间尺寸需要，能方便的进出卫生间，使用卫生洁具。残疾人使用轮椅需要的空间尺寸如图3−23所示。

另外，应注重弱势群体的使用需要，在室内外空间过渡部位，应设置供残疾人使用的专用坡道，满足无障碍设计的要求。

五、人体工程学与厨房设施

厨房内的设施尺寸与人体尺寸关系非常密切，从使用和人体工程学的角度出发，厨房设施的尺寸关系到人体使用厨

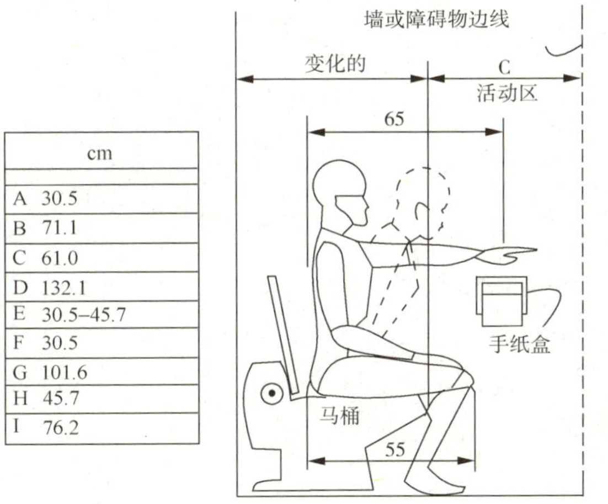

cm
A 30.5
B 71.1
C 61.0
D 132.1
E 30.5–45.7
F 30.5
G 101.6
H 45.7
I 76.2

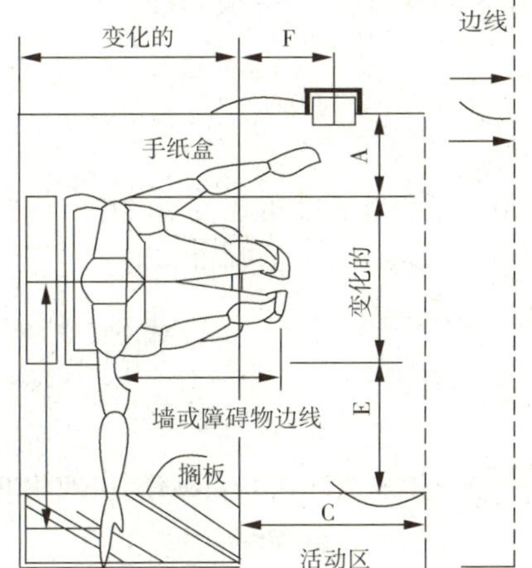

● 图3–22 坐式便器与人体尺度（cm）

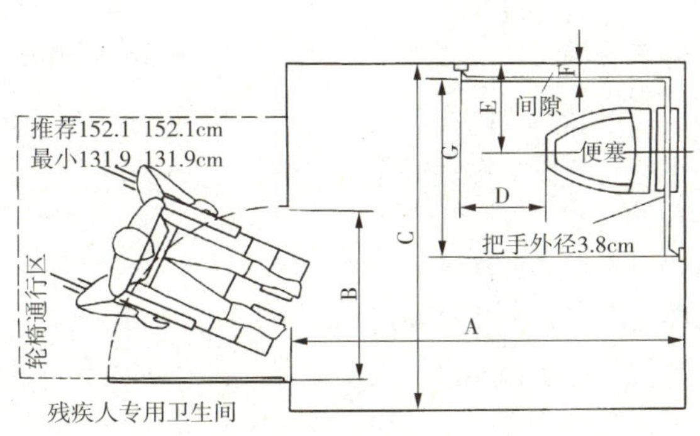

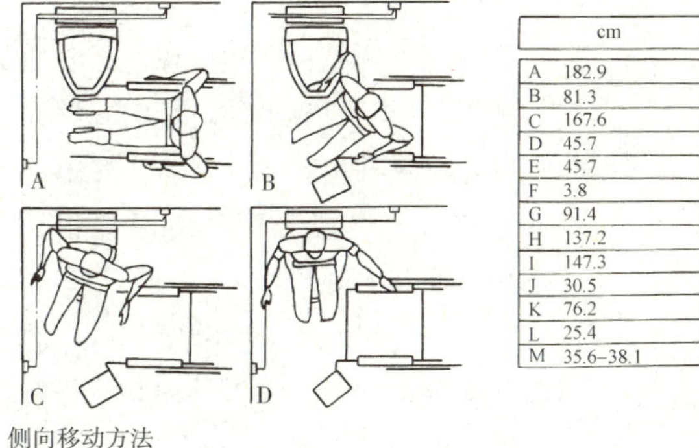

cm
A 182.9
B 81.3
C 167.6
D 45.7
E 45.7
F 3.8
G 91.4
H 137.2
I 147.3
J 30.5
K 76.2
L 25.4
M 35.6–38.1

● 图3–23 残疾人专用卫生间设施与人体尺寸（cm）

房设备的方便舒适和安全。厨房内的常用设施有橱柜、洗涤池、吊柜、炉灶、油烟机、冰箱、烤箱、微波炉等。

考虑我国大多数人的人体尺寸，通常操作案台（90cm）、炉灶台面（80cm）、洗涤池高度为80～90cm左右，台面宽度为50～60cm左右。厨房内的设施详细尺寸与人体尺度关系，如图3–24所示。

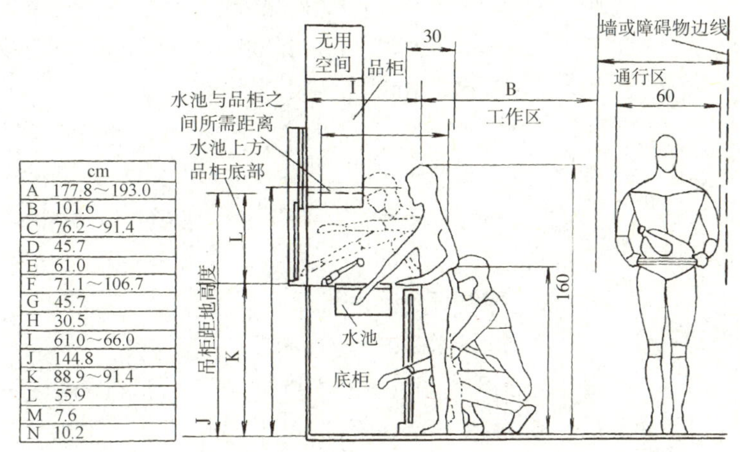

cm
A 177.8～193.0
B 101.6
C 76.2～91.4
D 45.7
E 61.0
F 71.1～106.7
G 45.7
H 30.5
I 61.0～66.0
J 144.8
K 88.9～91.4
L 55.9
M 7.6
N 10.2

● 图3–24 厨房操作台与人体尺寸（cm）

[学习情景] 3.3 心理

欧美一些国家于20世纪50～60年代开始进行环境心理学的有关研究，起步较早并于1969年成立了环境设计研究协会（Environmental Design and Research Association，EDRA），协会成员包括建筑师、城市规划师、室内设计师、心理学家、社会学家、人类学家、地理学家等。协会自成立之日起就组织进行环境心理学的相关研究。我国的环境心理学研究起步于20世纪90年代初期。1995年在大连召开的第二次“建筑学与心理学”学术研讨会上，正式成立了“中国建筑环境心理学学会”（后于2000年更名为“中国环境行为学会”），学会每两年召开一次学术研讨会，促进了学科的普及和发展。

知识链接3.3.1 环境心理学概述

一、环境心理学的概念

心理学是一门研究人的心理活动及其规律的科学。而环境心理学研究的则是人和环境的相互作用问题，在这个相互作用中，个体改变了环境，反过来个体的行为和经验也被环境所改变。为了营造舒适、优美、安全、环保的空间环境，就需要研究人的心理活动及心理需要，需要参考和借鉴许多心理学的研究成果。环境心理学是涉及人类行为和环境之间关系的一门新兴学科，环境心理学研究的目标有两个：一是了解“人——环境”的相互作用，二是利用环境心理学研究的相关成果来解决复杂多样的环境问题。

二、环境心理学的理论模型

环境心理学是在应用中产生的，环境心理学家和环境设计师为解决现实环境中出现的问题，采用传统的心理学方法进行实验研究，来找到解决问题的方法。一些环境心理学家在研究分析的基础上，提出了各自的理论模型和多种环境心理学理论，但到目前为止，还没有一种理论得到了公众认可和普遍应用。

1. 刺激理论

刺激理论认为现实环境是很重要的感觉信息源。这种信息既包括较为简单的信息，如声音、色彩、光线、冷暖等，也包括较为复杂的环境刺激信息，如建筑、街道、室内外空间环境等。环境刺激有两种变化，即数量和意义。在数量上，可以是强度、持续时间、频率等明显的维度上的变化。在意义上，是由我们对环境刺激的心理学评价而得到的，如人的想法、情绪、情感等。

某些心理学家更重视环境刺激的意义。环境的意义是我们在不断地相互影响和塑造环境的过程中构成的，是从现象学的角度出发进行研究的。我们从环境那里接受到刺激，形成了我们经验的基础。当熟悉了一个环境后，环境刺激就对我们产生了意义，产生了一定的影响。

2. 控制理论

环境心理学的另一种主要理论是控制理论。即是对环境刺激的控制程度和控制方法的理论。可以采取个人控制理论和边界调节机制理论，来控制在空间环境中人们的个人空间、领域性和私密性的调节程度。

3. 行为场合理论

环境心理学的第三种理论建立在行为场合的概念之上。即环境场所中的活动模式是规范的、固定的、且是不随时间的改变而改变的。人们进入一个场所，就进入一个预设好行动程序的环境之中，人们的活动只能按照预定程序进行。这种场景可在好多场合中看到，如在理发店、餐馆、商场、影剧院、体育馆等室内场所。人们在这些室内环境中，扮演各种角色，进行各种重复发生的行为，体现出人与环境的各种关系，反映出人在各种环境场合中的心理活动。

4. 交互作用理论

以上的各种理论都将人和环境看成分离开来的实体，把产生行为活动的原因都归结到人或环境，但实际上人和环境是结合于一系列的相互作用之中的，二者是相互包含着的实体的一部分，不可能脱离彼此而单独作用，而是相互作用、相互影响，人们影响环境，环境也影响人类，这即构成了交互作用理论。

5. 场所理论

场所理论有一套较为完整的理论模型和方法论。“场所”并不是指一个地域，而是反映在人们的经验之中，是人们环境经验中的一个单元。表示在此场所中活动的人们个体的、社会的和文化的各方面综合起来的经验系统，是以环境评价为取向的。

“场所”的意义包括人们从直接的环境经验和辅助信息源获得的个人的概念和情感。场所是人们实质环境的内在表象，是环境心理学的中心。由于人们的场所经验与人们在场所里的目标有关，正是由于人们在场所中有不同的目标、目的和意图，故而采取的行动不同。不同的目标导致了人们对场所的不同评价，于是场所目标既区分了不同的人，又区别了不同的环境。不同的人在环境中有不同的要求，当人们对环境有相似的环境目标时，就会以相似的方法来形成场所概念和场所评价。如作为一个上课场所的教室和作为开会场所的教室，尽管其实质环境没有变化，但环境评价却是不同的。

三、环境心理学的研究方法

环境心理学从一开始就借鉴心理学的研究方法从事环境心理学的研究，基本上采用的方法有：被试的选择、实验现场的选择等。

1. 被试的选择

实际上是特定的实验样本与研究结果之间的关系问题。由于环境与行为研究过程中通常不能自由地选择样本，故基本上可以采用以下四种选择方法：全部参与者、随机抽样、分层抽样和不经选择的被试。

2. 实验现场的选择

环境心理学的研究人员如何选择环境心理学的实验现场是非常重要的，因为实质环境对环境心理学的研究来讲是主要的变量。通常实验现场的选择有两种：一种是大现场与小现场，另一种是模拟环境。

3. 方法的选择

研究人员可以选择各种研究方法的组合，哪一种组合最合需要，就最能解决问题。环境心理学常用的研究方法和数据类型见表3-9，表中说明了每种方法能直接得到的数据。

表中所列数据类型共分为以下六类：

（1）对环境的看法。个体对于生活质量和环境能否有效满足需要的期望。

（2）对环境的评价。个体对于环境不同方面的品质（审美、卫生和功能等）的判断。

（3）对环境的认知。个体把从外部世界获得的信息综合起来的方式。

（4）主试者与环境变化的影响。这些影响对被试者来说并不是立刻能感觉到的。

（5）能够觉察到的环境对行为的影响。即个体能结合他对环境的体验说出的影响。

（6）个体在环境中的动作。这可包括其个人空间的安排和参与公共空间的活动。

研究人员可以选择的研究方法有表中所列的七种方法：直接审慎的观察、系统地观察环境行为、效能观察、直接提问、标准化问卷、间接法和游戏。

表 3-9　　环境心理学研究中常用的方法和数据的类型

方　法	数据类型					
	对环境的看法	对环境的评价	对环境的认知	环境对行为有难以察觉的影响	环境对行为有能察觉到的影响	对环境的行为
直接审慎的观察				√		√
系统地观察环境行为				√		√
效能观察				√		
直接提问	√	√			√	√
标准化问卷	√	√	√		√	√
间接法	√	√	√			
游戏	√		√			√

通过以上对环境心理学常用理论和方法的简单介绍，可以看出环境心理学的多变量和跨学科的特点。对环境来讲，并没有什么一般规律，环境心理学不能简单地看作外部世界及其心理功能的分析。

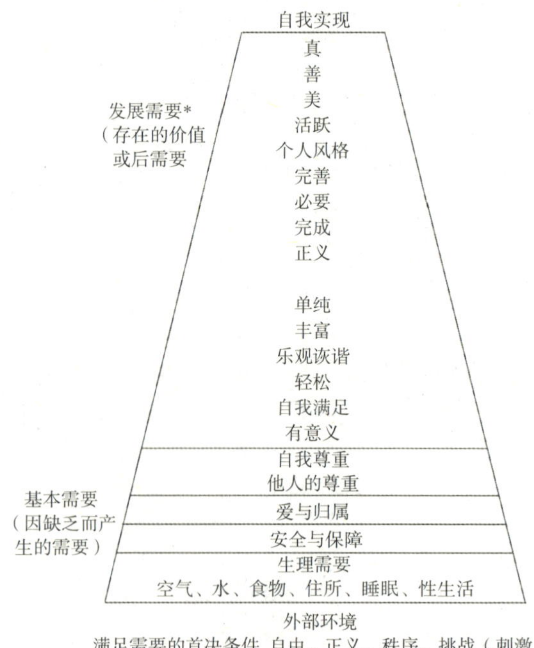

图3-25　马斯洛的心理层次示意图

知识链接3.3.2　心理需要层次

1. 心理需要层次论概述

美国心理学家马斯洛提出了人的心理需要层次论，他把人的需要大致分为五个层次，即生理需要、安全与保障需要、爱与归属的需要、自我尊重与他人尊重的需要、发展的需要。马斯洛认为人的各种需要应该依次发展，循序渐进。当低一些的需要得到满足之后，才会追求较高层次的需要。目前，学术界对马斯洛的心理需要层次论的观点有一定的争议。马斯洛的心理需要层次论示意如图3-25所示。

2. 心理需要层次分析

在现实社会环境中，人的需要应以物质需要为基础。在物质需要得到满足的基础之上，人们才会升华到精神上的追求，来满足精神上的需要。人的生理需要便是人类最基本的物质需求。

人的最基本的生理需要包括水、空气、食物、居住、睡眠等，如果这些要求都得不到满足，人们便会推迟考虑其他需求。因此，在室内设计中，就应该首先满足人的基本生理需要，然后才能考虑其他需求及室内环境氛围的营造。

一旦人的生理需要得到充分的满足，其需求就会上升到对安全需要的关心。就安全需要而言，首先是保证人身安全的个人空间的需要，以及防盗防火和遮风避雨的需要。当人们需要个人独处或与他人交往时，空间环境能为他提供选择的可能。一旦人们的这种要求得不到满足，他就会感觉自己处于过度的“拥挤”和“不安”的情绪之中，其心理会处于一种应激状态，造成精神上的紧张与过度负担。因此，在室内空间环境的限定中，应该满足使用者对于个人空间及私密性的需求。有资料显示，在住宅空间的组合设计中，如果每个家庭都设有双卫及隔音良好的卧室，则精神病发病率将会减少一半。如在现代建筑史上占据重要位置的建筑大师密斯，其设计的范斯沃思住宅充分体现了现代建筑的设计理念，也满足了人的基本生理需要，但是密斯忽视了房主（女医生）的私密生活需求，采用了大面积的带形玻璃外窗，难以阻隔外人的视线干扰，令单身女主人的心理安全得不到保障，以至于女医生与密斯打官司。范斯沃思住宅室内效果如图3-26所示。

● 图3-26　范斯沃思住宅内景

人的生理需要和安全与保障的需要是人类必须满足的最低要求。在上述两种物质要求得到满足之后，人们还会有更高层次的精神需求，即爱与归属的需求，尊重的需求和发展的需求。对爱与归属的需要主要表现在人的社交需求上。人作为一种具有思维能力的高级动物，需要与他人交往，建立友情；需要在社会上、在自己的社交团体中谋得一席之地。因此，在室内设计当中，如何构成良好的社交环境，有利于人际交往是每一个设计师所应该认真思考的问题。

在爱与归属的需求之上，人的心理需要又上升到尊重的心理层次。人的尊重需要分为自我尊重和赢得他人尊重两个方面。自尊包括获得信心、成就、能力、本领、独立和自由等愿望。而来自他人的尊重则包括威信、承认、接受、地位、关心、赏识、名誉等。在此基础上，人的心理需要又上升一个层次，即人的发展需要。人的发展需要包括追求真、善、美的精神需求，追求个人理想，追求个人自我满足等心理需求。在室内环境设计中，设计师应依据建筑的使用功能需要，并考虑人的心理的需求，通过一定的造型元素和设计手法，在室内环境构成中体现出来，满足使用者的多层次心理需要。

知识链接3.3.3 视觉心理

通过视觉上的主观观察，周围环境的构成效果在人的心理上势必施加一定的影响，进而影响人的情绪。空间环境的形态、空间界面的色彩以及饰面材质的肌理等，均会对人的心理活动施加一定的影响，左右人对室内环境氛围的心理感受。

1. 空间形态及其心理感受

决定室内空间形态和大小的因素是多方面的，如在使用功能、结构体系、建筑设备等方面的影响。同时还涉及甲方要求和个人喜好等方面的问题。但是如何营造特殊的空间氛围，而使人获得特定的心理感受，则是室内设计师们所重点要解决的问题之一。

室内空间的形态千变万化、多种多样，但基本上都是由平面空间或曲面空间组合而成。不同类型的空间形态能给人以相应的心理感受，强化特定的空间气氛。设计师进行室内设计时可以根据需要适当选择。不同类型的空间形态对应相应的心理感受情况见表3-10。

表 3-10　　室内空间形状的心理感受

	正向空间				斜向空间		曲面及自由空间	
室内空间界面围合成的形状								
可能具有的心理感受	稳定、规整	稳定、方向感	高耸、神秘	低矮、亲切	超稳定、庄重	动态、变化	和谐、完整	活泼、自由
	略感呆板	略感呆板	不亲切	压抑感	拘谨	不规整	无方向感	不完整

2. 色彩选择及其心理感受

色彩的色相、明度和彩度在室内环境中的适当配置，通过视觉传达，对人有较强的心理作用，可以影响人的情绪及对空间尺度的感觉。色相、明度和彩度与人的心理感受情况见表3-11。

表 3-11　　色相、明度、彩度与人的心理感受

颜色的属性		人的心理感受
色相	暖色系	温暖、喜悦、热情、活力、积极、活泼、向上
	中性色系	温和、安静、可爱、平凡
	冷色系	寒冷、沉着、冷静、深远、理智、休息、肃静
明度	高明度	轻快、明朗、清爽、单薄、软弱、优美、阴柔、女性化
	中明度	无个性、随和、附属性、保守
	低明度	厚重、阴暗、压抑、安定、迟钝、男性化
彩度	高彩度	鲜艳、刺激、新鲜、活泼、积极、热闹、有力量
	中彩度	日常的、中庸的、稳健、文雅
	低彩度	陈旧、寂寞、老成、消极、无刺激、无力量、朴素

3. 材料选择及其心理感受

装饰装修材料的选择是室内设计当中一项较为重要的内容，需要考虑多种因素来确定材料类型。如需考虑材料的质感、装饰效果、强度、耐久性能、阻燃性能和环保性能等。同时，材料给人们造成的心理感受效果也是选择时所要考虑的主要问题之一。

由于人类的进化发展过程来源于自然环境，天性中即带有对大自然的偏爱。对于一些天然材料及其相应的再加工装修材料，如竹木、丝棉、木材纹理的各种板材等，由于与人体的关系较为贴近，使人的心理感觉较为亲切、自然、温暖，故在室内装修中受到普遍欢迎。

土地生长万物。由土烧制的各类家用器皿、墙地砖，与人的心理距离也较近，也得到了广泛使用。天然及人造石材，由于其特殊的纹理色彩及质感所具有的装饰魅力，与人的心理距离也较贴近，故应用较为广泛。而人造的某些材料，如水泥、玻璃、塑料制品、钢铁、铝合金等金属材料，采用工业化生产，与人的心理及肌肤距离较远，显得较为生疏。这些材料对人的心理影响，对室内外装饰材料的选择具有一定的参考价值。

国外一些学者通过一定的分析研究，得出了某些材料与人类密切程度的排序如下：棉、木、竹——土、陶瓷制品——石材——金属制品、玻璃、水泥——塑料制品、石油化工产品……在这个排序中，某些材料经过加工处理，其质感效果可能发生一定的变化，与人的心理及肌肤距离得到调整，使人的心理感觉发生相应变化。如塑料制品的表面仿造木材的纹理图案、石油化纤产品仿造丝棉的纹理图案等。

知识链接3.3.4 环境心理学在室内设计中的应用

一、好奇心理对室内设计的影响

好奇心理具有普遍性，可以导致相应的探索行为。特别是在一个新环境中，更容易激发人的探索欲望。因此，在各类商业室内环境设计当中，设计师应充分利用人的这种好奇心理，利用易于激发人的好奇心理的视觉元素，如不规则的布局、空间构成元素的多样性和复杂性以及怪异变化等手法，吸引人的视觉注意，诱发人的好奇心理，以达到增加顾客购物行为的目的。

1. 空间的不规则布局

不规则的空间布局相对于规则的空间布局，更容易激发人的好奇心。而规则的空间布局常给人一目了然的感觉，也就难以激起人的好奇心理了。许多优秀的室内设计就利用人们的这种好奇心理，通过一反常态的不规则空间布局及环境处理，来营造独特的室内外空间效果。如柯布西埃设计的朗香教堂，就采用了不规则的空间处理手法，构成了独特的空间效果。如图3-27所示。从图面上看出，教堂由一些形状奇特的弧形墙面围合构成，墙面上开设了一些大小不一且形状各异的窗洞，给人以一种神秘气息，更增添了人们的好奇心理，恰如其分地营造出了虚幻神秘的宗教气氛。

2. 空间构成元素的多样性

通过室内空间中界面形态、材质的变化、家具、饰物、设备等多种构成元素，在视觉上的多种组合，构成极富变化的空间形态，具有相当的吸引力，同时激发出人的好奇心理。如建于1939年，由赖特设计的美国约翰逊制蜡公司总部大楼，运用变截面的圆柱形及天棚上的弧面造型，使得室内空间的形态多样且富有变化，对人的视觉具有极强的吸引力，如图3-28所示。

● 3-27 朗香教堂

● 图3-28 约翰逊制蜡公司办公楼室内

3. 构成元素的复杂性

复杂的事物容易增加人的好奇心是一个不争的事实。特别是在现代信息社会，人们越来越不满足于千篇一律、缺少变化的现代主义风格的建筑形式。现代主义建筑所提倡的简洁、实用，过分注重功能的设计原则已经不再合乎时代的需要。而同时，强调建筑风格多元化，认为现代建筑应该同文脉、历史、民族、地域、科技等文化特征相结合的设计风格正在日益得到人们的共识。人们希望建筑师能够创造出适应时代发展需要、多姿多彩、满足人们现代审美要求的优秀作品来。这样，运用复杂性的创作手法，无疑也是设计优秀作品的途径之一。

在室内设计中运用复杂性设计手法可以激发人们的好奇心理。通常采用的四种设计手法是：

（1）通过复杂的平面形式来达到复杂性的效果。设计师通过较复杂的平面构成，使人身处变化复杂的空间之中，激起人们探索新环境的好奇心。在沿途安排各种功能的小空间，解决其使用需要。如赖特设计的古根汉姆博物馆，室内是弧形平面的坡道围合而成的中厅，坡道坡度为5°，共5圈，呈上大下小的螺旋状，如图3-29所示。其独特的平面布局形式，使参观者充满好奇心的探索整个展览过程。

（2）运用隔断、家具等构成元素，对较简单的空间进行再限定。对较简单的空间，运用轻质隔断、家具等构成元素进行再限定，构成较复杂的空间效果。如在一些大空间的商场、办公空间中，可采用这种处理手法，形成令人好奇的复杂空间。日本东京某商场的室内布局效果，如图3-30所示。

（3）在室内空间中巧妙运用某种母题的构成元素，而产生较为复杂的空间效果。如奈尔维设计的罗马小体育馆，其室内天花由大小形状一致的钢筋混凝土拱肋，重复构图的母题构成复杂优美的韵律，令人赞叹不已。建于美国阿肯色州的某教堂，其优美的拱肋韵律构成的内景，如图3-31所示。

（4）将不同风格的构成元素组合于一起。把不同风格的构成元素组合在一起，能使人感觉到视觉上的复杂，从而产生好奇心。这在多种设计风格融为一体的设计作品中，可以看出其室内环境设计中对复杂性的合理运用。设计师把多种西方古典风格或中西方的某些造型元素应用在一起，风格上形成中西文化的对话交流，均可以对人的视

● 图3-29 古根汉姆博物馆室内

● 图3-30 日本东京某商场室内

● 图3-31 某教堂内景

● 图3-32 某起居室环境

觉形成冲击，引起人的好奇心理。如在一些现代居室装修设计中，现代的造型元素和各种现代家用设备可以同西式仿古壁炉布置在一起。如图3-32所示。

4. 空间界面的怪异变化

在室内环境设计中，可以通过空间界面的怪异形态和一些新奇之物，来吸引人的视线，满足其好奇心理的需要。通常可以采用以下几种方法。

（1）采用与众不同的室内空间形态，以引起人们的好奇心。

（2）变化一些常见的物体尺度，给人以奇怪的感觉，

● 图3-33　德国新议会大厦餐厅内景

● 图3-34　哈迪德设计的解构主义风格餐馆内景

使人好奇。

（3）运用一些形状奇特的饰物、图案和雕塑，吸引人来探究。

好奇心理是人类的普遍心理活动，也是一种较高层次的精神需求。在室内环境设计中，适当考虑好奇心理的作用，采用相应处理措施，即可以满足人们的好奇心，又可以创造出一个给人以深刻印象的室内环境。

建成于1992年的德国新议会大厦，由贝尼施设计，其餐厅顶棚采用的好奇元素是彩色的抽象图案，如图3-33所示。

二、认知环境和心理行为模式对室内空间组织的影响

在环境中接受初始的刺激是视觉感觉器官，而评价环境或作出相应行为反应判断的是人的大脑。因此，对环境的认知是由感觉器官和大脑一起进行工作的。通过认知环境，结合心理行为模式的种种表现，设计师能够获得在使用功能、人体尺度等设计依据之外的，对组织空间层次、确定空间尺度和形状、选择其采光、照明和色调等更为深刻的启迪、提示。

三、个性心理对室内空间环境设计的影响

环境心理学在整体上既肯定了人们对外界环境的认知有相同或类似的反应，同时也非常重视作为使用者的个性心理对环境设计提出的要求；设计师应给予个人的个性心理和行为方式以充分的理解，在室内环境设计中给予充分的尊重；同时，也应适当考虑环境对人的环境行为、个性心理的影响，以及一定程度的制约作用；辨证地掌握合理的设计分寸。

英国女建筑师哈迪德在日本札幌设计的，具有一定审美个性、体现解构主义风格的酒吧室内环境，其自由流畅的室内曲面构图，充满了创造力；同时，也体现出了女性纤细柔美的性格特征，如图3-34所示。

[学习领域] 4

建筑装饰设计的空间、界面、构件

课程教学建议表

学习情景	[学习情景] 4.1 空间 知识链接4.1.1 空间的概念与设计原则 知识链接4.1.2 空间的功能与室内空间类型 知识链接4.1.3 室内空间的组织与形态构成 知识链接4.1.4 室内空间设计的基本方法 [学习情景] 4.2 界面 知识链接4.2.1 室内空间界面的要求和功能特点 知识链接4.2.2 空间界面材料的合理选用 知识链接4.2.3 界面处理的方法及效果 [学习情景] 4.3 构件 知识链接4.3.1 中外传统建筑装饰构件 知识链接4.3.2 现代建筑室内装饰构件
知识要求	1. 了解室内空间的构成和设计方法 2. 熟悉室内空间设计的特点 3. 掌握并掌握室内空间界面的处理方法（重点） 4. 了解室内空间装饰构件的类型
能力要求	1. 室内空间形态的设计能力 2. 室内空间界面的处理能力 3. 室内装饰构件的设计能力 4. 自学能力 5. 职业规划能力
实践项目	记笔记、自学、室内空间设计
教学场所	教室＋设计公司＋各类建筑空间
教学方法	自学教材相关章节，然后完成下列教学任务 1. 运用PPT电化教学 2. 当地著名公共建筑空间参观考察 3. 著名设计师作品临摹 4. 快题室内设计训练 5. 点评交流学生的设计作品
作业要求	1. 选择著名设计师作品进行手绘临摹 2. 进行命题室内快题设计，A3或A4图幅，下周上课之前，张贴在教室学习园地栏
教学评价	1. 相关设计构思合理，重点评价知识掌握情况（30%） 2. 提问、访谈，重点评价访谈能力（30%） 3. 职业规划符合实际，重点评价图面表达能力（35%） 4. 完成时间（5%）

在漫长的历史长河中，人类走过了一个适应并改造自然环境的过程。人类从最初的择木而栖、依山而居，到今天建造各种类型的建筑物，都是为了争取生存空间。而人类在不同时代对生活环境有不同的要求，则体现在空间环境的质和量两个方面。

图4-1是生活在石器时代的西安半坡村原始人住房复原示意图。

现代人的住宅室内环境如图4-2所示。

生活在春秋时代的老子对空间有其独到且精辟的见解："铤直以为器，当其无，有器之用；凿户牖以为室，当其无，有室之用；故有之以为利，无之以为用"，在今天看来，这段论述仍是很客观的。通过辩证论述"有"与"无"的关系，道出了我们建造房屋的目的——营造使用空间；人类对于空间在量和质的要求是不断变化提高的，反映了人类社会的发展进步，这个进步既体现在物质上，也体现在精神上，表现在人们视觉上的审美需求；空间的量表现为空间的尺度大小应该满足使用功能的要求，而空间的质则表现为空间环境应具有良好的使用条件；在自然环境中，人们采用一定的物质技术手段建造建筑空间，并努力追求所构成的室内外具有良好的空间环境。

[学习情景] 4.1 空间

知识链接4.1.1 空间的概念与设计原则

一、空间的概念

自然界的空间是广袤无界的，是以大地为底，可向天空无限延伸的。而建筑空间则是采用一定建筑材料，运用一定技术手段在自然空间中围合而来。建筑空间包括两个方面的内涵：一是建筑物的室内空间，由室内界面（墙体、柱子、顶棚、地面等）限定而成；另一则是室外空间，由建筑形体和室外地面及构筑物、绿化、小品等限定而成。这两个部分相辅相成、相互依存，共同构成了建筑空间环境，或称为建筑室内外空间环境。在本书中，我们主要探讨室内空间环境设计。

某写字楼中厅室内空间环境如图4-3所示。

上海金茂大厦于1999年建成，是由美国SOM设计事务所首席设计师史密斯设计，以88层（421m）的高度屹立于黄浦江畔。其造型似中国宝塔，与东方明珠电视塔遥相呼应，构成了一道亮丽的景观。其总建筑面积近28万m^2左

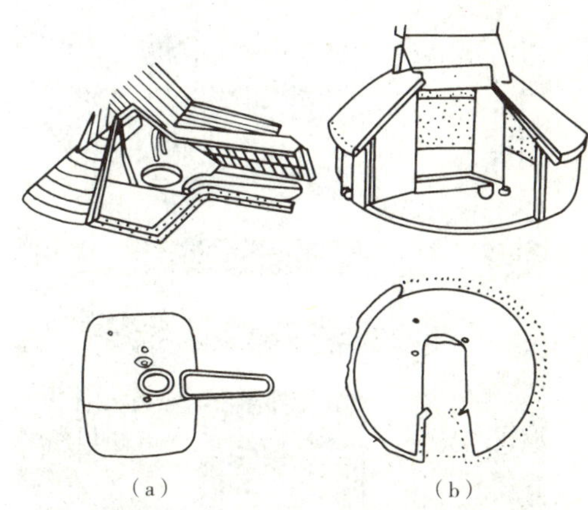

● 图4-1 西安半坡村原始人住房复原图

（a）方形住房；（b）圆形住房

● 图4-2 汉娜·文丘里住宅室内局部

● 图4—3　写字楼中厅室内空间环境

● 图4—4　黄浦江畔的金茂大厦

右，室内的装饰风格多样，用材精美，尽显金碧辉煌的豪华气质，给人以极强的视觉冲击和审美享受，如图4–4所示。

二、空间环境的设计要素

建筑室内空间是由建筑构造的支撑体系和填充体系组成。表现为通过如基础、墙体、柱子、楼地面、顶棚门、窗等构配件构成的。这些构配件赋予建筑以某种形态，也限定出一种室内空间的模式。同时，一些家具、饰物、花卉、灯具、设备等也是室内设计师用于环境设计的常用手段。设计师对它的组合结果，不仅影响着空间的使用功能，还会影响到空间的形态及空间装饰风格所体现出的环境氛围。室内设计是建筑内部空间的再创造。以上这些对室内空间环境加以限定、变化和改善，使之具备一定的使用条件——较完善的功能、美感、心理满足和行为活动舒适的元素，即称为室内空间环境的设计要素。

室内空间环境设计要素的应用情况如图4–3所示。

三、空间的限定方法

室内空间由四周墙体（或隔断）、上部的顶棚、下部的地面或部分家具等设计要素限定而成，使原来的空间效果发生变化。设计要素可以为建筑构配件或其他物质手段，通常再空间限定的方法有：围合、覆盖、凸起、下沉、架立、形态、色彩及质地变化等。

1. 围合

在室内空间中，可通过隔墙、隔断、柱廊、幕帘、家具等限定元素围合出一个全新空间。并利用其尺度、质感、透明度、疏密、高低的不同，构成不同的空间氛围，如图4–5~图4–9所示。

图4–7通过柱廊限定出局部开敞空间，使得柱廊既有一定视觉上的装饰效果，又构成了一个富有层次感的流通空间。

2. 覆盖

在室内净空高度较高时，可采用悬浮式吊顶或构架覆盖体来限定局部空间，使得该覆盖体所限定空间与周围室内空间有明显区别，通过覆盖体的质地、色彩、造型的变化来突出所限定空间的特殊氛围。通常在音乐厅上空，可通过设置悬浮吊顶，既突出了观众厅的空间装饰效果，又解决了音乐厅的音质处理要求，如图4–10~图4–12所示。

3. 凸起

为强调局部空间，可采用地面局部凸起的方式，来限定凸起部分的使用功能。特别是在商业建筑中，可利用凸

● 图4—5　通过隔断分隔限定办公空间

● 图4—6　通过玻璃隔断分隔出接待厅

● 图4—8　通过家具围合限定会客空间

● 图4—9　通过隔断限定较小的就餐空间

● 图4—7　通过柱廊分隔限定商业空间

● 图4—10　在西餐厅上空，通过悬浮织物覆盖体，烘托出大厅的局部气氛

起地台，形成展台来展示商品；在餐饮空间中通过地台限定雅座空间；在观演空间中，通过凸起的舞台，限定表演空间，同时设置踏步解决地面间的高差过渡。

凸起的地台突出了这部分空间在视觉上的重要性，使其具有一定的展示、表演和开放的功能，如图4-13、图4-14所示。

4. 下沉

利用局部地面的标高降低，形成下沉地面来限定局部空间，创造一种较为安静且私密性较强的空间效果，拉大同周围空间的距离，同时设置踏步解决空间高差之间的过渡。如图4-15所示。可在舞厅内设置下沉舞池，限定出了跳舞空间。在音乐厅内设置下沉乐池，解决乐队伴奏的功能问题。

● 图4-11 在会议室内覆盖悬浮吊顶

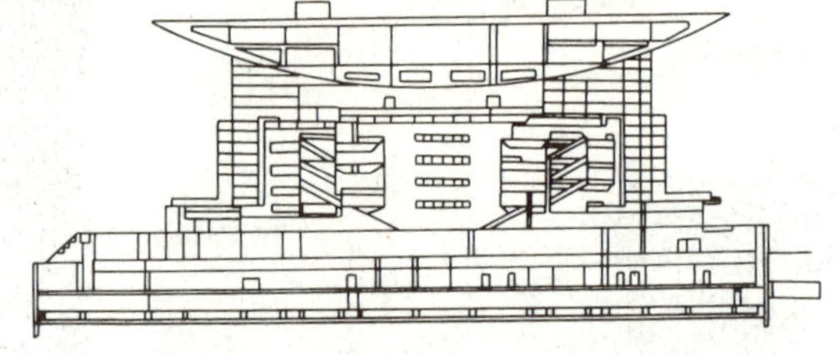

● 图4-12 上海大剧院观众厅内景及剖面示意

● 图4-13 商场内，地台限定的展示空间效果

● 图4-14 德国某银行接待室，通过地台限定的接待空间效果

● 图4-15 在大厅内通过局部地面的下沉，构成了一个供聚谈交流的良好空间氛围

5. 架立

通过局部架起空间，以形成夹层、走马廊或通廊，使室内空间富有立体层次，同时解决复杂人流的通行问题。如贝聿铭设计的华盛顿国家美术馆东馆，在大厅内设置了夹层、廊桥，使大厅内空间相互渗透穿插，构成了丰富的室内空间效果，如图4-16、图4-17所示。

6. 形态、色彩及质地变化

在室内空间中，可通过空间界面的形态、色彩及质地的变化，来限定局部空间，这种方法主要通过人的视觉观察而产生的意识来起限定局部空间的作用，其限定空间的程度较弱，且较抽象，如图4-18、图4-19所示。

图4-18所示起居室内通过地毯的铺设，限定出了待客空间。

图4-19所示为建成于1998年，由丹尼尔·里贝斯肯德设计的德国犹太人博物馆，运用抽象的表现手法，采用直线状不规则的空间造型，通过折线型窗洞、简洁的空间界面形态，隐喻二战期间纳粹集中营内幽闭恐怖的气氛。

四、空间的限定程度

通过围合、覆盖、凸起、下沉、架立、色彩及质地变化等方法，可在原空间中限定出新的空间。由于采用限定方法的不同，所构成空间给人的感觉也不尽相同。某些所限定空间给人的感觉较强、空间感较完整，而有些空间感觉就较弱，这种所限定空间给我们的强弱感觉，就称之为空间的限定程度。

空间限定程度的强弱特征。根据限定空间的方法不同，采用的限定元素不一，其在限定程度上的强弱特征亦表现各一，见表4-1。

图4-16　华盛顿国家美术馆东馆大厅内景

图4-17　建于1994年的芬兰驻美国大使馆门厅内景

图4-18　约翰逊设计的玻璃住宅室内（建于1949年）

图4-19　犹太人博物馆展厅内景

表 4-1　　空间限定程度的强弱比较

限定元素	限定程度较强	限定程度较弱
隔断、柱廊、家具	高度较高	高度较低
隔断、家具、吊顶	宽度较宽	宽度较窄
隔断、柱廊	构成封闭	构成开放
隔断、地面、吊顶	凹凸较小	凹凸较多
隔断、地面、吊顶	质地粗糙	质地细腻
隔断、家具、地台	移动困难	移动方便
隔断、家具	与人距离较近	与人距离较远
各种玻璃隔断、博古架	视线不易通过	视线较易通过
隔断、家具、地面、吊顶	向心状构成	发散状构成
隔断、家具、地面、吊顶	色彩鲜艳、明度较低	色彩淡雅、明度较高

五、空间限定元素的组合方式

空间中限定元素不同的组合方式，可构成不同的空间限定效果，形成丰富多彩的空间氛围，解决不同的使用功能及视觉审美的需要。

1. 竖向限定元素与地面的组合（表4-2）

在室内空间中，采用竖向限定元素——隔断、家具等，同地面或吊顶棚一起限定的空间，其空间感觉不很完整。如国外某诊所候诊室的空间，如图4-20所示。

表 4-2　　竖向限定元素与地面的组合

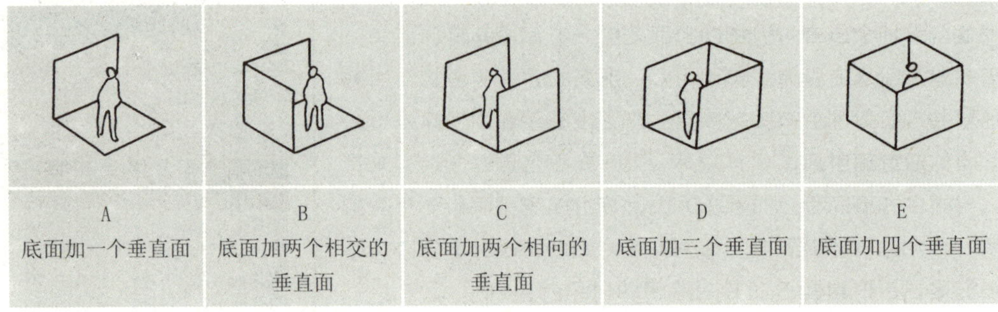

A	B	C	D	E
底面加一个垂直面	底面加两个相交的垂直面	底面加两个相向的垂直面	底面加三个垂直面	底面加四个垂直面

2. 柱廊与地面的组合（表4-3）

采用成列柱子与地面的限定组合，所构成空间的流通感较强。如柏林画廊通过列柱限定展厅空间，如图4-21所示。

表 4-3　　柱子和地面的组合限定

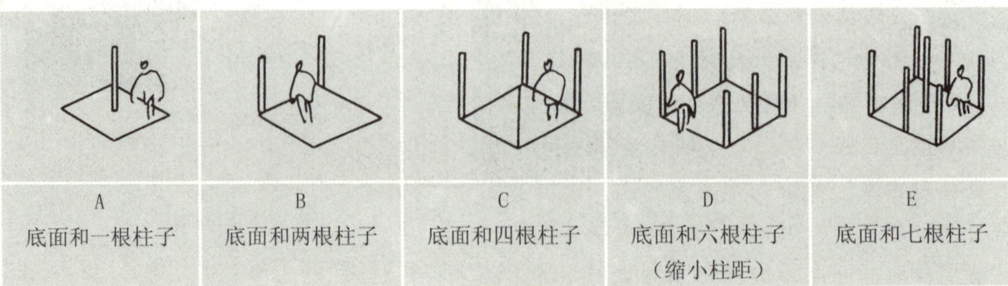

A	B	C	D	E
底面和一根柱子	底面和两根柱子	底面和四根柱子	底面和六根柱子（缩小柱距）	底面和七根柱子

● 图4-20 某诊所候诊室

● 图4-21 柏林画廊通过列柱分隔展厅空间

● 图4-22 科隆家具博览会展厅空间效果

3. 竖向限定元素与地面和顶面的组合（表4-4）

根据室内空间限定的使用需要，可采用隔墙或隔断同顶面和地面围合限定空间，所构成的空间效果相对较完整。如1999年德国科隆家具博览会展厅空间，如图4-22所示。

表 4-4　　　　竖向限定元素和地面、顶棚的组合

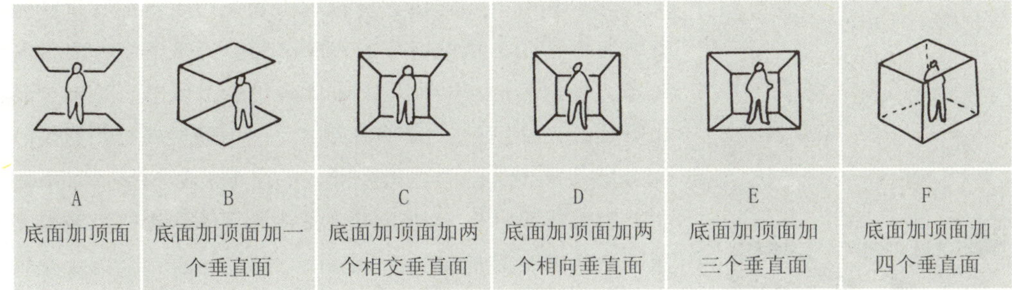

A	B	C	D	E	F
底面加顶面	底面加顶面加一个垂直面	底面加顶面加两个相交垂直面	底面加顶面加两个相向垂直面	底面加顶面加三个垂直面	底面加顶面加四个垂直面

知识链接4.1.2　空间的功能与室内空间类型

一、空间的功能

室内空间的功能具有两个方面的内涵：一是物质功能，另一是精神功能。

1. 物质功能

物质功能主要体现在使用功能和人的生理需求上。使用功能包括室内空间的体量、面积、大小、形状、家具和设备的布置、交通联系、安全疏散、消防设施的处理；人的生理需求则包括对室内空间舒适性的要求，室内温度、湿度、空气调节、供暖、通风、隔声、隔热、防潮、照明、室内装修材料的环保性能等。

人的各异的生活行为方式，产生使用需求不同的建筑空间。随着社会发展、科技进步，人类的生活方式也随之发生变化。这势必使室内空间的物质功能日趋复杂，各种使用要求随之变化提高，如环境保护方面、生态环境方面、未来可持续发展方面的要求。这就需要建筑装饰设计行业的从业人员，应随时提高综合业务素质，以适应这种时代要求。

2. 精神功能

精神功能主要体现在对于建筑装饰艺术的审美要求和人的心理需求上。人们对于建筑

室内空间的精神需要应该是因人而异的。不同修养的人群对空间氛围的需要是有所区别的，不同文化层次的审美标准及对室内空间的意境需求也是不一的。这就为室内空间的设计带来了一定难度。但是在审美规律上，大多数人的认识却是相通的，审美标准也是统一的。如形式美学的构图规律中均衡与稳定、节奏与韵律、对比与微差、比例与尺度、色彩与质感等。

人们对建筑室内空间的审美要求体现在形式美和意境美两个方面上。空间形式美可利用形式美学的构图规律，在空间形态上利用装饰艺术设计加以表现，通过人们的视觉审美进行感知；而空间意境美则是通过人们对空间艺术的心理感觉、特定空间氛围的感知，加以体现的一种精神感应。

室内空间的审美需求应该带有时代性、地域性、民族性、社会性的特征。不同国家、不同民族对于室内空间的精神功能需求是有所区别的。随着时间的推移，也是变化的。因此，室内环境设计应该在满足物质功能的同时，从文化需求和心理需求出发，考虑不同使用人群的喜好、修养、审美情趣、地域特征、民族文化、历史传统、生活习俗等。在空间形态的处理上，体现出以上需求，进而创造出符合造型法则的空间形态及满足审美需要的空间意境，使人获得精神上的满足和审美上的享受。如柯布西埃在朗香教堂室内设计中，创造的神秘意境所体现出的宗教文化氛围，如图3-27所示。

二、室内空间的类型

室内空间由于使用功能的要求，以及审美和心理需要，可以限定成多种空间类型，如固定空间、可变空间、静态空间、动态空间、开敞空间、封闭空间、模糊空间、虚拟空间、虚幻空间、共享空间等。室内空间的类型是根据空间构成所具有的性质特点加以区分的，便于在进行空间的设计时选择和应用。

1. 固定空间

固定空间通常是由固定不变的空间界面围合而成，空间的使用属性是经过深思熟虑，功能不变且位置固定的室内空间。

在居住建筑设计中，通常将卫生间、厨房作为固定空间，确定好其位置，做好通风处理，配置相应厨卫设备，而其他空间（起居室、卧室、书房等）可以按住户生活行为方式的需要，进行自由限定分割，如图4-23所示。

● 图4-23　某公寓中的卫生间和厨房空间处理效果

2. 可变空间（灵活空间）

为适应不同使用功能变化的需要，可以在室内空间中采用灵活分割的方式限定空间，即构成了可变空间，也称灵活空间。采用灵活推拉隔断、折叠门、推拉门、活动隔墙、活动地面、吊顶等来限定，构成可变空间，如图4-24所示。

3. 静态空间

静态空间的构成较为封闭完整，空间形态也较为稳定单一，空间界面以平面形态为主，空间布局常采用对称形式，给人一种一目了然的视觉感受，如图4-25所示。

4. 动态空间

动态空间也称为流动空间，其空间布局具有视觉上的导向性和空间上的连续性，空间构成富有变化，吸引人的视线沿一定的空间序列进行流通。空间界面组织也具有一定的节奏和韵律，界面形态或曲或直，空间形态或静或动，构成了具有流动变化特点的室内动态空间，如图4-26所示。

5. 开敞空间

根据使用功能及与周围外部环境的关系，可在空间形态的处理上采用开敞的空间形式。利用空透或透明界面，使得室内外空间相互渗透、相互流动，扩大了视野。可将优美怡人的室外景观环境通过借景手法引入室内，满足人的视觉及心理需求，给人心理上以开朗活跃的感觉。同时，具有公共性质室内空间之间的开敞处理，也使得室内空间的布置灵活，家具和设备的设置可适应使用功能的变化，如图4-27所示。

6. 封闭空间

在使用性质上属于私密性较强的，要求相对安静、封闭，空间界面较为完整的室内空间，称为封闭空间。如在住宅建筑中，卧室、卫生间一般均设计为封闭空间，见图4-28。在公共建筑空间中，会议室、病房、客房等，由于使用功能的需要，通常也设计成封闭空间。

7. 模糊空间

在空间形态的处理上，室内外空间之间、开敞与封闭之间、静态与动态之间、固定与可变之间，难以界定彼此。在空间的过渡部分，模棱两可、亦此亦彼、似是而非，故把介于二者之间的部分称为模糊空间。模糊空间由于其独有的模糊性、不确定性和多义性，所构成的空间较含蓄和耐人寻味，故在解决室内外空间过渡时称为灰色空

● 图4-24　通过推拉门扇构成可变空间，解决两个空间之间的联系

● 图4-25　具有简约风格的起居室静态空间效果

● 图4-26　德国某城市图书馆具有动态特征的门厅空间效果

● 图4—27 某别墅具有开敞效果的空间

● 图4—28 具有简约风格的主卧室封闭空间效果

● 图4—29 某办公空间内的模糊空间效果

● 图4—30 虚拟空间（黄金饰品工作室）

间，被设计师广泛应用于空间的过渡、联系、延伸等。如门廊、阳台、过厅等空间，如图4—29所示。

8. 虚拟空间

在原有空间中，通过界面局部变化限定空间，如地面局部下沉或升起、顶棚局部升高或降低、界面色彩或材质变化等方法限定的空间，就构成了虚拟空间。

例如，在某黄金饰品工作室中，设计师采用虚拟的设计手法，通过顶面和地面的变化，限定出了黄金饰品加工工作台的空间范围，与黄金饰品的陈列展柜区域区别开来，如图4—30所示。

9. 虚幻空间

在室内空间中，通过在界面（地面、顶面、墙面）上设置镜面，在镜面中反映出虚象，既可以产生扩大空间的视觉效果，又可把人的视线带入镜中的虚象，使人产生幻觉，这种空间即称为虚幻空间。在狭小的室内空间中，可以设置镜面或镜画来扩大空间，构成虚幻空间的效果，丰富室内景观，如图4—31所示。

10. 共享空间

在高层和多层建筑内部较大的公共空间中，可以将许多楼层空间共同组织在这个较大的室内公共空间之中，各层空间共同使用这个大空间，众人可以在这个大厅里进行各种社交活动，这种共用空间即称为共享空间。共享空间最早是由美国建筑师波特曼在他所设计的高层旅馆中采用的，取得了较好的使用效果，目前广泛采用在高层宾馆、写字楼、商场等公共建筑之中，如图4-32所示。

知识链接4.1.3　室内空间的组织与形态构成

一、空间的序列设计

建筑空间的组成，首先在满足功能要求的前提下，要考虑人们视觉审美上的需要。室内空间的组织，应该具有一定的层次，富有内涵，给人以视觉上的美感。这就要求设计师进行创作构思时，使空间的组织按照一定的序列展开，形成一定的层次，来丰富人们的空间感受。

不同的空间序列，依建筑使用需要而有长短变化的可能。但一个完整的空间序列过程，一般可由起始阶段、过渡阶段、高潮阶段和结束阶段四个过程所组成。

1. 起始阶段

作为空间序列的开端，将要预示所展开的空间序列给人心理及行为上的影响，与要开展的心理推测有习惯性的联系。设计师应该在空间气氛上把握住吸引力的营造，来作为起始阶段所考虑的主要核心。

2. 过渡阶段

过渡阶段在空间序列中起着承前启后的作用。它既是起始阶段以后的承接阶段，又是高潮出现的前奏。在较长的空间序列中，过渡阶段可以出现若干个不同层次和适当的变化。由于紧接着高潮阶段，因此对高潮的出现应具有的引导、酝酿和启示，是过渡阶段所应考虑的主要因素。

3. 高潮阶段

高潮阶段是空间序列的核心，是空间中最重要的部分。可以说，其他几个阶段都是为高潮阶段的出现而作的铺垫。因此，高潮阶段是空间序列的最高体现，是建筑室内空间中的中心，是精华，人们的情绪在这个阶段达到了顶峰，心理上也得到了最大程度的满足。

4. 结束阶段

在高潮阶段之后，空间序列由顶峰回到平静，空间处理上应以恢复正常形态为主， 此阶段也是空间序列中必不可少的组成部分。良好的空间序列结束阶段的设计处理，利于对

● 图4—31　某室内空间通过地面及墙柱面采用的镜面材料，和顶面虚幻的反光效果构成了虚幻空间

● 图4—32　墨菲于1979设计的美国伊利偌斯州中心及共享大厅

高潮阶段的追忆，令人回味无穷。

二、不同类型建筑对空间序列的要求

不同的建筑类型，由于其使用功能的差异，对于空间序列的组织也存在各自的要求，而不是追随同一个模式。由于现代社会丰富多彩的社会生活，设计师在进行空间创作时，可打破常规，突破在空间序列组织上的条框束缚，可能会取得意想不到的效果。因此，在熟练掌握空间序列设计的普遍性以外，在空间创作时，还应充分注意不同情况下的特殊性。对于空间序列的组织，其关键在于以下几点：

1. 空间序列长短的选择

通常意义上，空间序列的长短反映了高潮阶段出现的快慢，高潮一旦出现，就意味着空间序列的全过程即将结束。因此，在空间气氛的创造中，不应急于达到高潮阶段，高潮出现的越晚，必然相应增加空间的层次，而通过时空效应对人们心理的影响也就愈加深刻。因此，较长的空间序列通常用于需要强调高潮阶段重要性的建筑中。如在毛主席纪念堂的空间序列设计中，就充分运用了空间序列的这种特性，使瞻仰者的感觉恰到好处。

赖特在约翰逊制蜡公司营业大厅的室内设计中，充分运用装饰符号构成并控制空间序列的组成。首先在大门和走廊上运用了局部的蘑菇柱，且蘑菇柱的高度较矮；进入前厅，才看到细长的、贯穿四层楼的蘑菇柱形象；而到最后，在营业大厅内的修长蘑菇柱形象展现在我们面前，这种壮观的场面给我们的视觉造成了极大的冲击，使我们在空间序列的高潮中得到了充分的艺术享受。很显然，前面几次不完整的蘑菇柱形象起到了心理铺垫和制造悬念的作用。约翰逊制蜡公司营业大厅的室内环境，如图3–28所示。

但是对于某些建筑而言，拉长空间序列的方法并不一定适宜。如旅游宾馆建筑、交通类建筑空间，其室内空间的布局应该一目了然，空间层次愈少愈好，以便节约时间。因此，旅游宾馆建筑的高潮空间——共享大厅可以和门厅结合于一起；交通类建筑的高潮空间——候车（机）大厅也可以和门厅结合于一起。

而对于有充裕时间进行观赏游览的建筑空间，可以将空间序列适当拉长，以满足人们尽兴的心理愿望。如展览馆、游乐场等建筑。

2. 空间序列布局形式的选择

应根据建筑物的使用性质、规模、地形地貌的特点，来确定空间序列的布局形式。空间序列的布局形式有对称式布局、非对称式布局、规则式布局和自由式布局。而各种布局的空间序列可以以直线、曲线、循环、盘旋、立交等线路形式展开。不同类型的建筑空间，所适宜选择的序列布局形式也不尽相同。对于较大型的公共空间，其空间层次较丰富，故常采用循环或立交的空间序列线路，这样便于功能联系，营造丰富的室内空间层次。

美国建筑师丹尼尔·里贝斯肯德设计的，建于德国的犹太人艺术馆（菲利克斯·纳斯鲍姆艺术馆），采用了较为抽象的几何空间造型，内部展览空间（绘画作品）序列采用了直线（折线）和立交的布局形式，如图4–33所示。

赖特设计的古根汉姆博物馆，各层坡道展览空间围绕中央共享空间盘旋而下，构成了独特的空间序列效果，如图3–29所示。

3. 高潮阶段的选择

能够反映建筑性格特征的，集中了一切精华所在的主体空间，通常作为选择高潮的对象，使其成为整个建筑的中心和人们向往的最终目的地。

根据建筑的性质和规模，其高潮出现的次数和位置也不一样。综合性、多功能、较大规模建筑，可以构成多中心、多高潮的空间序列。通常最主要的高潮空间安排在空间序列的偏后位置。如毛主席纪念堂的瞻仰大厅。

波特曼首创的共享大厅空间，把公共建筑空间序列中高潮空间发挥到了极致，极大地丰富了公共建筑的高潮空间处理。社交、休息、休闲、交通联系和使用功能被融为一体，在建筑入口或内部中心位置营造出的巨大的中厅空间（可多达几十层共用），成为最引人注目的精华之所在，成为空间序列中的高潮。

山东银座购物大厦内部高达六层的共享大厅，构成了其空间序列中的高潮空间。休闲雅座、表演舞台、装饰壁画、超大屏幕、观光电梯、水面绿化布置其中，为市民提供了一个购物之余的良好休闲空间。

广州白天鹅宾馆，其共享大厅中具有强烈民族色彩的小亭空间，结合富有岭南特色的室内园林景观，充分体现出了“故乡水”的意境，如图4-34所示。

三、空间序列的组织方法

良好的室内空间序列设计，应该像一篇构思优美，结构合理、文笔流畅的文章，有起始、有主题、有高潮、有结束。通过空间连续性和整体性的合理布局，以及装饰风格、色彩、材质、陈设、照明等一系列艺术设计手法的运用，来给人以视觉上的美感和心理上的愉悦。通常室内空间序列的组织应该注意以下几个方面：

1. 空间的过渡和衔接

（1）大体量室内空间之间的过渡。当两个体量较大的室内空间直接连接时，会给人以突然和生硬的感觉。如果在其间插入一个体量较小、照度稍低的空间过渡一下，变化一下节奏，会使人视觉上感觉较为舒服。这个过渡空间并没有具体的使用功能，只是两个大空间之间的衔接过渡，可用来衬托主要的空间。

在北京火车站由大厅到高架候车厅的两个大体量大厅之间插入一个小体量的过渡性空间，当乘客由一个大厅通过过渡空间进入另一大厅时，可以借大小、明暗、高低的对比而加强空间的节奏变化，如图4-35所示。

（2）室内外空间的过渡。室内外空间之间的过渡不能太突然，需要一定的过渡空间。这需要插入的过渡空间，是介于室内和室外之间的门廊和门斗空间——称为灰色空间。

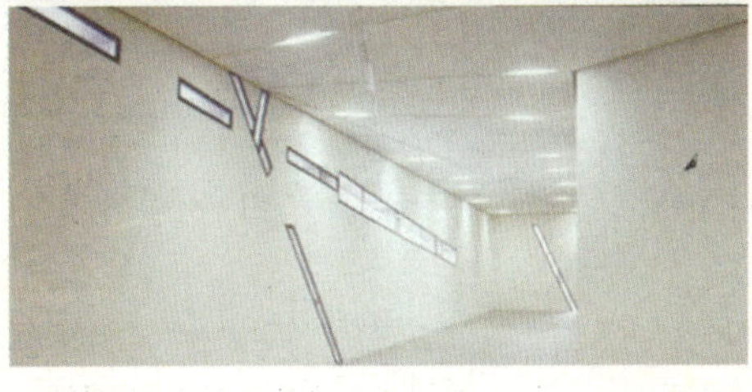

图4-33　犹太人艺术馆室内外空间布局效果

图4-34　广州白天鹅宾馆中庭内景

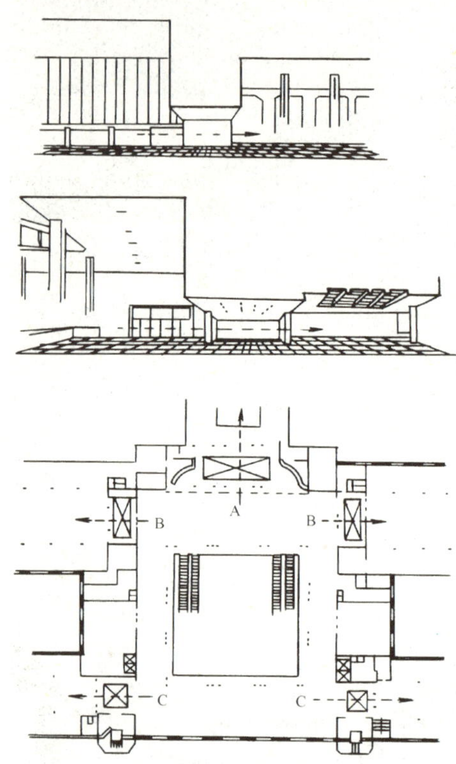

● 图4–35 北京火车站内部空间的过渡处理

● 图4–36 人民大会堂入口柱廊

● 图4–37 商场内部空间

可采用雨篷、门廊和前厅解决内外空间的过渡。如人民大会堂通过柱廊解决室内外空间的过渡，如图4–36所示。贝聿铭设计的美国华盛顿美术馆东馆，通过主入口部分凹入门廊解决了内外空间的过渡。

2. 空间的联系和分隔（空间的渗透和层次）

由于功能上的需要，室内空间有可能被重新限定。设计师有意识地使被分隔的空间保持某种程度的连通，使人能够看到另外一些空间的景观，而使空间之间彼此渗透，相互借景，大大丰富了空间的层次，取得了较好的空间变化效果。

如商场中通过适当分隔限定了各个专卖空间，各个专卖空间通过走道相互联系，构成了相互渗透且富有层次的商业空间，如图4–37所示。

3. 空间的引导和暗示

在较复杂的室内空间组合中，受地形及功能上的制约，有一些较重要公共活动空间所处位置不够明显，不宜被人发现。另外，设计师还可有意识地把某些重要空间设计在较隐蔽的位置，而避免开门见山，让人一眼望穿，使空间处理缺少层次感。在这些情况下，就需要采取相应措施对人流进行引导和暗示，来指引人们的行进方向，也就是空间的导向性设计。通过巧妙、自然、含蓄的导向处理，使人流于不经意间沿着设计路线，依次到达预定目标空间。

对人流进行引导的处理方法应随具体情况而定，但基本上分为以下几种情况：

（1）通过曲形墙面引导人流，暗示另一个空间的存在，如图4–38所示。

● 图4–38 曲形墙面引导人流

● 图4—39 通过楼梯引导人流

（2）通过踏步或楼梯、电梯、自动扶梯引导人流到上一层空间。柏林爱乐音乐厅内通过楼梯引导人流的空间效果，如图4-39所示。

（3）通过顶棚、地面的界面处理暗示方向，引导人流，如图4-40所示。

（4）通过空间的分隔限定，向人们暗示另外空间的存在。如德国柏林画廊通过多边形过厅引导人流，如图4-41所示。

● 图4—40 通过地面的饰面处理引导人流

4. 空间的重复和变化

空间构成中的重复与再现是一种富有魅力的内部空间组织形式。某种形式空间的重复出现会产生一定的韵律和节奏感，易给人留下强烈的视觉美感。如伊朗德黑兰航空站是由一种结构构架形成的大量重复空间单元，所构成的主体空间具有强烈的韵律感，如图4-42所示。

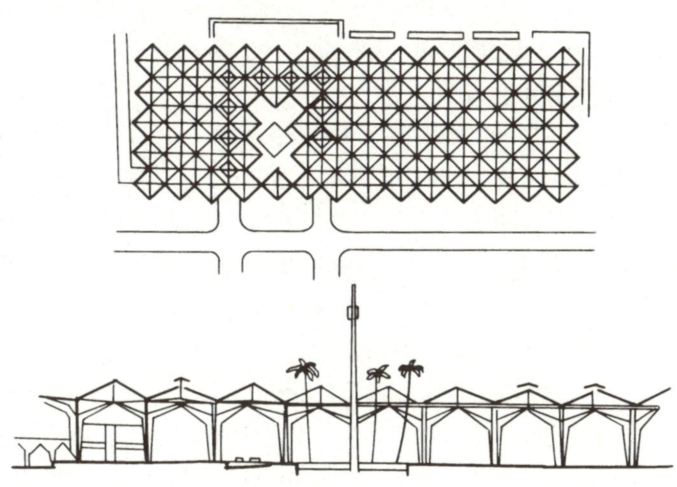

● 图4—42 伊朗德黑兰航空站

● 图4—41 柏林画廊通过小圆形过厅引导人流

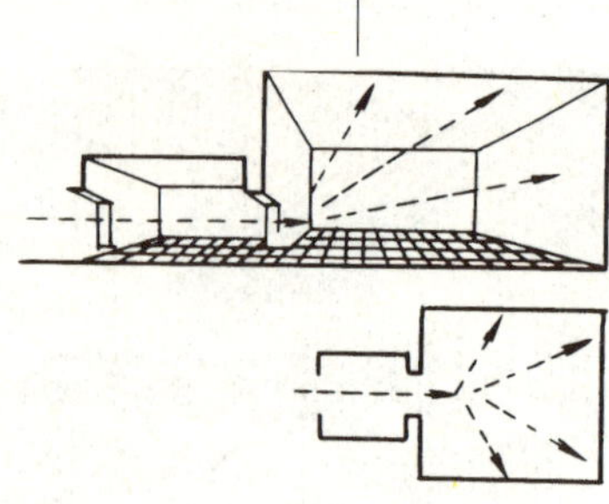

(a) 当由低而小的空间进入高而大的空间时，则可借空间的对比与衬托使后者感到更加高大。

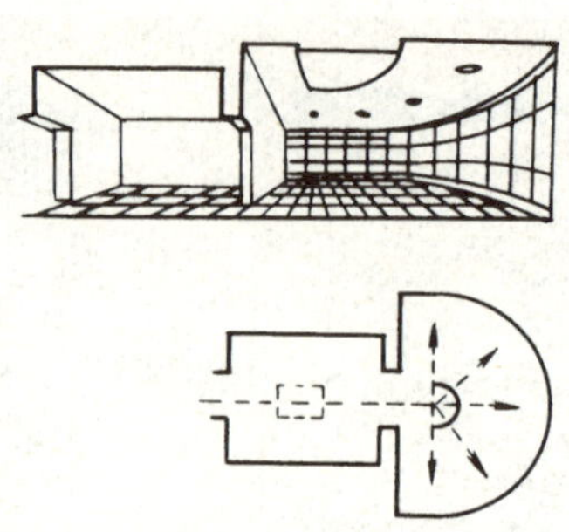

(b) 如果把不同形状的空间组织在一起，也可以利用空间的对比与变化而打破单调。

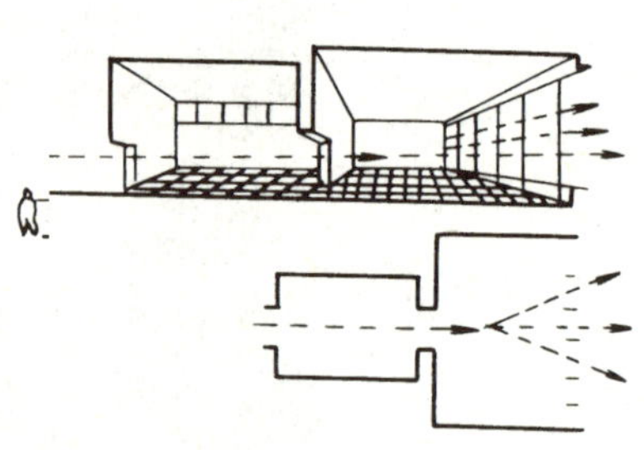

(c) 当由封闭的空间进入开放的空间时，则可借空间的对比而使人感到豁然开朗。

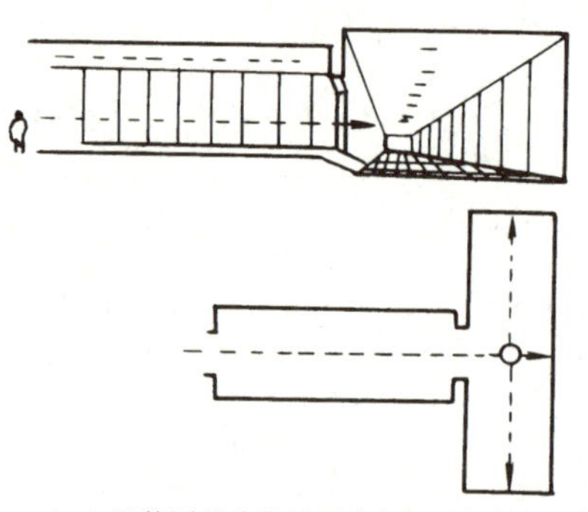

(d) 即使同是狭长的两个空间，如果把它们互相垂直地连接在一起，也可以利用其方向的对比而求得变化。

● 图4-43 借助空间对比手法取得一定的空间变化效果

● 图4-44 金茂大厦共享大厅效果

对于空间重复构成的韵律和节奏，如果处理不当可能使人感觉单调；这种情况下可以通过适当改变空间的形态、大小、高低等造型要素，获得某种变化，打破空间构成的单调感。也可以有意识地利用对比手法，把形状差别显著、高低悬殊、大小悬殊的空间组织于一起，借助它们之间的强烈对比而取得一定效果，如图4-43所示。

5. 空间的视觉中心

在空间序列的组织中，通常在关键部位设置能够引起人们视觉注意的物体或特殊的空间形态，称为视觉中心。视觉中心可以是极具装饰意境的物体（雕塑、壁饰、灯具等），在空间上起一定的注视和引导作用，以吸引人们的视线；也可以将空间形态独特或空间尺度较大（门厅、共享大厅等）的部位构成视觉中心，如图4-44所示。

四、空间的组织形式

在较大的室内装饰装修工程中，通常根据使用功能的需要对原空间进行重新的限定。新的室内空间可能较为复杂，会涉及不同类型空间之间的组织。在室内空间设计中，一般有以下几种组织形式：以走道为主的组合、以大厅为主的组合、嵌套式组合和综合式组合。运用这些室内空间的组织形式可以构成丰富多彩的室内空间效果。

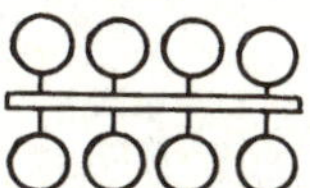

1. 以走道为主的组合

当所需限定的空间之间没有直接的连通关系时，可以通过设置走道联系各个小空间，使之成为一个整体。这样既保证了各个空间之间有相对性，互不干扰，又可以通过走道解决各个空间之间的相互联系。走道可两侧或单侧联系各个房间。在具体设计中，走道可曲可直、可宽可窄、可高可低、可实可虚，以此来取得丰富的空间变化，如图4-45所示。

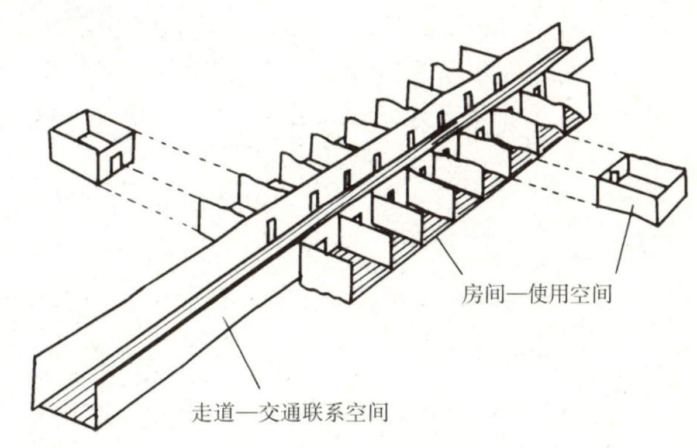

● 图4-45 以走道为主的空间组合

2. 以大厅为主的组合

在建筑中主要空间是体量较大的大厅时，大厅可以起主要的交通联系作用，也可以起重要的功能作用。

当大厅起主要的交通联系作用时，就有集散人流、组织交通和联系空间的功能，同时也有休息、观景、服务等多种功能；这种组合形式是以大厅为中心来联系其他空间。如城市住宅中的起居厅、写字楼的门厅等，如图4-46所示。

● 图4-46 金茂大厦裙楼大厅内景

当大厅起重要的功能作用时，在空间布局中就以体量较大的大厅空间为主体，而其他空间则围绕大厅四周布置，这样构成了较为明确的主次关系。如旅游宾馆建筑中的中厅、超市中的营业大厅、影剧院中的观众厅等，其他起辅助作用的小空间围绕这些大厅来布置，如图4-47所示。

3. 嵌套式组合

各个空间之间在功能上允许相互影响、相互连接时，可以采用嵌套式组合形式，各个空间直接衔接成一个整体。这类组合形式在美术馆、展览馆中常见。如密斯设计的西班牙巴塞罗那博览会德国馆的空间组合即采用嵌套式空间组合形式，展览馆空间由几面隔墙巧妙限定而成，各空间之间相互贯通，融为一体，如图4-48所示。

4. 综合式组合

在许多室内装饰装修工程中，由于空间较为复杂，可能会以某种空间组合形式为主，再结合其它几种组合形式而构成综合式空间组合形式，形成丰富的空间效果。如在写字楼、高层旅游宾馆中，中厅作为一个大空间，将各层

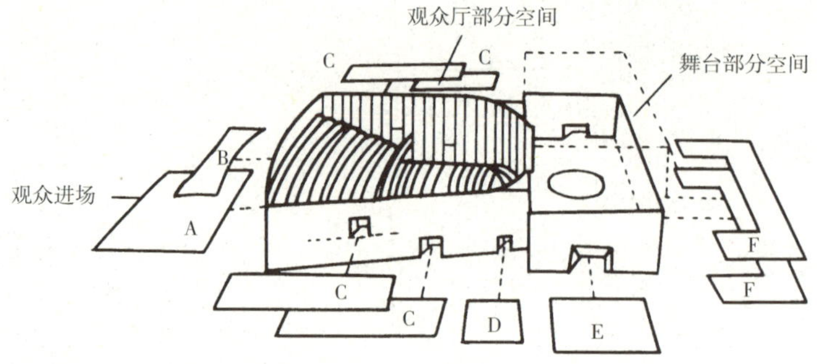

A.门厅；B.放映；C.休息厅；D.厕所；E.侧台；
F.演员活动部分（化装、道具）

（a）

主体空间

辅助空间

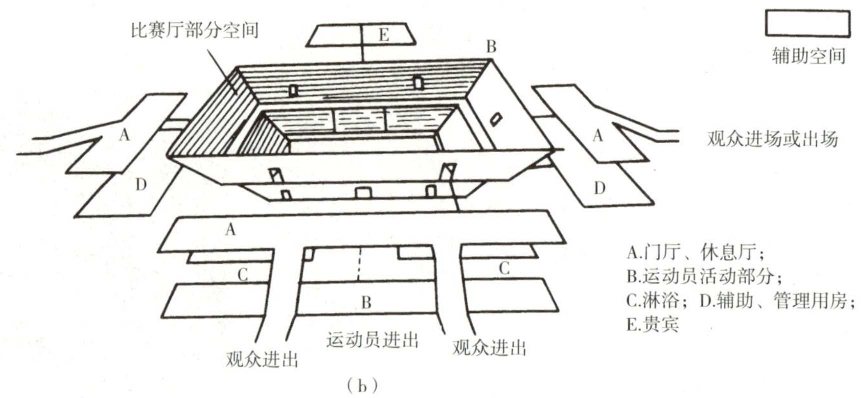

A.门厅、休息厅；
B.运动员活动部分；
C.淋浴；D.辅助、管理用房；
E.贵宾

（b）

● 图4—47 影剧院、体育馆的空间组合示意

（a）影剧院；（b）体育馆

● 图4—48 巴塞罗那博览会德国馆

公共服务空间组合到一起，而各个楼层空间则采用走道组合各间客房，构成了综合式空间组合。如北京和平宾馆，如图4-49所示。

五、空间的形态构成

空间形态是空间环境的基础，对环境氛围的构成起着决定性作用。由于室内空间使用功能具有多样性及复杂性的特点。特别是有些空间在位置、方向、界面上存在相互融合和相互渗透，空间形态的界定相当模糊的现象，这就对空间形态构成的分析研究带来了一定的难度。为便于人们抓住空间形态的典型特征及构成规律，把常见空间的基本形态类型列举如下：

1. 下沉式

采用“下沉”的空间限定方法，在室内地面上产生明显的局部高差变化，就构成了下沉式空间。由于下沉式空间地面标高低于周围地面，因此构成了具有一定私密性的局部小空间，相对封闭一些，且丰富了室内空间的层次。在内休息、聊天的感觉也较为亲切。考虑安全及上下问题，下沉高差不宜过大，一般在1~5步之间（200~800）。对高差交界处的过渡处理有多种方法，如设置矮墙、绿化、围栏、低柜、装饰柜等。

下沉式空间可用于起居室、舞厅（下沉式舞池）、歌舞剧院（乐池）等空间。

下沉式空间应用实例如图4-50所示。

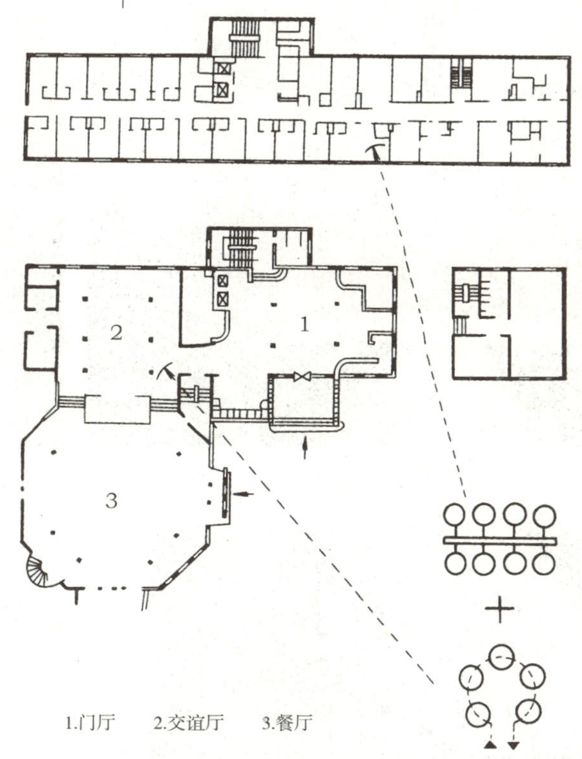

● 图4-49 北京和平宾馆室内空间组合平面示意

● 图4-50 波尔图艺术宫文化中心内景（下沉空间）

2. 地台式

采用“凸起”的空间限定方法，将室内地面局部升高限定出一个边界十分明确的空间，就称之为地台式空间。由于局部地面升起形成地台，容易吸引人的视线，故使人感觉较为醒目，因此地台适宜用作引人注目的展台，展示商家的各类商品。地台式空间的功能及作用与下沉式空间截然不同。在住宅空间中，可利用地台布置床、家电、沙发等，构成富有变化的居室空间形态。在公共的餐厅、茶室、咖啡屋中，常利用局部地台限定出顾客的就坐空间，并抬高了顾客视线，便于观看室内外景观。在娱乐、表演类空间中，可利用地台限定出表演空间。

地台式空间的应用实例如图4-51所示。

3. 凹、凸式

凹与凸是相对的概念。凹室是内向的，私密性较强的，

● 图4—51　某报告厅的室内环境

● 图4—52　某洋酒专卖店

● 图4—53　伊利偌斯州中心共享大厅内景局部

● 图4—54　新加坡莱费士城利用层层退台构成交错空间

象征容纳的空间。在住宅、餐厅、茶室、咖啡屋中，常利用室内局部角落，形成一面开敞的、较安静的凹室空间。如某洋酒专卖店内的凹室环境，如图4–52所示。凸室是外向的，具有公共性质的发散空间。如外凸的阳台、楼梯间、观光电梯等空间。但在特定的室内环境中，同一个空间，既是凹室空间，也可以认为是外凸空间。如美国伊利偌斯州中心共享大厅局部空间中，对共享大厅本身而言，楼层上外挑的楼梯空间和观光电梯空间，是外凸空间；而相对于各个楼层而言，这些空间则是凹室空间，如图4–53所示。

4. 交错、穿插式

传统建筑的室内空间多采用静止和封闭六面体的空间形态，而许多现代建筑并不满足于这种形态。在一些大型的室内空间中，如展览馆、俱乐部、商场等，为分散和引导人流，以及增加空间的动态效果，利用回廊、挑台、楼座、自动扶梯、楼梯等，采用上下交错、立体穿插的手法，形成高低错落、生动别致的空间效果。人们在这样的空间中，可以隔层相望、动静交融，使室内空间充满了生机和活跃气氛。

如贝聿铭在1978年设计的华盛顿美术馆东馆大厅如图4–16所示，其空间巧妙地设置了廊桥、楼梯、挑台和夹层，使各层空间之间相互穿插、渗透、高低错落，极大地丰富了大厅空间层次的变化。当人们的视线由下至上观看时，视线穿过一系列的楼层、廊桥、挑台，直达大厅顶部的采光天窗，炫目的阳光倾泻而下，构成了轻快活泼的室内空间效果，如图4–54所示。

5. 母子式

在较大开敞的公共空间中，通过设置隔断分离出私密性稍强的小空间，来满足个体的使用及心理需求，即称为母子空间。在大型写字间、会展大厅、剧院包厢、商场、零点大厅等公共场所中，均可通过布置小型隔断等限定空间的手法来构成母子空间，如图4-55所示。

图4-55 通过隔断限定办公建筑母子空间的室内效果

知识链接4.1.4 室内空间设计的基本方法

室内空间的设计是一项系统设计，须考虑多方面因素，并遵循一定的设计基本方法，才能构思出充满创意，较为理想的室内设计方案。

一、满足使用功能的基本要求

室内空间的构成首先要满足人们的基本使用需要。通常情况下功能决定空间的形态和尺度大小。在建筑主体结构构成空间的基础上，各种类型的室内空间设计，首先要保证使用功能中交通联系、使用人数及家具、设备的布置等要求。在水平方向及竖直方向通过平面图及剖面图，研究室内空间再限定的形状及室内空间的尺度构成。至于家具和设备的形状和尺寸，均需依据人体工程学进行相应设计。

例如由普雷多克设计的溪畔住宅，通过室内空间剖面示意图及空间环境效果，可以看出主要由使用功能、家具、设备来确定空间的形态和尺度，如图4-56所示。

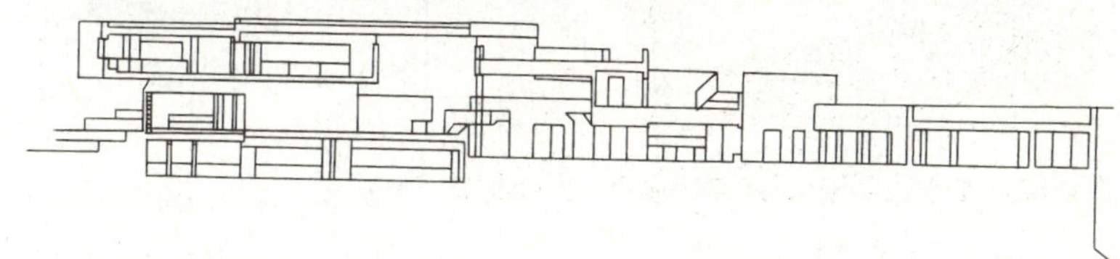

图4-56 溪畔住宅室内

二、满足对空间环境的审美要求

室内空间形态的主要构成要素为点、线、面、体。这些构成要素按照一定的规律限定出室内空间。空间的限定应该满足人们的审美需要，符合形式美的基本原则。

形式美原则是涉及各设计学科领域的。重点与一般、韵律与节奏、均衡与稳定、对比与微差是其中的重要基本范畴。它们涉及空间限定与组织、界面处理、家具与陈设品布置等各方面的内容。一项真正优秀的室内设计作品还离不开设计者的构思与创意。如果创作之前根本没有明确的设计意图，即便具有优美的形式，也难以感染大众。只

● 图4-57 卢浮宫扩建工程玻璃金字塔入口大厅内景

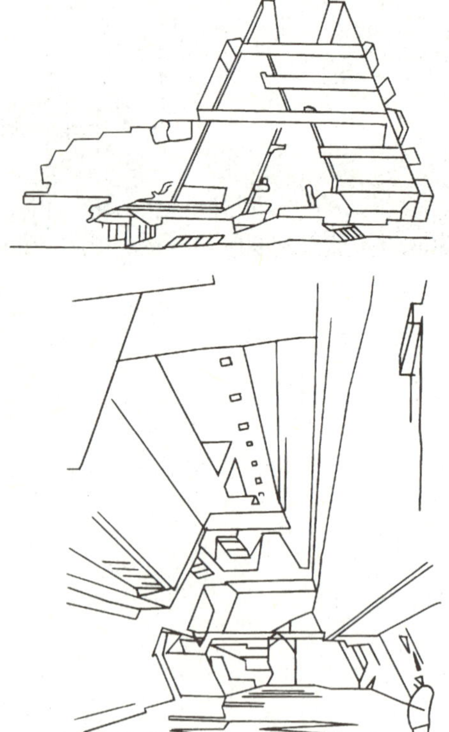

● 图4-58 北卡罗来纳达勒姆某公司总部

有设计师具备了高尚的立意，同时具有熟练的技巧，更能充分灵活运用这些原则，构思出充满个性化及独创性的设计方案，通过艺术形象而唤起人们的思想共鸣，进入情景交融的艺术境界，才能创造出真正称得上是具有艺术感染力的作品。

三、善于结合自然条件、地域特征等因素进行设计构思

不同的自然条件和地域特征各自有所差异。特别是在工程用地地形特殊的情况下，设计师的巧妙构思，可以构成形态独特的建筑内外空间环境。如贝聿铭设计的美国华盛顿美术馆东馆、法国卢浮宫扩建工程玻璃金字塔的空间形态（图4-57），均取得了新颖别致的空间效果。赖特设计的落水别墅，更是人工建筑和自然环境有机融合的典范。

四、妥善处理空间布局、建筑结构和设备系统之间的衔接关系

空间布局、建筑结构和设备系统之间，在一定程度上存在着相互影响、相互制约、又相对自由的关系。

1. 空间布局与建筑结构

不同的建筑结构对建筑空间的布局影响不同。砖混结构构成的建筑空间布局较为规则，墙体间距较密，室内空间重新限定的灵活性较低，且空间尺度不大。一般上下楼层的房间应该布局对应，较大的房间宜布置在顶层。

钢筋混凝土框架结构构成的建筑空间，布局灵活。由于墙体并不起承重作用，故内部空间的限定方便灵活，设计师可以采用隔墙或隔断在柱网之间灵活地限定空间。

采用特殊的结构形式，在解决建筑结构创新的相关问题后，还可构成较为特殊的空间形态，取得独特的空间效果。意大利的奈尔维设计的罗马小体育馆，采用的是“A”字形支架构成钢筋混凝土拱肋圆形屋顶。

美国北卡罗来纳达勒姆某公司总部采用“A”形钢筋混凝土结构，构成别具一格的空间效果，如图4-58所示。

2. 室内空间与设备系统

建筑设备系统包括空调系统、供暖系统、电气系统、给水排水系统、消防系统、电梯及自动扶梯系统等。

室内空间形态与上述设备系统存在着相互影响、相互制约的关系，要求设计师在构思室内空间形态时，应该考虑并预见到各种设备系统对空间形态及尺度的要求和影响。如空调系统的通风管道及风口的设置要求直接影响室内空间顶棚的形态；设置自动扶梯系统要求有较大的室内空间；消防系

统中的防火隔断及防火卷帘均影响室内空间的限定效果。

[学习情景] 4.2 界面

从空间构成的角度考虑，室内空间界面由底界面（楼面、地面）、顶界面（顶棚）和侧界面（墙面、柱面、隔断）限定成。人们在这些界面限定的空间中，感觉室内空间的环境氛围，体会“无”和“有”的辩证关系。

室内空间的界面设计要求是多方面的。既有功能技术要求，也有审美艺术上的要求。由材料实体构成的空间界面，涉及界面材料的材质、形态、色彩、构造等问题。同时还与室内配套的设备、设施等发生密切的协调关系，如空调风口、灯具、消防报警和喷淋设备、监控设备、音响设备等在顶棚及墙面上均存在相互间的协调适应关系，如图4–59所示，设计时均要给予足够的重视。

(a)

(b)

● 图4–59 室内空间界面与设备的协调关系示意

(a)哥伦布市市政厅中心部视中的顶界与设施的协调；(b)香港某建筑室内顶界面与灯具的协调

知识链接4.2.1　室内空间界面的要求和功能特点

室内设计对空间界面有相应的设计要求，各类界面在功能上又有各自的使用特点。这主要体现在以下几个方面：

一、空间界面的设计要求

1. 耐久性能

要求界面有一定的耐久性能，在一定的使用时间内保证装修效果，通常使用期限最少在5年左右。

2. 装饰性能

空间界面应保证一定的装饰效果，来满足人们的审美需求。界面饰面的材质、色彩、造型等，均对室内空间环境的氛围营造起到一定的积极作用。

3. 阻燃性能

界面材料的阻燃性能直接影响着室内的防火效果。在公共建筑室内界面装修中，应避免采用燃烧材料及遇火产生大量有害气体的材料，以保证使用者的人身安全。

4. 装修构造合理、施工方便

空间界面材料及装修构造方案的选择应考虑装修构造的合理及装修施工的方便。

5. 声学、保温等物理性能

对于有特殊使用要求的室内空间界面，可以通过采用具有吸声、保温隔热、杀菌等功能的饰面材料，来满足室内空间的各种物理要求。

6. 环保

随着近年来生活水准的提高，人们愈来愈认识到环境质量的重要。某些装修材料中的有害物质对室内空气产生污染，也越来越引起人们的关注。

7. 防潮（水）性能

对于有防潮、防水要求的室内空间界面，可以通过采用具有一定防潮、防水能力的饰面材料进行界面装修，来满足空间界面的防潮、防水要求。需做防潮、防水处理的界面通常是厨房、卫生间的墙、地面，外墙内侧及有水、汽房间两侧界面。

8. 造价合理

室内空间界面在满足使用、审美等要求的前提下，应该考虑界面材料价格是否合理的问题。由于各类界面面积较大，其造价在装修工程中占有较大的比重，因此主要材料的合理价格就显得较为重要。

二、空间界面的功能特点

（1）底界面（楼面、地面）——防滑、耐磨损、清洁、美观、防静电等；

（2）顶界面（顶棚、天花板）——美观、轻质、吸声、平整、光反射性能好；

（3）侧界面（墙面、柱面、隔断）——美观、隔热、吸声、防潮等。

各类界面的基本功能比较见表4-5。

表 4–5　　室内界面功能比较

基本功能要求	使用期限及耐久性	耐燃及防火性能	无毒不发散有害气体	核定允许的放射剂量	易于施工安装或加工制作，便于更新	自重轻	耐磨耐腐蚀	防滑	易清洁	隔热保暖	隔声吸声	防潮防水	光反射
底面（楼、地面）	●	●	●	●	●	○	●	●	●	●	●	●	
侧面（墙面、隔断）	○	●	●	●	●	○	○		○	●	●	○	○
顶面（平顶、天棚）	○	●	●	●	●	●				●	●	○	●

注　●—较高要求；○——般要求。

知识链接4.2.2　空间界面材料的合理选用

室内装修工程中界面材料的合理选用，是室内设计中的一个重要环节，它将直接影响到室内空间环境的整体效果。因此，设计师应该非常熟悉并了解界面材料的性能、质地、价格及施工工艺要求，并且要随时了解最新的装饰材料行情和最先进的施工工艺方法，为设计构思的创新打下较为坚实的基础。

对室内界面材料的合理选用应该考虑前面所述有关要求。

对于不同功能性质的室内空间，需要由相应类别的界面装饰材料来烘托室内的环境氛围。例如文化教育、办公类建筑的宁静、严肃气氛；娱乐场所的欢乐、愉悦气氛。这些都与所选空间界面材料的色彩、质地、光泽、纹理等密切相关。

不同的部位，相应地对界面装饰材料的物理、化学性能，触觉、观感等的要求也有所不同。例如室内房间的踢脚部位，由于需要考虑地面清洁、家具、器物底角碰撞因素，故应采用质地较为坚硬的贴面材料，而常用的乳胶漆、墙纸、丝绒软包等墙面材料，则不宜直落地面。对于大型商场的顶面，需要考虑大厅的音质、美观要求，故在吊顶上，通常采用轻质吸音的矿棉吸音板作为吊顶的饰面层。

现代室内设计具有动态发展的特点。设计装修后的室内环境，通常并非是“一劳永逸”的，而是需要持续再更新。原来的装饰材料需要由环保、质地和性能更好的、更为新颖美观的装饰材料来取代。

界面装饰材料应采取精心设计、巧妙用材、优材精用、注重环保的选材方法。装饰标准有高有低，即使是标准高的室内，也不应是高档材料的堆砌。

室内界面处理，可铺设或贴置装饰材料。但某些结构体系的建筑室内空间界面，也可以明露结构构件，或利用模板纹理的清水混凝土构件或清水砖面等。例如某些体育建筑、展览建筑、交通建筑的顶面由显示结构的构件构成。如金属网架、钢筋混凝土拱肋等。有些人不易直接接触的墙面，可以不加装饰，采用具有模板纹理的清水混凝土饰面或清水砖、石饰面等。日本建筑师安藤忠雄、荷兰建筑师艾里兹等，都善于运用模板塑造清水混凝土特殊的质感效果，体现其抽象简约的设计理念。

在有地方材料的地区，适当选用当地的地方材料，即减少运输，相应地降低造价，又可使室内装饰风格具有地方风韵。

界面装饰材料的选用，还应考虑便于安装、施工和更新。

对于各界面的装饰材料的特性、适用范围与选用，分别见表4-6、表4-7和表4-8。

表 4-6 底界面装饰材料特性与选用

底面装饰材料（楼、地面）	水泥砂浆	现浇水磨石	塑胶地砖PVC卷材	木地面	预制水磨石	全瓷地砖马赛克	花岗石	大理石
材料特性及其适用的室内楼地面	适用于一般生活活动及辅助用房	色彩和花饰可按设计配置，易清洁，防滑及吸声差，适用于公共活动和盥洗用房	色彩和花饰可供选择，有弹性，易清洁，易施工，适用于人流量不大的居住或公共活动用房	有纹理，隔热保暖性好，有弹性，适用于居住、托幼以及舞厅等	色彩和花饰可供选择，易清洁、易施工，防滑及吸声差，适用于公共活动和盥洗用房	耐久，耐磨性好，易清洁，易施工，吸声差，适用于公共活动用房、交通性建筑以及盥洗用房等	有纹理，耐久，耐磨性好，易清洁，吸声差，适用于装饰要求高的公共活动建筑的门厅、走廊及有大量人流的交通建筑等	有纹理，易清洁，吸声差，适用于装饰要求高的公共活动建筑的门厅、休息廊、餐厅等

表 4-7 侧界面装饰材料特性与选用

侧面装饰材料（墙面）	灰砂粉刷水泥砂浆粉刷	油漆涂料	墙纸墙布	铝塑板PVC板贴面	人造革及织锦缎	木装修木台度木板夹板贴面	瓷砖陶瓷面砖马赛克	大理石花岗石	镜面玻璃
材料的性能及其适用的室内墙面	适用于一般生活活动及辅助用房	色彩可供选择，易清洗，适用于一般公共活动、居住用房	色彩、纹样可供选择，高发泡类稍具吸声作用，适用于旅馆客房、居住用房以及人流量不大的公共活动用房和走廊	色彩、纹样可供选择，易清洁，适用于行政办公、餐厅、会议等公共活动用房	色彩、纹样可供选择，触摸感好，吸声好，需经阻燃处理，适用于装饰要求高的会堂、接待餐厅或居住用房	有纹理，易清洁，触摸感好，需经阻燃处理，适用于公共活动及居住用房等	易清洁，维修更新较方便，吸声差，适用于公共活动以及盥洗室等	有纹理，易清洁，吸声差，适用于装饰要求高的旅馆、会场、文化建筑等的门厅、走廊、公共活动用房，以及交通建筑等	具有扩大室内空间感，吸声差，适用于需要扩大室内空间感的公共活动用房

表 4-8　　顶界面装饰材料特性与选用

顶面装饰材料(平、吊顶)	灰砂粉刷水泥砂浆粉刷	油漆、涂料	墙纸、墙布	木装修、夹板平顶	石膏板、矿棉板	硅钙板、矿棉水泥板、穿孔板	金属压型板金属穿孔板铝塑板	金属格片
材料特性及其适用的室内平、吊顶	适用于一般生活活动及辅助用房	色彩可供选择，易清洁，适用于一般公共活动、居住用房	色彩、纹样可供选择，高发泡类稍具吸声作用，适用于旅馆客房、居住用房以及人流量不大的公共活动用房和走廊	有纹理，需经阻燃处理，适用于居住生活及空间不大的公共活动用房	防火性能好，平顶上部便于安装管线，适用于各类公共活动用房	防火性能好，穿孔板具有吸声作用，适用于各类公共活动用房	自重轻，平顶上部便于安装和检修管线，适用于装饰要求较高的各类公共活动用房	自重轻，平顶上部便于安装和检修管线及灯具，适用于大面积公共活动用房及交通建筑

“回归自然”是现代室内装饰的发展趋势之一。因此室内界面装饰常适量地选用天然材料，因为天然材料具有优美的纹理和材质。常用的木材、石材等天然材质的性能和品种示例如下：

一、木材

木材具有质轻、强度较高、热工性能较佳、触觉好、纹理色泽优美、便于加工、拼接安装的特点，但木材的防火、防水和防蛀的性能较差，因此应进行相应的饰面保护处理。

杉木、松木——常用作龙骨等构造材料；因纹理清晰，经现代工艺处理后可做装饰面材。如松木经脱脂、脱水处理后，可加工成桑拿板，在桑拿浴房装修中广泛采用。

柳桉——有黄、红等不同品种，易于加工，不翘曲。

水曲柳——纹理美，广泛用于装饰面材。

椴木——纹理美，易加工。

桦木——色较淡雅。

枫木——色较淡雅。

橡木——较坚韧，白色，木纹棕眼较多，可用于家具及界面饰面。

榉木——纹理美，色较淡雅，有红、白多种颜色，可用于家具及饰面装修。

柚木——性能优，耐腐蚀，用于高级地板、墙裙及家具等。

胡桃木——纹理美观，近年来广泛用于家具及饰面装修，有黑、红、白多种颜色。

此外还有雀眼木、沙贝利、花樟、桃花心木、樱桃木、花黎木等，木材纹理各具特色，常以微薄木贴片或木夹板形式作镶拼装饰面材。

二、石材

石材具有浑实厚重，强度高，耐久、耐磨性能好，纹理和色泽极为美观，且各品种的特色鲜明的特点。其表面根据装饰效果需要，可作凿毛、机刨 、锯面、亚光、磨光面、火烧板等多种饰面处理。运用现代加工工艺，可使石材成为具有单向或双向曲面、饰以花色线脚等的异形材质。天然石材作为装饰用材时需注意材料的色差，如施工工艺不当，湿作业时常留有明显的水渍或色斑，影响饰面效果。

1. 花岗石

黑色——福鼎黑、蒙古黑、黑金砂等；

灰色——富士灰、崂山灰、云灰等；

白色——珍珠白、银花白、大白花、芝麻白等；

麻黄色——麻石（产于江苏金山、浙江莫干山、福建沿海等地）、金麻石菊花石等；

蓝石——蓝珍珠、蓝点啡麻（蓝中带麻色）、紫罗兰（蓝中带红色）等；

绿色——栖霞绿、宝兴绿、印度绿、绿宝石、幻彩绿等；

浅红色——玫瑰红、西丽红、樱花红、柳埠红、齐鲁红、崂山红、五莲红、珍珠红、四川红、幻彩虹等；

棕红、橘红色——虎皮石、蒙地卡罗、卡门红、石岛红等；

深红色——中国红、印度红、芩溪红、将军红、红宝石、南非红等。

2. 大理石

黑色——桂林黑、黑白根、晶墨玉、济南青、芝麻黑、黑白花（残雪）等；

白色——汉白玉、雪花白、宝兴白、爵士白、克拉拉白、鱼肚白等；

麻黄色——黄金米黄、红线米黄、世纪米黄、金花米黄、莎安娜米黄、西班牙米黄、卡迪娜米黄、金峰石等；

绿色——丹东绿、莱阳绿、大花绿、孔雀绿等；

红色——东北红（铁岭红）、珊瑚红、挪威红、万寿红、陈皮红等。

还有灰色云彩、紫地满天星、青玉石、宜兴咖啡等不同花色、纹理的大理石。另外某些地区还出产具有地方特色的石材，如云彩石、文化石等。

知识链接4.2.3 界面处理的方法及效果

人对于室内空间环境的感觉，应该是综合各方面因素后的整体感受。在空间界面的具体设计中，设计师应根据室内环境气氛的要求以及材料供应、设备设施、施工工艺等客观条件，或运用某些特定手法进行重点的界面处理。

1. 界面形态

界面的形态是指空间界面构成元素的形状，以及界面上的图案、线脚、边缘收头等常用造型手法。

（1）界面的形状。空间界面的形状，通常是以建筑结构构件：墙柱、楼板为主组成，构成主要空间轮廓，形成各种不同的空间形态；另外根据使用功能及环境氛围的需要，可以对室内空间形状在结构空间轮廓的基础上，进行重新营造。如在音乐厅、剧场、影剧院的观众厅顶界面上，往往需要根据声学要求，做成曲折的反射面吊顶棚或悬吊吸声体。在娱乐类空间中，空间界面的形状往往按照空间气氛的营造需要来进行设计，构成形态特殊的空间效果。

夏隆于1956年设计的德国柏林爱乐音乐厅内景，界面形状效果如图4-60所示。

国外某办公空间，其空间界面的形状和质地效果如图4-61所示。

（2）界面上的图案、线脚。空间界面上的图案必须从属于室内整体环境氛围的要

● 图4—60　柏林爱乐音乐厅内景

● 图4—61　某办公空间采用不同界面材料处理示意

● 图4—62　上海大剧院门厅内景

求，起到烘托、提升室内精神效果的作用。根据不同的空间场合，装饰图案可以是抽象的，也可以是具象的，图案的主题应该迎合室内空间的功能需要。图案的表现手法可以采用各种材料制作，表现手段也可以是多方面的。如壁画、浮雕、文化石贴面、装饰涂料涂饰等。同时，界面的图案效果还要考虑同室内织物（窗帘、床罩等）的协调处理。

上海大剧院门厅空间，空间界面上的处理效果见图4-62所示。

空间界面上的边缘和不同饰面材料的交接处的造型及构造处理，即是“收头”，它是室内空间界面饰面处理中的难点之一。界面上的边缘转角交接处，通常以不同断面造型的线脚进行“收头”，如墙面上木墙裙的上端压线和下部踢脚线上的压线收口、吊顶和墙面之间的交接阴角线收口、地面采用不同装修材料之间的“收头”，均可采用各种材质的线脚进行收口过渡。通常可以采用的线脚材料有木线、金属线（如不锈钢镜面线脚、铜线脚等）、石膏线脚等。室内界面的图案、线脚，其花饰和纹样也是室内设计的重要艺术表现元素。

2. 界面的处理与视觉感受

室内空间界面采用不同的处理方法，如界面形态中不同方向的线型划分、图案花饰的大小变化、颜色的深浅、饰面材质的变化等都会给人以不同的视觉感受。

室内空间界面采用不同的处理方法示意，如图4-63所示。

● 图4—64 客厅空间界面材料质地效果

● 图4—65 餐厅空间界面材料质地效果

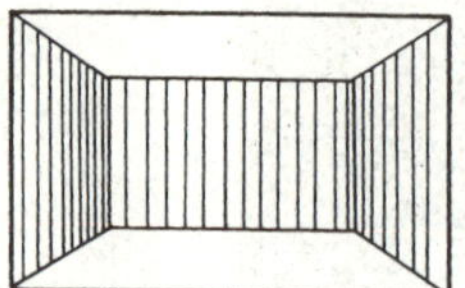

线型划分与视觉感受
垂直划分感觉空间紧缩增高

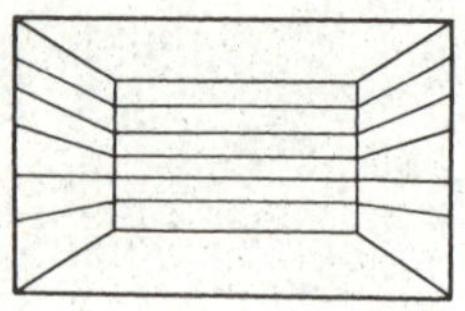

水平划分感觉空间开阔降低

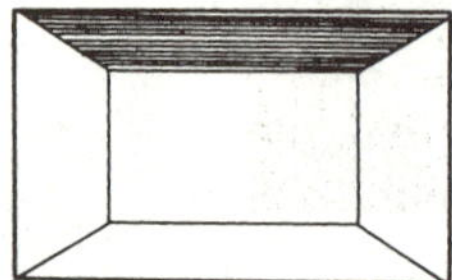

色调深浅与视觉感受
顶面深色感觉空间降低

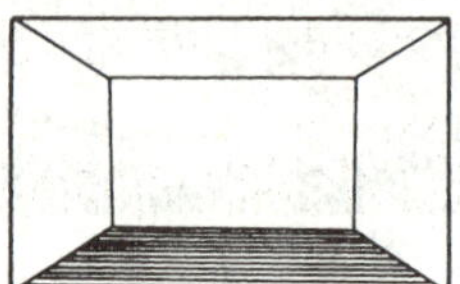

顶面浅色感觉空间增高

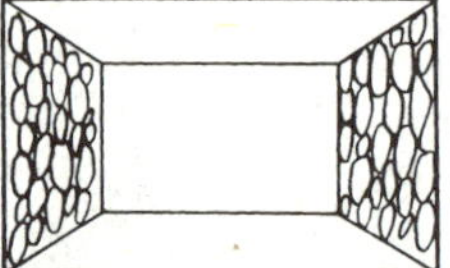

花饰大小与视觉感受
大尺度花饰感觉空间缩小

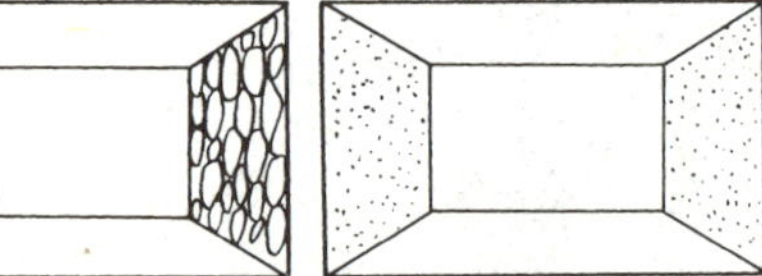

小尺度花饰感觉空间增大

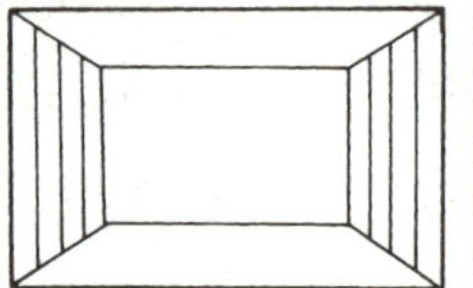

材料质感与视觉感受
石材、磁砖、玻璃感觉挺拔冷峻

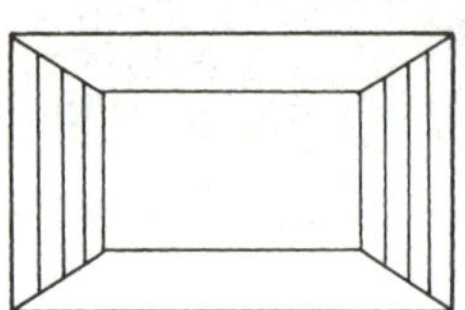

木材、织物较有亲切感

● 图4—63 室内空间界面不同的处理方法

3. 界面材料的质感

室内空间界面材料的质感，根据材料的特性可大致分为：硬质材料和柔软材料；粗犷材料和精致材料；人工材料和天然材料等。不同质地和表面加工的材料，给人的感受不同，适宜使用的位置也会有所区别。如平整光滑的花岗石、大理石——整洁、精密；纹理清晰的木材——亲切、自然；全反射的金属镜面——高技术、精密；斧剁加工的蘑菇石——粗犷、有力；清水墙面——乡土气息、传统韵味。

由于界面的形态、色彩要素之间具有一定的内在联系，又受光环境的影响，因此人们的感受也是相对的、暂时的。

某客厅空间界面及材料质感的效果如图4-64所示。

某餐厅空间界面及材料质地的效果如图4-65所示。

[学习情景] 4.3 构件

由墙面、地面、顶棚等空间界面围合组成的室内空间，其内部空间环境的装饰设计，通常可以通过装饰构件的设计运用而完善建筑室内环境，以满足人们对空间的审美要求。

装饰装修是室内设计构思付诸于现实的手段。室内装饰是通过艺术表现手段对室内进行的修饰，其对应于人的审美精神需求，用以改善室内空间的环境氛围，如室内空间环境的典雅、浪漫等。可以说室内装饰是室内设计的组成部分。室内装修是指对建筑物本身构件的一种固定封装，从而起到维护作用；也指对房屋损坏构件的修整，对房屋不合理构件的改造。

在室内空间中，可以通过合理布置装饰构件来烘托环境气氛，体现室内设计的意境。通常在室内使用的装饰构件有：门窗、门窗套、隔扇、墙裙、踢脚、花饰、线脚、壁炉、柱子、柱头、山花、楼梯等。各种装饰构件可采用木材、人造板材、金属、石膏、玻璃钢、水泥、玻璃、塑料、石材等材料制作，部分装饰构件如图4-66所示。

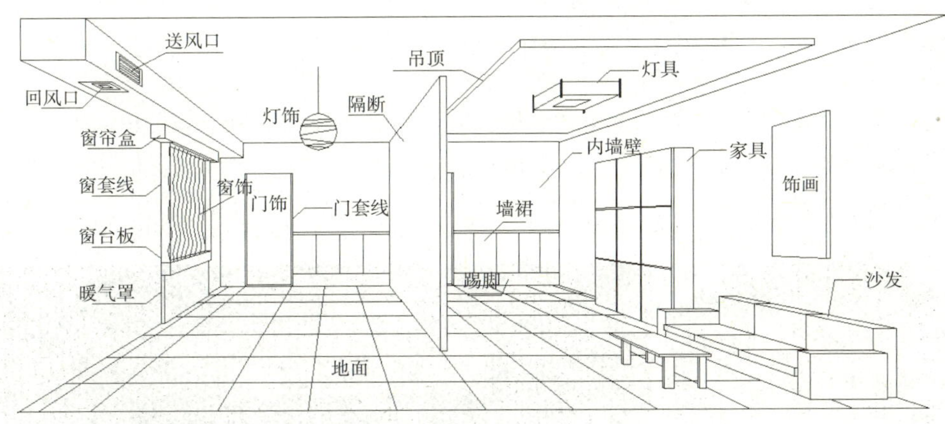

● 图4-66 室内装饰构件部位示意图

知识链接4.3.1 中外传统建筑装饰构件

从建筑发展的角度来看，在中外的传统建筑中，室内装饰构件的使用各有其特点，但都对其空间氛围的营造起到了点缀和烘托作用。装饰构件伴随建筑结构、房屋构造及建筑材料的发展，经历了一个很长的历史时期。天然的土石竹木草秸，是古代人类的主要建筑材料。约公元前3000年间，西亚的美索不达米亚开始用砖砌筑圆顶和拱，而我国的“秦砖汉瓦”制陶技术和以木制材料构建建筑空间已闻名于世。木材和石材，是人类最早使用的天然建筑材料。

4.3.1.1 中国室内装饰构件的发展

1. 中国传统建筑形式

（1）中国古代建筑基本以木结构为主。在距今约六七千年前，已开始采用卯榫木结构技术。商周时代从陶器发展至秦汉砖瓦时代，并已能用矩形定方、绳定直线、水定平面的技术。青铜器工具的发展，为宏伟的宗庙、都城、宫殿等建筑的出现创造了条件，以夯土墙和木构架结构为主的建筑已初步形成，随后瓦屋彩绘的富丽宫殿随之产生。秦汉时木构架建筑已经成熟，叠梁、穿斗、砖石拱券结构有了发展，在汉代已普遍使用斗拱。

（2）隋唐时代的建筑已趋成熟，宋代木构架建筑已发展到了顶峰。《营造法式》成为历代木构架建筑构造的典范和准则。

2. 中国传统建筑装饰构件的运用

（1）顶棚装修是中国古代室内木装修的一大特色，顶棚为不露梁架，在梁下用天花板组成木框，内置密集且小的木方格或较大的木板。天花板即现代建筑装修中的顶棚或吊顶，宫殿庙宇等大型建筑装修中的天花做法，是用木龙骨做成方格，称为支条，上置木板称为天花，板下施彩绘，即藻井图案，雍容华贵，富丽堂皇。

藻井是用在等级高的建筑之中，一般建筑的顶棚是不许用藻井的，这体现着贵族与庶民不平等的差别。藻井是顶棚走向凹进的部分，形状有八角，圆形，方形等，多用斗拱和极为精致的雕刻组成，是我国古代建筑中重要的室内装饰构件。北京天坛祈年殿藻井顶棚如图4-67（a）所示。

（2）墙体装修采用土、砖、木、编条夹泥墙等材料，分为山墙、坎墙、八字垟、屏风墙、照壁墙、隔断墙等。墙上采用绘画、书法、壁纸、饰品进行装饰，在墙壁上开设各种门窗、隔断、罩等装饰构件，进一步丰富墙面的装饰性与视觉美感。

（3）罩与隔断，罩是分割室内空间的装饰构件。即在柱子之间做上各种形式的木花格或通透雕刻，使两边的空间即连通又分割。罩大多用于室内，多硬木浮雕或透雕几何图案，吉祥动植物、神话故事等。它已超出隔断实用与装饰作用，常用于较大的住宅或殿堂当中，北京故宫内景如图4-67（b）所示。

(a)

(b)

图4-67　中国传统建筑室内环境效果

（4）门、窗的做法和近代的建筑木门窗相似，即有门板框和门窗扇组成，门板上装饰门钉、铺首。唐代隔扇花心用直棂或方格，宋代则加柳条框，球纹。明清时期更加多样化，糊纸、薄纱、磨平的贝壳等用在框格内。这些都展示了中国传统文化和工匠们的巧妙制作工艺，表现出传统的艺术韵味。尤其窗饰构件，清代苏州一带就有上千种之多，图案复杂且美观细致，它也是中国传统室内装修中一大特色。

（5）金属材料在装修中广泛运用。铁的冶炼，铸造工艺和技术比铜更高，铁的硬度和韧性较高，性能优良，所以用铁可以生产出各种坚固的生产工具和坚韧的兵器。铜是人类最早使用的金属材料之一，在铁器出现之前，人类历史经过一个相当漫长的时间，铜及其合金曾是用量最多用途最广，对人类社会发展所起作用最大的一种金属材料，被称为“青铜时代”的商代及西周，是我国历史上青铜冶铸技术的辉煌时期，充分利用青铜的熔点低，硬度高、便于铸造等特征，制造了铜币、铜器、铜合金等饰品，为我们留下了造型优美，制作精良的“青铜文化”。构成中国传统装修构件的特殊年代，反映和体现了中国古代建筑装修技术和文化艺术水平，以及那个时代的精神特征，体现了中国古代建筑的时代背景和文化内涵。

4.3.1.2 西方建筑装饰构件的发展

1. 西方古建筑的特征

古代希腊时期，创造了以一种石制的梁柱作为基本构件的建筑形式。从古希腊表现男性美的陶立克柱式和表现女性美的爱奥尼克柱式，到罗马表现向上“力感”的塔司干柱式，不仅通过冰冷的花岗石材料与造型表达比例、尺度、节奏和韵律之美，还通过人性的表达，渗透出当时的人本主义思想，从而表达出美感的深层哲理。

罗马时期，罗马人发明了由天然火山灰，砂石和石灰构成的混凝土，在拱券结构的建造技术方面取得了很大的成就。罗马各地建造了许多拱桥和长达数千米的输水道。罗马万神庙拱顶直径达43米。卡瑞卡拉大浴室厅堂鱼贯，充分显示了罗马工匠发券和筑拱的技术运用水平。

意大利文艺复兴时期的建造技术、规模、类型以及建筑艺术都有很大的发展，涌现出了许多能工巧匠，如维尼奥拉、阿尔伯蒂、帕拉蒂奥、米开朗琪罗等。著名的圣彼得大教堂中的各种拱顶、券廊等构件，特别是柱式和雕刻成为文艺复兴时期的建筑构图的主要内容之一。再就是建筑的细部处理和装饰，主要集中于山花、檐口、柱头、券中、门窗套等具有构造作用的部位，都以石材为基本材料制作各种装饰构件。

西方古典建筑的石材结构是一种密度很高的建筑材料，它的缺点是施工周期长，不易加工，但使用寿命长是它的优势。所以，西方经典建筑往往需要几十年甚至近百年的施工周期，一旦建成可经受千百年的久经考验。所以西方人渐渐形成一种对于古老建筑的尊崇、敬意与赞叹。西方古典建筑室内环境如图4-68所示。

西方古典建筑无论是拜占庭式、哥特式，还是文艺复兴时期的建筑材料与构造设计，都是在空间的穹顶、尖顶

(a)

(b)

图4-68 西方古典建筑室内装饰效果

或在柱头和墙饰上做文章。从室内结构上看，又都有阴冷幽暗的不足，这主要是由于石材自身的重量较大，不利于建造较宽的窗户，而影响了室内采光。

我们从西方古典建筑的发展史中，可以更清楚地发现不同时期的建筑装饰构件与装饰技术的运用特征。

2. 建筑材料的运用

（1）古希腊时期的建筑材料主要是石材。其早期的庙宇是木构架与土坯结合而成，但易腐朽，失火。随后采用陶器对木构架加以保护，后来发展起来的建筑基本上接受了陶片贴面形成的稳定的檐部形式。在粗质的石材上涂上一层掺有色彩的大理石岩粉，在白色大理石上烫一种熔有颜料的蜡进行装饰。庙宇采用围廊式，柱、额坊、檐口的处理决定了其基本面貌，后来被广泛运用。雅典卫城的帕提农神庙是当时的代表性建筑。

（2）古罗马时期发展了希腊柱式并定型化，影响至今。砖、石、天然水泥运用于拱券结构，跨度更大更稳定。将花岗石、大理石加工成板材作为墙体和地面的装修材料。

（3）拜占庭时期穹顶开始采用玻璃马赛克，马赛克下铺色底或金箔，通过光线折射出神秘的光环效果。室内同时采用金、银、铜、石、砖、玻璃、马赛克、彩色颜料等装饰材料，是这个时期的用材特点。

（4）哥特时期的建筑，高耸的拱形中厅，裸露着的近似框架式的拱券结构。窗子占满支柱之间，几乎没有墙面，工匠们采用彩色玻璃，在窗上镶嵌各种图案及装饰画，带有神秘的宗教色彩。

（5）文艺复兴时期增加了许多室内装饰元素，门框、天花、柱、壁炉等装饰构件，都作为装饰图案及线条。壁柱、檐口线脚、门窗边饰用灰白大理石，仿古元素浓郁。而巴洛克风格的“富贵”之气，充分体现了世俗主权的特征，大量使用大理石、黄金、铜等装饰材料，并将绘画、雕刻融入建筑之中，使室内空间风格富丽豪华。洛可可时期的风格反映了柔媚、温和、细腻、纤巧的风格，装饰与巴洛克时期不同，过去用壁柱的改用镶板或镜子，四周用细巧复杂的小幅绘画和浅浮雕。不再多用冷、硬的大理石，而采用木质的墙面，并饰以大量的植物花草图案，配合金银镜面等装饰材料，极富豪华、柔媚的女性美。

（6）19世纪以后，一些工艺美术家反复古的新艺术观流行于欧洲。这一时期各类工艺美术品、纺织品、雕刻花饰、绘画装饰等，配合一些金属机械制品装饰着室内。这种新旧混杂的形式，在西方古代这些装修方式与材料的运用上，反映了各个时期人们的追求和时代特征，反映了历史的延续与变化性，构成了西方建筑文化的背景，为现代主义设计与运用奠定了基础。

3. 现代室内装饰构件的设计与运用

人类社会科学技术在不断地进步。在发现材料、制作材料和充分利用材料的过程中，发展了材料实用性和美感艺术性。从而逐步地实现材料的实用价值和审美价值的融合，实用和形式美的统一。在近代材料工业的发展阶段，推动和促进了工业产品的批量生产与改进，从而实现了由依赖手工业生产的产品向以机器为制造手段的大批量生产产品的转化。

19世纪工艺美术运动的先驱威廉·莫里斯，反对机械生产，提倡艺术化的手工艺产品，以色彩明快、图案简洁的壁纸作为室内墙壁装饰材料。他还设计和生产了许多织物与家具，并发展了一种理论：“一个设计者应完全了解与其设计有关的特殊生产过程，否则将事倍功半。另外，要了解特殊材料的性能，并用它们来暗示（不是模仿）自然美以及美的细节，这就赋予了装饰艺术存在的理由。”建筑大师赖特曾写道：“将你的材料性质显现出来，让这种性质完全进入你的设计中去。”当时，艺术风格后期代表人物，法国设计大师尤金·盖拉德曾对家具设计提出“重视材料的特性”；比利时建筑师维克多·奥达在为自己设计住宅时，对室内空间装修极为自由和大胆，毫无顾忌地使用钢架、玻璃等新材料制作装饰构件。

20世纪20年代是现代主义运动走向成熟时期。德国魏玛的包豪斯学校，倡导艺术家与工匠们结合以及不同门类的艺术的结合，把艺术、技术和材料充分地结合起来产生新的独特风格。格罗皮乌斯与理查德·梅耶尔合作设计的科隆德国制造联盟展览会上，利用玻璃材料设计了带玻璃罩的螺旋楼梯，也采用了大面积的完全透明的玻璃外墙，打破了室内外空间的界线，增强了室内与室外的空间感。设计大师布劳埃尔设计了装配式的厨房组合家具和设备。

密斯被称为第一个懂得现代技术并熟练地应用现代技术的设计大师。他把现代技术条件下生产的材料和传统的精工细作的手工艺结合起来，他设计的范斯沃斯别墅，除卫生间和设备间是封闭的以外，四周是直接落地的玻璃，实现了室内与室外自然空间的交流与对话，从而标志着建筑与自然的和谐与统一的新思路开端。大家所熟悉的建筑大师赖特为考夫曼设计的流水别墅，其立面构图纵横穿插，层次分明，与特定的自然环境浑然一体。用室内材料对比变化来显示和区别各种不同用途的空间，以取得内外空间的统一和联系，玻璃与条石墙面得到了恰到好处的对比，再加上露台、瀑布和周围山石丛林，表现了赖特的“有机建筑”思想和运用建筑材料的娴熟，以及对生活溶入自然的理解。

20世纪50年代以后是塑料工业时期。塑料不仅具有许多优于其他材料的优势性能，而且在造型上具有独特的表现力。它可以惟妙惟肖地模仿其他材料的装饰效果，如自然纹理、质地和各种花纹图案，尤其是家具产品设计。塑料被称为一种构成各种形状造型的通用材料。

目前，装饰构件的工厂化生产是装饰装修行业的发展方向，门窗、门窗套、钢木楼梯、西式柱、西式山花、壁炉及装饰线脚的工厂化大批量生产，提高了现场装修施工的效率，避免了一些装修污染，提升了室内装修工程的质量。

随着现代科学技术的不断发展，现代人的生活质量要求的提高。无论是原始的天然材料，还是现代的工业材料（尤其是复合材料的开发应用，为今后装修材料和室内装饰构件的主要发展方向），其所蕴含的生命力都将成为室内设计的源泉。这将要求装修材料与装饰构件的表现与应用，呈现出多元化的风采和更加注重科技的含量。

知识链接4.3.2　现代建筑室内装饰构件

4.3.2.1　门窗、门窗套、窗台板、装饰线脚

在室内装修中，门窗、门窗套、窗台板、窗帘盒在满足使用功能的前提下，也是室内重要的装饰构件，其造型、尺度和材质，对室内环境氛围的烘托均起到一定作用。

室内装饰线脚通常包括踢脚线、挂镜线、墙裙线等装饰线，装饰线脚的尺寸应和室内空间的尺度相吻合。

踢脚线：高度80～250mm。

挂镜线：宽度50～100mm，一般距顶棚300mm左右。

墙裙线：一般高度600～1500mm。

● 图4-69　酒店大堂柱子装饰效果

4.3.2.2　壁炉、柱子、柱头、山花

在现代室内装修中，壁炉、柱子、柱头、山花等室内装饰构件通常是体现欧式装饰风格的重要手法。

某酒店大堂柱子装饰效果如图4-69所示。

4.3.2.3　格扇、隔断

采用格扇与隔断在室内分割并限定空间，同时作为装饰构件，形态各异的格扇与隔断也起着美化和点缀室内环境的作用。格扇门是中国传统建筑中的装饰构件之一，从民居到皇家宫殿都在广泛使用。格扇的图案隐喻着深刻的内涵，中国室内设计在经历了西方现代主义潮流的影响后，开始回归中国传统文化，追求装饰的民族化特征，格扇这一传统元素也被不断地运用在室内设计中，古老的装饰元素被放置在现代空间中以适应现代人的生活方式和审美取向。

具有我国地方传统特色的某餐厅大堂环境，博古架、格扇点缀大堂的效果，如图4-70所示。

（a）

（b）

● 图4-70　博古架、格扇点缀大堂的效果

4.3.2.4　楼梯、栏杆（栏板）

楼梯、栏杆或栏板也是室内环境中的重要装饰构件，轻巧新颖的钢木楼梯、简洁光亮的钢化玻璃楼梯及各种造型独特的栏杆，均会给室内空间增色。

长城脚下长城公社室内轻巧的钢木楼梯，如图4-71所示。

酒店大堂中的弧形楼梯，配置的铁艺栏杆轻巧别致，如图4-72所示。

● 图4–71　室内轻巧的钢木楼梯

● 图4–72　弧形楼梯配置的铁艺栏杆效果

[学习领域] 5

建筑装饰设计的形态、色彩、肌理

课程教学建议表

学习情景	[学习情景] 5.1 形态 知识链接5.1.1 形态要素 知识链接5.1.2 形态美的法则及其运用 知识链接5.1.3 形态设计的原则 [学习情景] 5.2 色彩 知识链接5.2.1 色彩的要素 知识链接5.2.2 色彩的基本原则 知识链接5.2.3 色彩的配色方法 [学习情景] 5.3 肌理 知识链接5.3.1 肌理要素 知识链接5.3.2 肌理规律
知识要求	1. 掌握建筑装饰设计中形态及形式美的法则和运用方式（重点） 2. 掌握色彩在建筑装饰设计中的配色原则和配置的方法（重点） 3. 掌握肌理在建筑装饰设计中的运用规律
能力要求	1. 设计形态把握能力 2. 形式美的规律运用能力 3. 色彩的配置能力 4. 肌理的运用能力
实践项目	形态分析，色彩运用分析，肌理搭配分析
教学场所	教室＋图书馆+网络+经典建筑现场
教学方法	自学教材相关章节，然后完成下列教学任务
作业要求	1. 选择10幅最有震撼力的建筑装饰形态图片 2. 选择10幅典型的图片，进行色彩运用分析 3. 拍摄10张不同肌理的材料照片并进行搭配的合理性分析
教学评价	1. 从形态分析作业，重点评价形态的理解能力（30%） 2. 对色彩心理特性的把握能力，重点评价色彩心理特性掌握情况（30%） 3. 不同风格的设计如何选择不同的肌理，重点评价肌理的选择能力（35%） 4. 完成时间（5%）

● 图5-1 点引起的会聚作用

[学习情景] 5.1 形态

在诸多造型要素中，形态是基础性的要素，色彩与肌理是依附在其之上的。只有形态美了，其他的美才扎实、耐看。所谓形态就是指形象的状态，以及它传达给人的精神感受，是形与神的统一体。在建筑装饰设计范畴中，形态是造型设计最重要的手段与语汇。

知识链接5.1.1 形态要素

建筑装饰设计的形态要素就是点、线、面和体。

1. 点

点是最基本和最重要的元素。

几何学上点只有位置而没有大小，但在现实中，点的概念是相对的。凡是空间中比较小的形象和物体都可视为点。它在建筑装饰设计中有位置、有大小、有形状。点是力的中心，是视觉的焦点，具有构成视觉重心的作用，它还具有膨胀和扩散的潜能。人们的视觉总是被点所吸引，起作用并影响着观者的心理，从而产生各种视觉效果。譬如前进或后退，收缩与膨胀等。点的连续会产生线的感觉；点的综合会产生面的感觉；点的大小会产生深度的感觉；多点之间会有虚面的效果。在力度与疏密关系不同的点之间，视线移动的速度变化造成视觉动态，如图5-1所示。而且，点主要通过其大小和背景的色差以及视距的远近来体现形态力。

2. 线

几何学线是点移动的轨迹，只具有位置及长度，而没有宽度和厚度。但从造型要素来讲，线的特征是以长度来表现的，粗细与长度有着极端的比例的形象就是线。线分为积极的线和消极的线。积极的线是概念线，即面和形的边缘。极薄的平面与平面相交部位便形成线。曲面相交则形成曲线。可以说，线是面与面的分界，起到分割作用，但线也可以起到结合作用。消极的线具有隐蔽性，它在两面交接处隐蔽存在。

线按形态可分为直线、折线和曲线。

（1）直线。直线是最基本的线形之一。它包括水平线、斜线、垂直线等形式。将直线通过垂直、水平方向的组合变化可构成二元空间和三元空间，表现出强烈的力度感。现代高层建筑大多采用直线形态构建，用直线形态构建的斜拉桥承载力更大。尽管直线易使人的视觉产生疲劳，但从视觉感知的效果来看，用直线构建的形态更容易感知。

水平线有安定、平衡、开阔的感觉，使人联想到海平面、地平线、大地，并产生平静、安静、抑制等心理感受。垂直线有坚实、稳定、向上的感觉，充满积极进取的精神和意义，象征对未来的理想和希望。斜线是直线形态中动感最强烈、最有活力的线型，充满运动感和速度感。斜线也最易使人产生不安定感。斜线可产生巨大的拉力作用，斜拉桥就是根据力学原理利用对称斜拉索增强桥梁结构的稳定性。

（2）折线。折线是按几何角度转折的线。每一段都是直线，两条直线间有折点，折点具有点的性质，起着联系两条线段的作用。折线有刚劲、跃动的感觉。由于折线的方向具有可随意变化的特点，在造型中常常利用折线增强视觉引力。

（3）曲线。曲线是柔韧而有转折的线，它的转折是平滑的。曲线有规则曲线和自由曲线两大形态。曲线优美，流动感强，充满运动感，运用得好，可产生鲜明的节奏感和韵律感。

线在造型中具有特殊的地位和作用，线的活力和动感使得它存在于任何形态中。在许多艺术设计和形态构成中都留下了线的艺术魅力，如图5-2、图5-3所示。

● 图5-2 纵横交织的线构成了国家大剧院壳体结构的玻璃幕墙以及优美流畅视觉美感

● 图5-3 透明与不透明之间构成的也是线条与节奏的美

3. 面

几何学上将面定义为线移动的轨迹。几何学上的面只具有位置、长度和宽度，而无厚度。面分消极的面和积极的面。消极的面由点和线的集合、群化构成；积极的面由扩大点和扩大宽度的线构成。面具有几何形、非几何形两大形态。几何形是规则的，它的基本形态是正方形、三角形、圆形，由直线和几何形曲线构成。正方形的特点是垂直与水平；三角形的特点是斜向与角度；圆形的特点是外轮廓的曲线。非几何形是不规则的，是由自由曲线结合直线构成的自由形，实际上也是自由曲线组合各种变相的正方形、三角形、圆形。

几何形给人理性、明确的感觉，产生简洁、抽象、秩序之美，但易产生呆板的感觉；非几何形虽然活泼、生动、富于感性，如图5-4，但也易产生不端正、杂乱的感觉。

● 图5-4 曲面围合的子空间生动、活泼，给人以耳目一新的感受

4. 体

宇宙空间多数物体是以体块的形态呈现的，如山川、星球、生物。体相对于线与面来说，具有厚重、稳定和充实感，并在体积上占有优势。

体通常用来描述一个体量的外貌和总体结构，一个体所特有的体形是由体量的边缘线和面的形状及其内在关

● 图5-5 不同的体块构筑的宾馆大堂的接待台，反映了体与空间的共生关系

● 图5-6 卧室的下部布置了一系列家具，上方却只有一盏吊灯，十分稳定

● 图5-7 酒店大厅一角各物体形态完全对称的均衡布置

系所决定的。常见的基本形体有棱柱体（正方体、长方体）、棱锥体、圆柱体、圆锥体、球体等，通过组合可以形成各种各样的组合体。体根据其构造，可分为实体、虚体与半虚半实体。用于体的构成材料有泥土、玻璃、木块、混凝土、钢筋和砖石等材料。空间就是由体构筑的。我们在建筑装饰设计中，要充分了解体的特性，运用好体的语言，如图5-5所示。

总之，通过点、线、面和体的巧妙组合，可以造成建筑装饰空间的种种变化，可以赋予建筑装饰环境丰富多彩的视觉形式。

知识链接5.1.2 形态美的法则及其运用

建筑装饰设计是建筑设计的继续与深化，其根本的问题还是空间设计与环境营造的问题。如何运用点、线、面和体要素，依据美学的规律与构图法则，去寻求形态美是十分重要的。形态美遵循的法则就是多样统一，在统一中求变化，在变化中求统一。具体说来，主要包括以下几方面的内容，即均衡与稳定，节奏与韵律，对比与微差，重点与一般。

1. 均衡与稳定

现实生活中的一切物体，都摆脱不了地球引力——重力的影响，人类的建造活动从某种意义上讲就是与重力斗争的产物。在长期实践中，人们逐渐形成了一套与重力有关的审美观念，这就是均衡与稳定。自然界中山的上小下大，树的上细下粗，人的左右对称……无不验证均衡与稳定的原则，它们给我们的启迪是：凡是符合这样的原则的形态，不仅是安全的，而且还是舒适的。

在建筑装饰设计中，稳定往往涉及的是空间内部各要素上下之间的轻重关系处理。在传统的概念中，上小下大，上轻下重是达到稳定的常见方法，如图5-6所示。当然，如今也有不少设计借助于新技术与材料，把这种关系颠倒，以获得新奇的效果。

均衡一般涉及的是建筑装饰构图中各要素左与右、前与后、质与量等的平衡，包括动态的均衡与静态的均衡。静态的均衡有两种基本形式：一种是对称的形式，如图5-7、图5-8所示；另一种是非对称的形式，如图5-9所示。对称的形式常常有庄重严肃之感，非对称的形式则显得轻松活泼，自由灵活。除了静态的均衡外，还有动态的均衡。例如，自然界中行使的自行车、展翅飞翔的鸟儿、旋转的陀螺……在建筑装饰设计中运用不多，但在某些场合，设计师会用动态均衡的观念思考问题。例如，在某些

● 图5–8　青年旅社餐厅基本对称的布局方法，虽然两侧处理并不完全相同，但使人感到轴线的存在，显得比较灵活富有变化

● 图5–9　餐馆的布局虽然没有轴线对称的关系，但视觉感受依然觉得均衡

展示空间设计中，考虑人在连续行进的过程中对室内景物形体和轮廓变化的感受等。

2. 节奏与韵律

节奏本是音乐中音响节拍轻重缓急的变化和重复，在构成设计上是指同一要素连续重复时所产生的运动感。在自然界中有许多事物或现象，由于有规律的重复或有秩序的变化，给人以美的感受。如将石块丢到水中激起的阵阵涟漪，就是富有韵律感的自然现象。对于这样一些类似现象，人们有意思地加以模仿和利用，从而创造出各种具有条理性、重复性和连续性特征的美的形式——韵律美。在设计实践中，韵律的表现形式有许多种，比较常见的有连续韵律、渐变韵律、起伏韵律和交错韵律，他们分别产生不同的节奏感。连续韵律一般是指一种或几种要素连续、重复地排列，各要素之间保持恒定的关系和距离，可以无限的绵延延长，往往给人以整齐划一的强烈影响，如图5–10所示。

● 图5–10　吊顶、灯具、餐桌椅、柱子各按一定的间距排列，表现出很强的连续韵律感

如果把连续重复的要素按照一定的规律逐渐变化，逐渐变窄或变宽、增大或减小、变短或变长、变密或变疏，就产生出一种渐变的韵律，渐变的韵律往往能给人一种循序渐进的感觉，进而产生一定的空间导向性，如图5–11所示。

● 图5–11　吊顶悬挂薄板上的圆形缺口大小依次变化，产生空间的导向性

渐变韵律如果按照一定的规律时而增加，时而减少，犹如波浪起伏或者具有不规则的节奏感时，就形成起伏韵律，这种韵律往往比较活泼且富有运动感，如图5–12所示。

交错韵律是把连续重复的要素按照一定的规律相互交织、穿插而形成的韵律。各要素之间相互制约，一隐一显，表现出一种有组织的变化。这种韵律既有明显的条理性又因为各元素的穿插而表现出丰富的变化，如图5–13所示。

在建筑装饰设计中，各种韵律的运用非常普遍，我们

● 图5-12 深圳某青年旅社的餐厅，其顶棚造型采用起伏韵律处理

● 图5-13 杭州浪漫一身服装店立面采用交错韵律的处理，别具一格

可以在形体、界面、陈设等诸多方面都感受到韵律的存在。韵律本身所具有的秩序感和节奏感，既可以加强建筑环境的整体统一效果，又能产生丰富的变化，从而体现出多样统一的原则。

3. 对比与微差

由于建筑空间的功能多种多样，再加上结构类型、家具设备的配置、业主兴趣爱好等的不同，必然会使建筑空间在形式上也呈现出各种各样的差异。综观这些差异，有的是对比，有的是微差。所谓对比是指各要素之间的差异比较显著；而微差则是指各要素之间的差异比较微小。当然，这两者彼此间的界线比较难确定，不能用简单的数学关系加以说明。例如，在某个连续变化的要素中，假如相邻者之间变化微小，具有连续性，则表现为一种微差关系；假如从中间抽去若干要素，使连续性中断，则该处表现为引人注目的突变，这种突变就表现为一种对比关系，突变越大，对比就越强烈。

对比与微差是常用的设计方法，研究如何利用这种对比与微差，去创造人性化的富有美感的空间，这是我们设计师的职责。对比可以借彼此间的烘托来突出各自的特点以求得变化；微差则可以借彼此间的共同性来求得和谐。没有对比，会使人感到单调；但过分强调对比，则因失去协调而造成混乱。只有把两者巧妙地结合起来，才能达到既有变化又充满和谐的效果。对比与微差主要体现在同一性质间的差异上，它还可以表现在其他方面，如大与小、直与曲、虚与实以及不同色彩和不同质地等。巧妙利用对比与微差，能产生良好的装饰效果，如图5-14、图5-15所示。

4. 重点与一般

在由不同要素组成的整体中，各组成要素的地位与重要性不可以相同对待，它们应当有主次的区别，假如主次不分，削弱了整体的有机统一性，会使人感到平淡无奇。在建筑设计中，常通过轴线、体量、对称等手法达到主次分明的效果，这些方法在装饰设计中也被广泛的运用（图5-16）。

此外，还有一种突出重点的手法就是运用“趣味中心”法。趣味中心有时也称为视觉焦点，指的是在整个环境中最引人注目的重点或中心。它一般起点明主题、统帅全局的作用，能够成为“趣味中心”的物体一般都具有新奇刺激、形象突出、具有动感和恰当含义等特征。在具体设计中，常常采用在形、色、质、尺度等方面与众不同的

● 图5–14　某别墅客厅圆吊顶与长方体家具的对比

● 图5–15　国外某宾馆大堂的挑台的弧线、顶棚曲线等都体现出微差的魅力

● 图5–16　对称的布局突出了壁炉形态设计的重要性

● 图5–17　新颖独特的灯具引人注目，成为空间的焦点

● 图5–18　日本建筑大师安藤忠雄设计的“光之教堂”，用光营造　“十字架”，成为教堂内独具特色的视觉焦点

物体，以吸引人们的注意，创造独特的景观，见图5–17~图5–19所示。随着时代的发展，设计手法的不断创新，“趣味中心”的物体可以是静态的，也可以是动态的。

知识链接5.1.3　形态设计的原则

形态设计要素在建筑装饰设计的大背景下，如何创造有机统一，多样变化的形态，应该掌握以下几条原则。

（1）整体性。要把握全局，考虑整体效果，有主有次，不宜过于丰富多样，也不可太单一死板。

（2）综合性。建筑装饰设计主体是形态、色彩、肌理和光的四大要素整合，彼此关系微妙，牵一发而动全身。因此要综合起来加以研究，推敲。

（3）功能性。形态设计必须满足实际功能的需求，不可以一味追求新奇夸张。

● 图5–19　会展中心红色的树干在灰色调环境中特别醒目，成为趣味中心

（4）艺术性。形态设计只有按照美的法则，借助点、线、面和体的组合与穿插，构筑围与透、虚与实、分与聚、动与静、疏与密的视觉空间效果。就某一空间和单一实体而言，其比例、尺度、细部等方面精心设计，任何一点疏忽都可能因形态的缺陷使整体美逊色。

[学习情景] 5.2 色彩

色彩设计是建筑装饰设计中一个重要的组成部分，一个成功的设计，其色彩组合必定是有主次、不单调杂乱的，既多样统一，又有变化，是一个完整和谐的整体。

知识链接5.2.1 色彩的要素

1. 色彩表情

色是光的产物，是大自然对人类的馈赠。各种物体因吸收和反射光量程度不同而呈现出复杂的色彩现象。色彩本身是没有灵魂的，它只是一种物理现象，但人们却能感受到色彩的情感，赋予了色彩许多表情特征，见表5-1。

表 5-1 色彩寓意表

色相	寓 意
红色	充满生机，热烈大胆，令人关注、兴奋、激动，象征忠诚、热情、吉祥、喜庆和光荣。负面易疲劳、危险、紧张不安和躁动 玫瑰色——雅致、优美、富贵、精诚与挚爱 粉红色——漂亮、罗曼蒂克，令人觉得柔和、天真、可爱
橙色	易使人联想到金色的秋天，丰硕的果实，是一种富足的、快乐而幸福的色彩。橙色注目性高，是警戒色。温暖感大于红色，易疲劳
黄色	黄色是亮度最高的色，给人光明及丰收感，象征着智慧、财富和权利，它是高贵、骄傲的色彩，为古代帝王专用色 柠檬黄色显得温柔、明快，富有朝气，令人觉得轻松
绿色	养眼，使人想到春天、健康、安宁、和平和智慧
绿色	嫩绿色——淡雅、简朴，显得清新、自然 深橄榄绿——显得稳重、沉着而典雅
蓝色	最有层次感，易使人联想到博大、深沉、纯洁、理智、准确和悠久，负面则是冷淡、阴郁和贫寒
	淡蓝色——朴素、爽快，给人清澈、舒爽之感
紫色	神秘、高贵和变幻，负面则是忧郁和消沉
白色	具有纯洁、清白、朴素、高级、科技的意象。负面为悲哀、冷酷
黑色	具有坚实、含蓄、肃穆、庄严、高贵、稳重和科技的意象，负面为黑暗、罪恶
灰色	具有朴素、平凡、柔和和高雅的意象，负面为空虚、沉闷、忧郁、绝望、呆板和僵硬

色彩的表情在更多的情况下是通过对比来表达的，有时色彩的对比五彩斑斓、耀眼夺目，显得华丽；有时对比在纯度上含蓄、明度上稳重，又显得朴实无华。创造什么样的色彩才能表达所需要的感情，完全依赖于自己的感觉、经验以及想象力，没有什么固定的格式。

2. 色彩属性

不论任何色彩，皆具备三个重要的基本性质，即色相、明度、彩度，一般称为色彩三要素或色彩三属性。

（1）色相。色相是色彩的相貌，也就是色彩的名字，就如同人的姓名一般，用来辨别不同的色彩。

（2）明度。明度就是色彩的明暗强度。光线强时，感觉比较亮；光线弱时，感觉比较暗。明度高是指色彩较明亮，明度低，就是指色彩较灰暗。

（3）彩度。彩度是指色彩的纯度。通常以同色名的纯色所占的比例来分辨彩度的高低。纯色比例高为彩度高，纯色比例低为彩度低。在色彩鲜艳状况下，我们通常很容易感觉高彩度，但有时不易作出正确的判断，因为容易受到明度的影响，譬如大家最容易误会的是，黑白灰是属于无彩度的，他们只有明度。

3. 色彩分类

在我们的设计中往往按照色彩的面积和重点程度来分类，大致可以分为三大部分。

（1）背景色。背景色是建筑装饰中作为大面积的色彩，如地板、墙面、天花和大面积隔断等的颜色，对其他建筑装饰物件起衬托作用。背景色决定了整个房间的色彩基调。

（2）主体色。主体色主要是大型家具和一些大型陈设所形成的大面积的色块。在建筑装饰色彩设计中较有分量，如沙发、衣柜、桌面和大型雕塑或装饰品等。

（3）点缀色。往往作为建筑装饰重点进行装饰和点缀。它面积小，但作用大。在空间中非常醒目，如灯具、织物、艺术品和其他软装饰的颜色。点缀色常常选用与背景色形成对比的颜色，点缀色如果运用得当，可以创造戏剧化的效果。

背景色、主体色、点缀色三者之间的色彩关系决不是孤立的、固定的，如果机械地理解和处理，必然千篇一律，变得单调。换句话说，既要有明确的图底关系、层次关系和视觉中心，但又不刻板、僵化，才能达到丰富多彩。

知识链接5.2.2 色彩的基本原则

1. 色彩要服从功能要求

建筑装饰色彩应满足物质和精神两重功能要求，其目的让人们感到舒适与愉悦。首先应认真分析每一空间的特点和使用性质，如儿童居室与起居室、老年人的居室与新婚夫妇的居室，由于使用对象不同或使用功能有明显区别，其色彩设计就必须有所区别。

2. 力求符合空间构图需要

建筑装饰色彩配置必须符合空间构图原则，充分发挥建筑装饰色彩对空间的美化作用，正确处理协调和对比、统一与变化、主体与背景的关系。在建筑装饰色彩设计时，首先要定好空间色彩的主色调。主色调在建筑装饰气氛中起主导和润色、陪衬、烘托的作用。形成建筑装饰色彩主色调的因素很多，主要有建筑装饰色彩的明度、色度、纯度和对比度。其次要处理好统一与变化的关系。为了取得统一又有变化的效果，大面积的色块不宜采用过分鲜艳的色彩，小面积的色块可适当提高色彩的明度和纯度。此外，建筑装饰色彩设计要体现稳定感、韵律感和节奏感。为了达到空间色彩的稳定感，常采用上轻下重的色彩关系。建筑装饰色彩的起伏变化，应形成一定的韵律和节奏感，注重色彩的规律性，切忌杂乱无章。

3. 利用建筑装饰色彩，改善空间效果

充分利用色彩的物理性能和色彩对人心理的影响，可在一定程度上改变空间尺度、

比例，分隔、渗透空间，改善空间效果。例如，居室空间过高时，可用近感色，减弱空旷感，提高亲切感；墙面过大时，宜采用收缩色；柱子过细时，宜用浅色；柱子过粗时，宜用深色，减弱笨粗之感。

4. 注意民族、地区和气候条件的不同

符合多数人的审美要求是建筑装饰设计基本规律，但对于不同民族来说，由于生活习惯、文化传统和历史沿革不同，其审美要求也不同。因此，建筑装饰设计时，既要掌握一般规律，又要了解不同民族、不同地理环境的特殊习惯和气候条件。

知识链接5.2.3　色彩的配色方法

建筑装饰设计的配色方法很多，在这里，介绍三种常见的配色方法。

1. 调子配色法

当两种或两种以上的色彩有秩序和谐地组织在一起，使人们感到心情愉悦时，这种配色就形成了调子。色彩学家根据色彩的三要素的特征给人的心理感受，发现了使色彩和谐的规律，形成了调子配色法。常见方法为：选用某一色彩作为整个房间的基色调，其他物体的色彩与之形成一致的倾向，并在色相、明度或纯度上作变化。例如：主色调与基色调相类似，选纯度更高一些的色彩作为强调色，或选用与基色调的对比色来做点缀色，来增添空间气氛。调子配色法主要有以下几种：

（1）浅色调。浅色调是十分雅致的调子。空间中的一切都是浅浅的，粉红、鹅黄、婴儿黄……这些色彩汇集在一起形成柔软温和的世界。浅色调不等于建筑装饰空间中所有的色彩都是浅色，那样的话会使得空间苍白无力。常见的配色方式是：以浅色调为背景色，主体色取同色相，但略增加纯度以强调色相的特征，如能加上一些低明度点缀色会更增加空间的层次感。如图5-20所示。相对来说，浅色调由于色彩关系不强烈，适合人们较长时间停留的空间。在浅色调中，黄色系列个性最强，因为各色相的高纯度色大多在中等明度左右，而唯独黄色是高明度纯色。浅色调的极致是白色调。

● 图5-20　雅致的浅色调设计

● 图5-21　中国传统的厅堂，暗红的深色调处理

（2）深色调。深色调虽然有迟缓、凝重和压抑的感觉，但它却是最酷的色调，这些沉重的色彩是奢华和财富的象征。因此，不少表现古典风格或象征地位财富的建筑装饰设计都选用了深色调，如图5-21所示的中国传统的厅堂。与此相反，一些极其现代的空间也可以用深色调。例

如全黑的房子让人失去界面感，地、墙、顶连成了一片，人们仿佛站在一个可以随时翻转的漆黑盒子中。无极的特征赋予深色调强烈的个性，这一点特别为反叛的年轻人所喜爱。深色调的配色可以选用中明度的一些纯度作为点缀，其他色彩几乎没有力量与黑色抗衡。在那个空间中，黑暗压倒一切。深色调特别适合表现光与色，也可用于博物馆、美术馆等建筑空间表现。

（3）鲜色调。鲜色调是极具戏剧性的色彩。高纯度使色感达到极致，显现出鲜明的性格特征，它是唯一能把各色相的个性发挥到极致的色调组合，并非所有的色相都可以形成鲜色调。通常所指的鲜色调其实是指位于中等明度的几个色相——常见的是红、绿、橙、蓝和这些色相之间的那些复色。做鲜色调组合时，需要控制明度差，因为大明度差会削弱人们对色相的印象。

鲜色调适合商业空间的表现。鲜色调极易给人留下深刻印象，强烈的色感可以刺激人们的消费欲望。例如：肯德基的红色，麦当劳的红底黄图，柯达彩扩的橙色，富士胶卷的绿色……鲜色调的配合往往由某一色相作为主导，配以无彩色或其他有彩色。单一色配无彩色是比较容易掌握的组合，主导色的特征十分清晰明了。当鲜色调加入其他有彩色时，色彩的关系就变得微妙起来。比如在以红色调为主的鲜色调中，加入其他色可能会影响最终效果。一般来说，红调配以暖色会加强温暖感，若配冷色就需十分小心；红调配蓝色时宜用偏紫的蓝色系列；配绿色宜用低纯度、低彩度的深绿色，紫色因为有红的成分所以比较易与红色搭配。如图5-22所示。

● 图5-22　杭州金碧辉煌酒店鲜色调的设计

（4）灰色调。灰色调是现代主义设计师的宠儿。素混凝土、不锈钢、裸露的石板……一切都是朴素而本我的。现代主义者认为：只有材料的质朴、抑制的色彩、摒弃的装饰才能最好地衬托出空间本身的美，才能追求最合理的功能实现。因此，他们特意留下混凝土脱模后的毛面和支架孔洞，没有任何表面处理，如图5-23所示。在安藤忠雄的事务所，扑面而来的就是素面混凝土墙面。建筑的内部与外部一样质朴，地面是本色地板，露出浅色的纹理，巨大的落地窗只是简单的钢框和全透明的平板玻璃，即使家具也是灰色布艺配木框架。整个空间空旷、开阔、无装饰，让空间自己说话。

● 图5-23　“清水混凝土诗人”安藤忠雄设计的光之教堂内景的灰色调设计

以朴素的灰色调作背景可以很好地衬托展示物品，灰色调较多用于商业空间、美术馆等场所。灰色调的建筑装

● 图5-24　客厅冷色调的设计

饰比较强调材质的质感肌理。虽然只是灰灰的一片，但不同的材料会使同种材料的不同层面处理都能在光的巧妙照射下精彩演绎；或粗糙，或细腻，或平滑，或喑哑，或细实，或疏松……因此有人又称之为视触觉的艺术。

灰色调不宜加入大面积纯色点缀，如果一定要配有彩色，则以绿色植物和各种天然木色为佳。如果担心灰色调会太平淡无味，可以增加明度对比，丰富空间层次。

（5）冷色调。冷色调散发着理性的光辉。蓝色是最冷的色相，靠近它的绿色、紫色都表现出冷色的特征。冷色使人沉静，心跳减速，血压下降，可以镇静宁神，还可以造成视觉认识的一种错觉，即有扩张和后退感。冷色调给人带来的是寒冷、清爽、空旷之感。因此小房间就可以利用冷色调来增加视觉上的空旷感，如图5-24所示。

冷色与金属相配十分讨巧，也许是触觉上有共通之感，无论是金、银、铜、铝都可以与冷色配合良好。金属色在冷色调中闪着幽幽的寒光，金色更灿烂，银色更清冷，如果降低冷色的明度，与金属色形成明度对比，金属色会更加出彩，特具光感。

（6）暖色调。暖色调使人产生温暖感。红色、橙色、黄色和它们相邻色都是暖色家族的成员。这些颜色使人感到兴奋，甚至心跳加速，血压增高，能诱发人们热情、刺激、冲动、喜庆、欢乐等情绪。生活在寒带地区的人们喜欢用暖色调建造装修房子。有实验表明，人在暖色调的房间比在冷色调的房间中，主观温度感受可以偏差3～4℃。因此，在寒带的住宅中你可以找到砖红的墙面、樱桃木色的墙裙、红棕色的皮革和各种有着暗红、橙褐、咖啡色、赭石相配的纺织品。暖色调也是中餐厅最常见的色调，它能更好地衬托热气腾腾的食物，让人吃起来分外的可口香甜。如图5-25所示橙色调的餐厅，使人食欲倍增。另外暖色调还有一个特点，就是暖色比冷色要显得更饱满、更丰富，甚至更具装饰感。由于暖色还能给人以光感，这就会使得阴暗的房间变得明亮。暖色调的配合除了暖色与暖色搭配外，适当地加入一些无彩色或低纯度的冷色也能起到好的作用。这种情况正如甜食吃多了，味觉会产生疲劳，需适当地喝点白开水或佐以少量咸品，让味蕾恢复对甜的敏感。视觉也会有相似的惰性现象。

（7）无彩色调。无彩色调中只有黑色、白色与深深浅浅的灰色。在这个配色组合中，常见的方案是以白色为基调占据大多数面积，黑色作为主体色，点出主题，其他配

● 图5-25 温馨的餐厅暖色调设计

● 图5-26 无彩色系黑、白与灰的服装专卖店设计

饰中可以出现一些低纯度的复色，复色也可以通过有色彩倾向的灰来形成效果。由于无彩色调比较朴素，要恰当增加明度对比，否则会趋于平淡乃至单调。无彩色调是抽象化的场景，是自然界所没有的。因此，它表现出更多的人工化的痕迹。无彩色调是大都市的色调，是灯红酒绿的最好背景，它与自然色形成对立，它因不食人间烟火而显得高傲冷漠。如图5-26所示无彩色调的服装专卖店。

无彩色调也广泛用于大型公共场所，如行政机构、各种展馆、宾馆大楼等。它显示出大型空间的恢宏、开阔和气势，同时为这些空间提供了素色的背景。这种背景可以衬托不同的装饰和雕塑，特别是那些带有中庭的大型商场，纵贯几层楼的巨大空中雕塑需要无彩色调的背景。这类商业空间还可以随着季节或商业活动的需要，经常更换装饰和雕塑。

在无彩色调中加入有彩色的方法有两种。其一，以低纯度色彩加入，这种情况下可以加入的面积大一些，但要注意加入的色彩倾向需统一，不可庞杂，如淡蓝配淡紫色；其二，小面积的纯色点缀，可以在几处加入同一色作点缀，一般面积不宜过大，色相宜相同或近似。当然在无彩色调中加入插花或盆栽植物也是可以的。不过要注意控制色相的种类、面积，以免影响整体的素雅。

2. 对比色配色法

与调子配色法相同，色彩组织也是具有某种秩序，但它们的关系表现为对比而非协调一致。对比关系有以下方式。

（1）明度对比。明度对比最善于表达空间感和层次感。其配色关键在于明度级差的确定。一般来说，一个方案中应同时有白色和黑色，而且其中之一必定是空间中的背景色。经典的明度对比空间常以白色为主要色彩，大部分界面、主要家具、隔断都是白色。因为白色在光的照射下可以依据物体的形状产生许多光影层次，无异于形成了许多深深浅浅的灰色。反之，黑色吸光，产生的灰调层次少，空间会沉闷空洞。在这大面积的白色中，选择几件重要的物体用上黑色，它们可以是全黑，也可以是黑白相间的图形、图案，这样就形成了黑与白强烈对比的戏剧性的视觉震撼。明朗的黑白配效果应用在中式风格的设计中也十分成功。白色的墙面成为各种深色家具的背景，家具的造型多为框架结构。桌腿、椅脚、架框都是坚挺的墨色线条，露出后面大块的墙面空白，形成具有书法韵味的黑白关系，清朗悦人。在明度对比中，可以酌情配入其他色彩，甚至加入纯色都没有关系。由于黑白对比是所有对比关系中最强烈的，其他配色只要面积不过分大，一般都不太会影响主调。

（2）纯度对比。鲜灰对比是纯度关系的对比。通常有三种类型。

1）同一色的鲜灰对比。呈现出强烈而单一的色彩个性。如红色和深红、粉红色相配合，这种色彩组合所表现出来的色彩主题来自于各色相的表现，可以形成鲜明的色彩印象。

2）鲜色与无彩色对比。如以无彩色为背景，对一些大型家具和墙面施以某一高纯度的主体色，形成该色的主题系列。通常还会选一些小面积的物体作同色的点缀色。

3）鲜色与不同色相的低纯度色对比。如以红色为主调，面积大、纯度高；辅助色可以是绿色，但需纯度低，面积适中，这种色彩组合会形成更有趣的色彩效果。由于绿色的映衬，会使得红色的色感增加，并使之更为鲜艳。

这三种类型各有特点。第一种和谐一致，主题鲜明，设计师容易掌握；第二种类型的风格爽快、明朗，在大面积的无彩色的背景中，主题色显得肯定，较易形成视觉冲击力，也是一种简易可行而又效果不错的配色方案，如图5-27所示。第三种则在反衬中求得突出，需要设计师对配色的比例、浓淡等方面有更高的造诣，其最终效果也会形成既有冲突、又互相关联的微妙关系。

鲜灰对比的设计方案中最关键之处在于鲜色的比例。一般来说，越是供人长时间停留的空间，鲜色的面积越不宜过大，鲜灰的关系可以丰富、多样化一些，否则会引起

图5-27 充分利用软装饰在灰色背景上添置一笔亮丽色彩

视觉疲劳。反之，在一些交通流量大、人行快捷的空间，用大面积鲜色立即可以形成视觉中心，引起人群的关注。这种手法常见于公共建筑的门厅、中庭、交通空间等。

（3）冷暖对比。冷暖对比是色感最佳的色彩组合。按照传统色彩专家的理论，人的视觉在看到全色相（从红到紫各色相的成分都有）的色彩组合后，才达到平衡而产生愉悦，冷暖对比能近似满足这种需求。正如中国传统象征符号的阴阳鱼，两极相斥又相辅，从而达到平衡。

冷暖对比能形成有趣的空间效果。由于冷色有后退感，暖色有前进感。因此，如果在同一平面上施以冷色和暖色就可以形成丰富的层次感，使平面有着一种立体效果。加之暖色热烈扩张，冷色寒冷收缩，视触觉、空间感、面积感都在矛盾对比中产生许多微妙的关联，使得冷暖对比更加富有魅力。如图5–28所示。

● 图5–28　冷暖对比使得暖色更暖，冷色更冷

冷暖对比适合于许多类型的空间，餐厅、宾馆、娱乐厅甚至住宅。由于冷暖对比是一种丰富的色彩关系，比较适合人们的长时间停留，仔细玩味。如以餐饮为例，冷暖对比适合于正式餐厅。如果用于快餐厅，建议用简单明确的色块，并配以大量的白色之类的无彩色。这样被简化后的色彩关系，使人们可以在短时间内识别、欣赏。

冷暖对比的配合较适合于中等明度的色调。因为只有在这一明度段时，大多数冷色和暖色才能以较高纯度“发挥正常”，展现较真实而明确的特征。在高明度的浅色调中，除了黄色，其他色彩的冷暖属性都会变化，暖色会发冷，冷色会变暖。与之相似，低明度的深色调，色相的冷暖特征也会发生改变。

（4）互补色对比。互补色是指位于色相环上直接相对的两个色相，互补色相混合就呈现中性深灰，也就是说两种互补色叠加在一起就可以得到全色光谱。互补色在视觉和大脑中产生一种完全平衡的状态，即眼睛需要看的完整东西，这种现象叫眼睛的视觉生理平衡。这样一来，两者并置时会加强对方的色感，如蓝橙对比时，橙色会越橙，蓝色会越蓝。

互补色对比相对于其他对比，效果更强烈、更丰富、更完美、更有刺激，是最强烈的对比。由于互补色之间能形成视觉生理平衡。因此，两者之间的关系是既对立又相互补充。但如应用不当，特别是当两者的纯度都很高，面积大小又相仿时，可能会产生过分刺激而引起冲突。在这里介绍一些设计技巧帮助调整色彩关系。

1）以某一色相为基调，提高纯度，占据主导物体，同时将它的互补色降低纯度，居于次要位置。

2）将大面积颜色施以低纯度的色彩，可以是一种色彩，也可以是两种互补色相都有，高纯度色占据较小面积，作为点睛之笔。

3）当两色相都比较鲜艳时，以大量的无色彩配入，特别是当两互补色以都无彩色勾勒边缘而不直接接触时效果更佳。这种情况会使色相的纯度增高，且有光感。这种手法广泛应用于中世纪的教堂，那些镶嵌在铁艺中的彩色玻璃画正是运用了这一技巧。

4）使两色中你中有我，我中有你。如在红色块中加入小面积绿色，而在绿色块中点缀小块红色。这种配色会产生强烈的对比，极富装饰感。

互补色对比常见的有三种配对：红—绿，蓝—橙，黄—紫。它们之中，以红绿对比色感最强。由于红、绿色都是在中明度域纯度最强，它们之间的互补对比不受明度对比的干扰，可以纯粹而鲜明，蓝橙对比的冷暖感最强，两者都近乎于两极，黄紫对比相对较弱，强烈的明度反差使它们的明度对比关系强于色相对比关系，反而削弱了色感。

3. 风格配色法

我们有幸生活在一个多元化的时代，在这个时代，各种风格粉墨登场，各显其能。运用历史上或现在人们达成共识的一些风格中的色彩组合来主导建筑装饰色彩设计，并以此带来类似的联想，形成气氛，我们称之为风格配色法。他不仅需要设计师更多的色彩阅历和深厚的设计底蕴，也同样需要有相似文化基础的受众才能阅读、理解和欣赏。

● 图5–29　现代简约风格的设计

（1）现代简约风格的配色。它的色调以白色居多，室内朴实无华，简洁明确。但它并不仅仅停留在简化装饰、选用白色的表面处理上，而是具有更为深层的构思内涵。通常设计师会运用借景的手法，让我们可以透过门窗看见变化着的室外景物，会以室内的素雅洁净来衬托外部的丰富。另外，简约风格的案例大多充分发挥了材质和空间变化之美。如图5–29所示，IADC涞澳设计公司办公室，一个纯白的禅意空间，以极其洗练的设计风格，渗透着“此时无声胜有声”的哲理，透露着至纯至真的理想主义气质。

（2）中式风格的配色。新中式风格在设计上继承某一时期的中式建筑装饰风格，将其中的经典元素提炼并加以丰富。它不再遵循原有的中国式的等级、尊卑等观念，常以现代式布局组织空间。它的色彩风格清朗而略有庄重，注重品质而少有雕饰，构筑了新中式风格独特魅力。家具颜色多以仿花梨木和紫檀色为主，配合以白墙、青砖。也有仿苏州园林用色，白墙、黑瓦、灰色的假山、赤柱、绿树、碧水、翠竹、蓝天。也有采用现代西式色调，以明度对比为主，顶、墙清一色白色为背景，衬托家具深色的硬线条，有着书法的笔墨关系和国画的疏密气韵。新中式风格现在已成为国内建筑装饰设计界的新贵，特别为富裕阶层和文人、艺术家所钟爱，也比较适合殷实的中年和沉稳的老人口味。如图5-30所示，杭州的某茶馆，室内的陈设感受是中国古典的，而空间布置却是现代的，别具韵味和意境，演绎着新中式风格独特的魅力。

（3）西方古典风格的配色。西方古典风格的词语颇为丰富，有巴洛克风格的华丽、动感；洛可可风格的唯美、亮丽；古罗马的稳健、中正。其色彩大多金碧辉煌，黄橙、金粉都能显出光感，红棕色的木纹彰显雍容，白色大理石去纹演绎优雅的华彩，蜿蜒盘旋的金丝银和青铜古器闪闪发亮。古典风格更适合在较大空间中运用，形成恢宏的气势，而不适合小或低矮的房间。如图5-31所示，国外某酒店大堂用现代的材料与陈设布置来演绎西方古典辉煌的风采。运用古典风格最可显示尊贵、富豪的生活态势，颇受城市富人的青睐。

图5-30　新中式风格的设计

图5-31　西方古典风格的设计

（4）自然风格的配色。自然风格摒弃繁琐和奢华，强调生活的舒适和自由，提倡回归自然。这种风格往往以拙朴的家具、怀旧的配饰、原木地板、素雅的竹帘木器、各种乡村的碎花棉布等组成自然宜人的空间。色调以绿色、土褐色最为常见；材料多用木、织物、藤、竹、麻和石等自然材料，并显示材料的天然纹理。家居空间的客厅，用怀旧的家具、乡土气息浓郁的饰品，传统的色彩，表达着强烈的崇尚田园生活的追求，如图5-32所示。

（5）雅致风格的配色。雅致风格既有欧式古典的浪漫，又有现代主义的干练。它是细腻、精致的生活，是对人文情怀的向往。其空间有着现代风格的布局，而在审美情趣上却接近新古典。它强调比例和色彩的和谐，用色淡雅、恬静，没有强烈的对比、浓重的色感和喧闹的配色。材料的选择特别注意与颜色的和谐和对材料雅致的肌理效果的展示。如图5-33所示。

（6）前卫风格的配色。随着20世纪80年代人的逐渐成熟以及新新人类的兴起，前卫风格，以出人意料的形式感，颠覆传统的审美冲击力在设计界异军突起。它提倡

● 图5-32 自然风格的设计

● 图5-33 雅致风格的设计

● 图5-34 前卫风格的设计

● 图5-35 混合型风格的设计

个性张扬、自我表现，常常大刀阔斧地解构空间，用色鲜明，对比强烈，选材不墨守成规。在前卫风格的例子中，有的敢于用一种鲜色统治所有空间，个性张扬；有的将不同的纯色占领几大块墙面形成火拼，喧闹异常；有的全黑到底，生成无界面、无空间向量的耍酷阵地；有的对材料反传统用色，形成视觉与触感的冲突，夺人耳目。前卫风格是一种超现实的平衡，是对传统审美观念、正规设计理念的宣言。如图5-34所示的香港中艺DJS缀饰店，购物空间演绎为一颗 "宝石" 。前卫的设计，较好地表现了翡翠、钻石珠宝玲珑剔透的自然本色之美。

（7）混合型风格的配色。在后现代之后，我们找到混合型风格。这是设计多元化的一种表现。它不再像后现代那样，批判现代风格中的纯理性主义倾向，它也不像新古典主义那样崇尚传统。它既趋于现代实用，又吸取传统的特征。混合型风格是典型的拿来主义，它会在现代的沙发后面放一块传统的屏风，在现代风格的让窗上装饰以古典的花纹，把欧式古典的琉璃灯具置于东方风情的茶几上等。混合型风格的设计中不拘一格，运用多种手法，兼容各色风格、主义，以求在空间、色彩、材质等方面总体达到和谐。因此，它的色彩设计无一定论，不过总的来说是繁复多于简约，对比多于统一。如图5-35所示书房，该书房陈设中外交融、现代与古典相结合，体现出混合风格的设计思想。

综上所述，色彩是建筑装饰设计中一个重要的设计要素，是最容易"出彩"的设计手段。要设计出完美的建筑装饰色彩设计，必须充分了解建筑物的性质、空间的功能要求、使用者的性格特征与情趣爱好，完全懂得色彩组合的方法，有较高的色彩修养和技巧。让我们与色彩对话，激发我们创作的灵性，创造美好空间，去感受生活的五彩缤纷。

[学习情景] 5.3 肌理

知识链接5.3.1 肌理要素

肌理既是指材质自身的纹理、色彩的视觉形象，也是指材质凹凸、软硬、粗细、轻重等触觉感受，是构成建筑装饰环境美的重要因素。它还兼有重要的实用功能，地面材质的光滑度、软硬度直接影响着人们行走的便捷、舒适、安全和清扫的难易；墙面、天花板材料的粗细度，直接影响着建筑装饰光线的发射和灰尘的积存；一系列与人体直接接触的桌面、台面、椅面、沙发套、床罩等家具用品和纺织品都需要考虑人体接触的舒适度和使用效率。在满足实用功能的同时，肌理如同色彩一样，在建筑装饰环境美的构成中显现出极大的艺术表现力。不同形态的材料肌理，具有不同的审美品格和个性。有的肌理粗犷、坚实、厚重、刚劲，有的肌理细腻、轻盈、柔和、通透。即使是同一种类型的材料，不同的品种也表现出不同的微妙的肌理变化，如不同树种的木材，就有细纹、粗纹、直木纹、角木纹、不规则木纹、波纹木纹、螺旋纹木纹、交错木纹等千变万化的肌理表现。这些肌理对于建筑装饰空间美的营造，对建筑装饰格调趣味的渲染，对建筑装饰文化品格、时代气氛的展现等，都具有很大的作用。

建筑装饰环境是众多材料不同肌理的组合，处理的好，能充分发挥材料组合的正效应，取得诸如豪华、高贵、雅致、朴素、秀丽、爽洁、平和等具有特色的视觉美感；相反，处理不当或者滥用、错用，则会产生肌理组合的负效应，形成诸如低级、轻浮、简陋、俗气、做作、浅薄等一系列弊病。由于现代建筑材料和建筑装饰装修材料的迅猛发展，各种富有特色肌理的材料越来越丰富，其在环境设计中的重要性也越来越受到广泛的重视。

从建筑装饰设计的角度，涉及以下几组有关肌理的概念。

1. 一次肌理和二次肌理

通常认为肌理就是材料的质感，这种认识有失偏颇，实际上肌理存在着“一次肌理”和“二次肌理”两个层次。一次肌理可以说就是材料的质感，是基于天然材料自身的组织结构经过人为组织设计而形成的一种表面材质效果。如木材、石材、金属、陶瓷、玻璃、皮革、纺织品等所呈现的不同表面纹理、颗粒、粗细度、软硬度和透明度等。建筑装饰设计所用的材料，大多数以一次肌理展现。但是，像马赛克、瓷砖、砖石、木地板块等“块材”，在建筑装饰大片的墙面、地面上，往往通过接缝拼合形成新的纹理，某些大面积的建筑装饰构件，也可能在表面进一步加工出新的起伏、框格或者其他浮雕纹饰，当这些接缝纹理、起伏框格和浮雕纹饰达到相当程度的组织密度时，就会呈现另一层次的“肌理”效果。这种肌理就是所谓的二次肌理，如图5-36～图5-39所示。二次肌理严格意义上说

● 图5-36　二次肌理

● 图5-37　二次肌理

● 图5-38　二次肌理

● 图5-39　二次肌理

● 图5-40 近观肌理

● 图5-41 远观肌理

不等同于材料的质感。显然，二次肌理也具有很强的表现力，在现代建筑装饰环境设计中发挥着重要作用。

2. 视觉肌理和触觉肌理

材料肌理涉及色彩、光泽、凹凸、纹理、弹性、冷暖、粗细、软硬、轻重、透明与不透明等一系列因子。人对肌理诸多因子的知觉，有的直接由视觉感受，如纹理、光泽、透明度等，称为视觉肌理；通过触觉感受的，如凹凸、粗细、软硬、弹性、光滑等，称为触觉肌理。由于人类长期触摸感的经验积累，大部分触觉肌理已经转化成由视觉直接感知。因此，建筑装饰材料的触觉肌理和视觉肌理一样，参与视觉形象的综合构成，成为建筑装饰景观的构成因子，需要满足视觉美感的要求。其中，一部分材料经常与人体接触，如家具材料、沙发面料、床罩、地毯等，同时还要满足触觉的舒适度的要求。

3. 近观肌理和远观肌理

肌理的观察效果与观察的距离有密切的关系。在近处能够清晰感受到质地效果，在远处观看时会变得模糊不清，有些嵌装的灰色大理石墙面，近看有天然纹理，十分高雅、精美，但在远处看过去，则很有可能类同于素混凝土的色质，完全失去大理石的形象。一些适合远看的肌理，假如移至小空间近距离观赏，也会产生质地过于粗糙的弊病。也使得空间尺度显得更狭小、拥挤，使得空间环境变得繁杂喧闹和浓重。所以，明确材料的近观肌理和远观肌理的不同机制，精心选择适合空间观赏距离的相应肌理，是十分重要的。当空间尺度相当大时，某些材料的取用要兼顾近观和远观肌理的双重要求。在这种情况下，采用“二次肌理”的做法，以材料自身质感的一次肌理满足近观肌理的要求，而以一定密度的砌块拼缝、饰面框格和其他浮雕纹饰作为二次肌理满足远观肌理的要求，常常可以取得良好的效果，如图5-40和图5-41所示。

知识链接5.3.2 肌理规律

建筑装饰环境是一个多种材质济济一堂的肌理组合体。如何处理好建筑装饰肌理的构成，大体上有以下几点值得注意的规律性手法。

1. 选用恰当的肌理组合形态

肌理组合的形态一般可分为三类，即同一肌理、相似肌理和对比肌理。

同一肌理的组合是指建筑装饰某一界面或某组家具，采用同一种肌理的配置方法，例如组合沙发全包以同一种织物或一列书柜的表面全采用木本色肌理。这种配置方法容易取得整洁、统一、大方、肃静等效果，避免零碎、杂乱的效果。

相似肌理的组合是指材料肌理在材质上的相近配置。例如，住宅卧室中的地毯、沙发面料、床罩、窗帘、靠垫构成大面积的纺织品质地系列，既有纺织品材质宏观上柔软的共同特点，又呈现出质纹上的细微变化，如图5-42所示。

对比肌理的组合是指两种或几种性格截然不同的材质搭配使用的方法。例如，温和的木材肌理和厚重粗糙的石材的搭配。它们互不包含对方的因素，在相互衬托、强烈对照中显得分外生动、活跃和富有变换的动感，如图5-43所示。

以上三种形态的肌理组合，应用时要根据场合环境、空间性质、形体尺度、施用部位和设计意图等的不同，慎重而灵活地加以选择搭配。建筑装饰环境构成的构件和设施种类繁多，整体势必形成繁杂肌理的组合，正如密斯·凡·德罗所说：“由材料通过功能到创造的冗长过程，只有一个单纯的目标——从极度杂乱之中寻求秩序。”善于运用部件层次的同一肌理和整体构成的对比肌理以及相似肌理的中介过渡，是取得建筑装饰环境整体协调的重要途径。

● 图5-42　相似肌理的组合

● 图5-43　对比肌理的组合

2. 强质材料与弱质材料的混合使用

粗犷的、闪亮的、纹理鲜明或凹凸对比强烈的肌理，比较抢眼，容易引人注目，这种材料称为强质材料。强质材料如果再和高纯度的强烈色彩搭配则更具有强调的作用。柔软、平滑、无光的肌理比较朴素、平实，具有隐约、后退的品格，称为弱质材料。弱质材料具有抑制的作用，弱质材料如果再和低纯度色彩搭配更容易取得协调效果。建筑装饰环境中强质材料与弱质材料多采用混搭的形式，根据不同性质的空间、不同的构成，把握不同的强弱配合比，有助于处理好空间层次和主从关系，使建筑装饰景物的主体与客体相辅相成，既不过分喧闹，也不过分沉寂，以塑造不同的环境趣味。

3. 尊重肌理运用的心理习惯

人类对自然界的肌理有着一定的认知趋同性和心理消费习惯。例如，对天然材料会感到亲切、自然和环保。木材给人以温和感，藤、麻给人以放松感，粗糙的石头给人以厚重感，玻璃和不锈钢给人以现代感……因此，我们要充分顾及这一点，要尊重人们对肌理感受的习惯心理。

建筑装饰环境中的材料分布存在着功能性和技术性的

图5-44　石头、不锈钢硬质材料与玻璃、纺织品弱质材料的对比

图5-45　利用熠熠闪光的金色佛像作为其他材质的点睛肌理

制约，形成材质分类上的某些规律。例如，石材多用于墙面、地面，一般不用于天花饰面。在肌理构成中我们也应注意尊重这种肌理分布的适应性。为了取得新颖的建筑装饰环境，可以突破肌理的某些陈旧的惯用模式，但是创新的肌理构成不应违背材质构成的功能性和技术性，才能真正符合肌理的审美心理。

4. 利用光泽作为点睛肌理

建筑装饰环境的肌理组合中需要通过某种肌理的点睛作用来丰富表现力。通过采用“光泽肌理”作为建筑装饰的强调肌理。金属、玻璃、镜面玻璃和水晶制品等对光反射强烈，是具有不同表情的光泽肌理，它广泛应用于各类建筑的建筑装饰环境。

金、银、铜、铝合金和不锈钢等金属，就其色彩大体可分为金色和银色两类光泽。金色是华贵、富丽的表现，金色光泽辉煌明亮，对人的视觉有强烈的诱惑，与暗色调的材料共同使用时，更能呈现出动人的效果。例如，建筑装饰设计中肌理的强调在造型形态、部位选择等方面应做理性的通盘考虑，使艺术语言的表达恰当，如图5-45所示。

5. 注意肌理与形、光和色的有机配合

建筑环境的肌理景观是肌理与形、光和色共振的效果。因此，肌理的运用与表现还需要与建筑空间、物体造型、光线和色彩有机配合，以使作品更趋完美。

建筑空间界面、构件、家具和陈设等不同形态的物体表面均以某种肌理表现出来，肌理的类型、变化和分隔等的选择处理，直接影响造型的表达，特别是某一物体须配置两种或两种以上不同肌理时更须谨慎。不当的肌理变化，会歪曲物体的造型或破坏造型的完整性。例如，同一平面上的肌理变化，最好能配合造型的凹凸变化，否则极其容易形成打补丁的不优美视觉感。

建筑装饰环境中无论强光、弱光、直射光、反射光、逆光、侧光都有助于肌理的表现。不同肌理通过不同光线的照射会产生各种形态的光影，应用得巧妙有助于完美地展示肌理美感，丰富空间、界面的戏剧性效果。

为避免眩光对视觉的干扰，建筑装饰大部分物体表面的肌理，以选择无光或哑光的较为合理和舒适。

材料是色彩的载体，色彩不能游离材料而存在。色彩有衬托肌理的作用。例如，粗糙的灰色石头与鲜红色的织物，相互映衬下比独立状态时更为优美。不同明度的色彩，其衬托肌理的作用也不尽相同，高明度色具有清晰展

示肌理的特点，而低明度色具有隐蔽肌理的特点。例如，同一肌理的物品，选用暗色，肌理往往隐约、模糊；选用浅亮的颜色，表面肌理则明晰。此外，由不同颜色的细小面积构成的大块墙面，会产生同化作用，为使某一造型能鲜明地显示出来，彩色的面积须大到一定程度。由于不同颜色物体在并置、重叠、相互包围等不同状态下会产生明度对比、彩度对比、面积效应以及色彩的相互反射等现象，故前面所述这些在选择肌理色彩时都是不可忽视的。

思考题：

1. 建筑装饰设计的形态意义表现在哪些方面？
2. 建筑装饰设计中色彩要素处理原则是什么？
3. 简要分析材料肌理的特性。
4. 简谈餐饮类或文教办公类建筑装饰色彩设计的特点。
5. 简谈色彩与空间、色彩与材质、色彩与光的关系问题。

实践作业：

1. 在本地街头拍摄20幅不同建筑的不同形态的照片，分析形态对建筑装饰设计的作用。
2. 选取家庭装饰2～3个空间进行色彩案例分析。
3. 选取2～3个建筑装饰空间进行肌理案例分析。

[学习领域] 6

建筑装饰设计的采光、照明、灯具

课程教学建议表

学习情景	[学习情景] 6.1 采光 知识链接6.1.1 光的特性与视觉效应 知识链接6.1.2 颜色的基本概念和材料的光学性质 知识链接6.1.3 采光方式与采光设计 [学习情景] 6.2 照明 知识链接6.2.1 视觉的基本特性 知识链接6.2.2 室内工作照明的方式 知识链接6.2.3 照明的效果 知识链接6.2.4 照明的设计标准和控制 [学习情景] 6.3 灯具 知识链接6.3.1 灯具的类型 知识链接6.3.2 灯具的选择 知识链接6.3.3 环境照明设计
知识要求	1. 了解建筑室内采光设计的原理 2. 掌握建筑照明与灯具设计的依据（重点） 3. 了解建筑照明与灯具布置设计的方法和程序
能力要求	1. 采光和照明原理的理解能力 2. 分析能力 3. 照度把握能力 4. 规范标准查阅能力 5. 室内采光与照明设计步骤把握能力 6. 灯具选择能力
实践项目	测量、参观、查找资料
教学场所	教室 + 图书馆+网络+典型建筑空间
教学方法	自学教材相关章节，然后完成下列教学任务 1. 检测训练室内采光设计能力 2. 上网或上图书馆查阅相关规范 3. 典型建筑空间内参观照明设计及灯具布置
作业要求	收集建筑采光与照明设计的相关标准和规范，并制作相关列表，表明法规标准名称，标准编号，发布和实施时间，发布部门，使用范围
教学评价	1. 相关概念正确，重点评价采光、照明、灯具知识掌握情况（20%） 2. 室内采光确定，重点评价照明设计、灯具选择能力（25%） 3. 对品牌公司的主要灯具的熟悉程度（20%） 3. 搜索、查阅相关规范和标准，重点评价收集资料的能力（20%） 4. 完成时间（5%）

良好的建筑光环境，是构成舒适、实用的室内外空间环境的必要条件。据统计，人类从外界得到的信息，大约有80%来自于光和视觉。良好的天然采光条件，可以保证建筑空间使用功能的实现，而人工照明既可以弥补天然采光的不足，还可以解决夜晚光环境效果的需要，同时适宜的灯具为营造良好的环境艺术氛围，也起到了一定的技术支持作用。

[学习情景] 6.1 采光

从人的视觉因素上来说，光决定了一切，没有了光也就没有了一切。在室内外环境设计当中，光的存在，不仅仅是单纯满足人们视觉功能的需要，更重要的是满足人们视觉审美上的需要。从功能上看，人们在进行生产、工作和学习时，良好的建筑采光和照明环境，可提高工作效率和产品质量，有利于安全和保护人的视力健康。从环境艺术的效果上来看，光和色彩是表现建筑空间、建筑造型和美化室内外环境的重要手段。设计师若能合理而巧妙的运用建筑光学的基本知识，可以在建筑空间的创作中，设计出意境非凡、艺术效果较好的作品来。因此，在现代建筑室内外空间的创作中，都把建筑光环境设计作为一个重要的组成部分。

知识链接6.1.1 光的特性与视觉效应

1. 光的特性

光是以电磁波形式传播的辐射能。波长为380~780nm的辐射是可见光，单位nm，称为纳米，也称毫微米（百万分之一米），1nm=10^{-9}m。

不同波长的光在视觉上形成不同的颜色，单色光是单一波长的光，如700nm的单色光呈现红色。复合光是由不同波长混合在一起的光。光的基本性质见表6-1。

人眼对不同波长的单色光敏感程度不同。在明亮环境中人眼对555nm的黄绿光最敏感。在较暗的环境中人眼对507nm的蓝绿光最敏感。人眼的这种特性用光谱光视效率曲线表示，见图6-1。

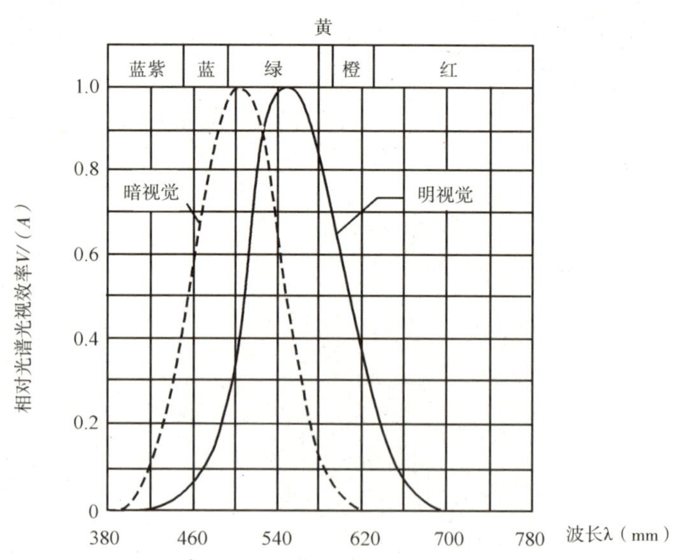

图6—1 可见光光谱光视效率曲线

2. 光的基本量

常用的光的基本量有光通量、发光强度、照度、亮度等。描述室内装饰材料的光度量有反射比（反射系数、反光系数、反射率），透射比（透光系数、透射系数、透射率）和吸收比（吸收系数、吸收率）。以上光基本量的定义、符号、单位和计算公式见表6-2。

表 6-1　　光的基本性质

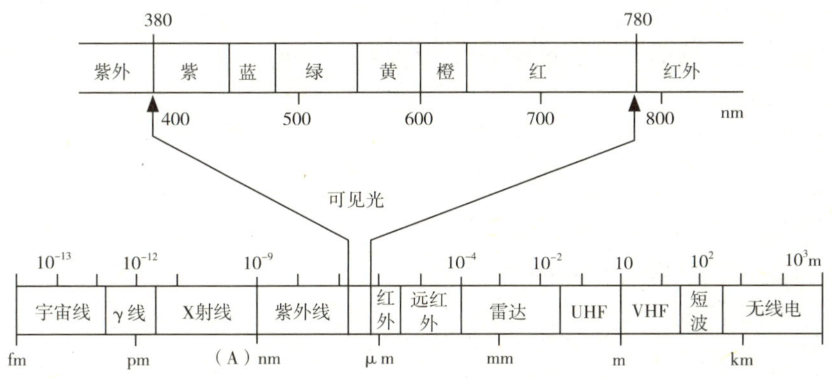

表 6-2　　光基本量的定义、符号、单位、公式

名 称	定 义	符号	单 位	计算公式
光通量	光源发出光的总量	Φ	流明（lm）	$\Phi=Km\int\Phi e(\lambda)V(\lambda)d\lambda$
发光强度	光源光通量在空间的分布密度	$L\alpha$	坎德拉（cd）	$L\alpha=d\Phi/d\Omega$
照度	被照面接受的光通量	E	勒克斯（lx）	$E=d\Omega/dA$
亮度	光源或被照面的明亮程度	$L\alpha$	坎德拉每平方米（cd/m^2），nt	$L\alpha=L\alpha/(A\cdot\cos\alpha)$
反射比	被照面反射光通量和入射光通量之比	ρ	无量纲	$\rho=\Phi p/\Phi$
透射比	被照面（物）透射光通量和入射光通量之比	τ	无量纲	$\tau=\Phi_\tau/\Phi$
吸收比	被照面（物）吸收光通量和入射光通量之比	α	无量纲	$\alpha=\Phi_\alpha/\Phi$

3. 几个常用数据

（1）1光瓦=683流明。

（2）40W白炽灯的光通量约为350lm，40W荧光灯光通量约为2200lm，比白炽灯高6倍多。

（3）夏季中午日光下，地平面上的照度可达10^5lx。40W白炽灯台灯下，桌面上平均照度约为200~300lx。

（4）40W白炽灯的平均光强为350/4π=28cd。加一个搪瓷罩后，正下方光强为70~80cd。

（5）$\rho+\tau+\alpha=1$。

（6）白乳胶漆表面反光系数为0.84，灰色水泥砂浆面为0.32。

（7）3mm普通玻璃透光系数为0.82，3mm磨砂玻璃透光系数为0.6。

（8）安装压花玻璃时压花面应朝外，安装磨砂玻璃时毛面朝内。

（9）太阳的亮度为$2\times10^{9}cd/m^{2}$，白炽灯丝的亮度为$3\times10^{6}\sim5\times10^{6}cd/m^{2}$，40W荧光灯的亮度为$6\times10^{3}\sim8\times10^{3}cd/m^{2}$。

知识链接6.1.2　颜色的基本概念和材料的光学性质

一、光源色和物体色

1. 光源色

（1）色温。当光源的颜色和一完全辐射体（黑体），在某一温度下发出的光色相同时，完全辐射体的温度就叫作光源的色温，符号Tc，单位为K（绝对温度）。色温影响室内的气氛。色温低，感觉温暖。色温高，感觉凉爽。一般色温＜3300K为暖色，3300K＜色温＜5300K为中间色，色温＞5300K为冷色。不同房间适用的色温见表6-3。

表 6-3　　光源的色表分组

色表分组	色表特征	相关色温（K）	适用场所举例
Ⅰ	暖色	＜3300	客房、卧室等
Ⅱ	中间色	3300～5300	办公室、阅览室等
Ⅲ	冷色	＞5300	高照度或白天要补充天然光的房间

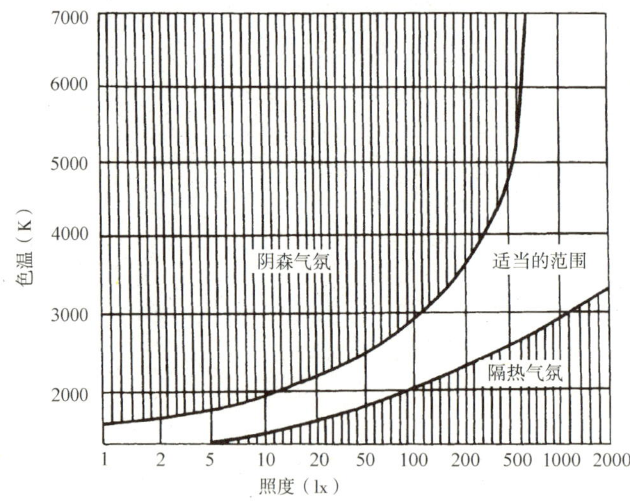

● 图6-2　照度、色温和室内空间气氛的关系

光源的色温应与照度相适应，随着照度增加，色温也要相应提高。否则，在低色温、高照度下，会使人感觉酷热难当。而在高色温、低照度下，又会使人感觉到阴森恐怖。照度、色温和室内空间气氛的关系见图6-2所示。

光的强度也会影响人对色彩的感觉，如红色的窗帘在强光下显得更鲜明。而弱光将使蓝色和绿色显得更突出。设计师应该有意识的利用不同色光的灯具，来调整空间的灯光照明效果。如在吊顶棚上采用嵌入式白炽灯（暖色）和高亮度搁栅荧光灯（中间色）相配合，可取得较好的混光照明效果。

40W的白炽灯色温为2700K，40W荧光灯色温为3000~7500K，普通高压钠灯为2000K，HID（高强度气体放电灯，如金属卤灯等）为4000~6000K，日光为5300～5800K。

（2）显色指数。物体在待测光源下的颜色和它在参照光源下颜色相比的符合程度叫作光源的显色指数，Ra为一般显色指数，Ri为特殊显色指数。普通照明光源用Ra作为显色性的评价指标。Ra的最大值为100，100~80为显色优良，79~50为显色一般，小于

50为显色较差。如500W白炽灯Ra为95~99，荧光灯为50~93，400W荧光高压汞灯为30~40，高压钠灯为20~25。不同光源的显色指数适用场所的情况见表6–4。

表 6–4　　光源显色指数分组与适用场所

显色指数分组	一般显色指数（Ra）	适用场所举例
Ⅰ	Ra≥80	客房、卧室、绘图室等辨色要求高的场所
Ⅱ	60≤Ra＜80	办公室、休息室等辨色要求较高的场所
Ⅲ	40≤Ra＜60	行李房等辨色要求一般的场所
Ⅳ	Ra＜40	库房等辨色要求不高的场所

2. 物体色

是物体对光源的光谱辐射有选择地反射或透射后，使人眼对物体所产生的颜色感觉。物体色取决于光源的光谱组成和物体对光谱的反射或透射情况。

二、材料的光学性质

光遇到物体后，某些光线被反射，称为反射光。光也能被物体吸收，转化为热能，使物体温度上升，并把热量辐射到室内外，被吸收的光看不见，另有一些光可以透过物体，称为透射光。反射光、吸收光和透射光三部分光的光通量总和等于入射光通量。

1. 反射光

（1）定向反射。当光射到具有光滑表面的不透明材料上，如镜面材料（不锈钢板、抛光铝板等），则会产生定向反射光，其入射角等于反射角，入射光线、反射光线和法线处于同一平面上。见表6–5。

（2）漫射反射。当光射到不透明的粗糙材料（如混凝土、毛面石板、乳胶漆粉刷、砖墙、绘图纸等）表面上时，则产生漫反射光。这些材料将光线向四面八方扩散反射，各个角度亮度相同，看不到光源的影像。见表6–5。

表 6–5　　不同材料的光学性质

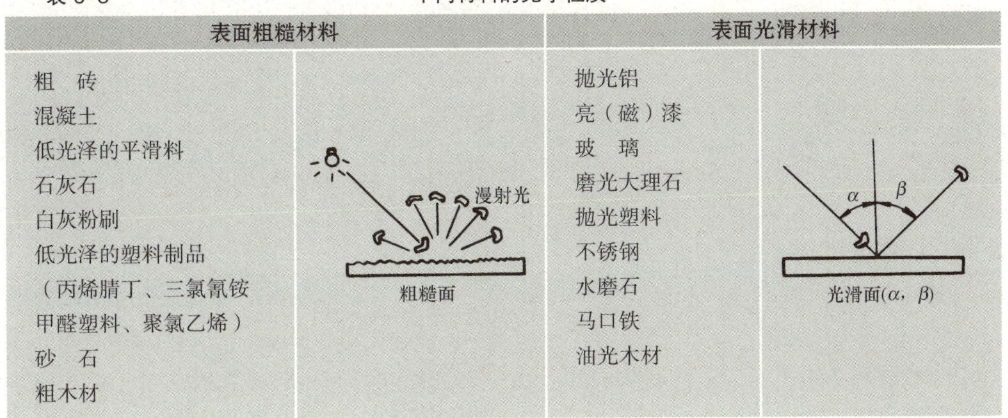

表面粗糙材料		表面光滑材料	
粗　砖 混凝土 低光泽的平滑料 石灰石 白灰粉刷 低光泽的塑料制品 （丙烯腈丁、三氯氰铵 甲醛塑料、聚氯乙烯） 砂　石 粗木材	漫射光 粗糙面	抛光铝 亮（磁）漆 玻　璃 磨光大理石 抛光塑料 不锈钢 水磨石 马口铁 油光木材	α　β 光滑面(α，β)

（3）定向扩散反射。定向扩散反射材料在反射方向上能看到光源的大致影像，如油漆表面、粗糙的金属表面和光滑的纸等材料。

2. 透射光

（1）定向透射。透明材料的透明度导致透射光离开物体以不同的方式透射。当材料（如玻璃、有机玻璃等）的两个表面平行时，入射光线和透射光线的方向不变，形成定向透射光，见表6-6。用平板玻璃可以透过视线采光。用凸凹不平的压花玻璃能阻隔视线采光。

（2）扩散透射。当透明材料的两表面不平行时，因其折射角不同，透过的光线就不平行。而非定向光被称为扩散透射光，是由材料内部的反射和折射所引起的，见表6-6。当光线照射到乳白玻璃、乳白有机玻璃和半透明塑料板等材料的表面时，透过的光线各个角度亮度相同，且看不到光源的影像。

（3）定向扩散透射。透过定向透射材料可以看到光源的大致模糊影像，如毛玻璃等定向透射材料，见表6-6。

表 6-6　　透明材料的透射系数

透 明 材 料		透射系数（%）
直接透射 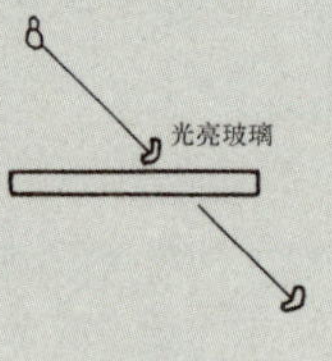	透明玻璃或塑料 透明的颜色玻璃或塑料： 蓝色 红色 绿色 淡黄色	80～94 3～5 8～17 10～17 30～50
扩散透射 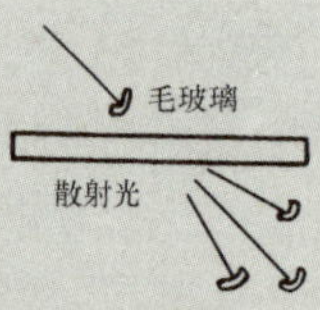	毛玻璃、朝向光源 毛玻璃、远离光源	82～88 63～78
漫透射 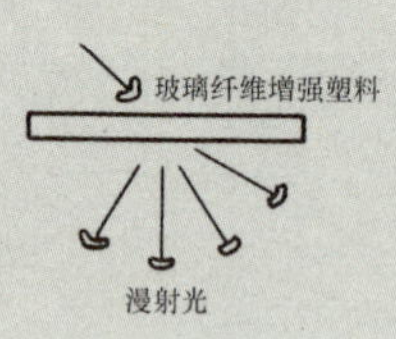	细白石膏 玻璃砖 大理石 塑料（丙烯酸、乙烯基、玻璃纤维增强塑料）	20～50 40～75 5～40 30～55

三、眩光的控制

眩光是指在视野内出现高亮度或过大的亮度对比，而引起的视觉不适或视度降低的现象，也就是晃眼的现象。

眩光与光源的亮度、人的视觉有关。由阳光直射人眼而引起的直射眩光，应该采取遮阳的方法来避免。而对于人工光源，避免眩光的办法是降低光源的亮度、移动光源的位置或遮挡光源。眩光较大时，人眼看东西比较困难。眩光光源或灯具的位置偏离视线的角度越大，眩光就越小，超过60° 后就无眩光现象了。光源位置的眩光效应情况如图

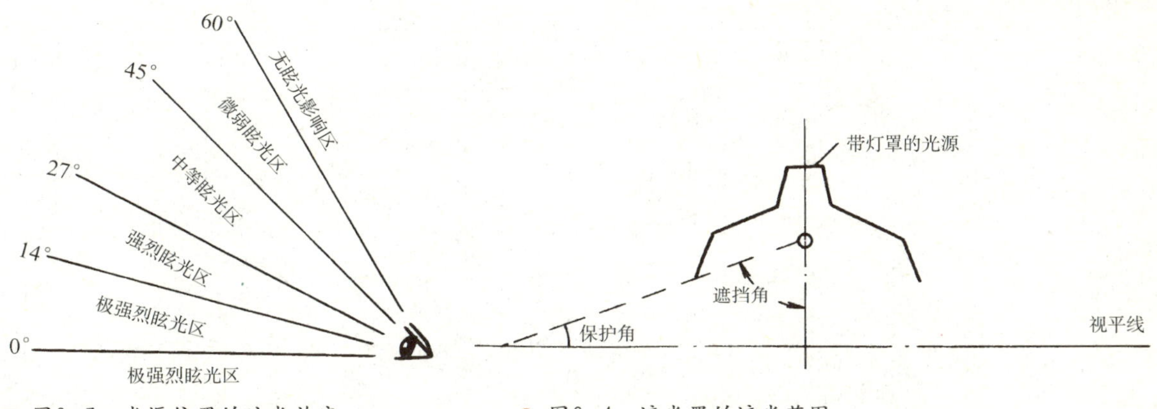

● 图6-3 光源位置的眩光效应

● 图6-4 遮光罩的遮光范围

6-3所示。

采用灯罩的遮光范围示意如图6-4所示。

知识链接6.1.3 采光方式与采光设计

一、采光的基本知识

1. 天然光的组成和影响因素

（1）晴天。云量占天空30%以下，晴天天然光由直射阳光和扩散光两部分所组成。其中直射阳光占90%，扩散光占10%。

（2）多云天。多云天天然光也是由直射阳光和扩散光两部分组成，但两部分的比例和晴天不同。

（3）全阴天。全阴天无直射阳光，只有天空扩散光。全阴天空全部被云遮挡，看不清太阳的位置。采光设计都假设天空为全阴天空，计算起来较为简便。

2. 我国自然光（光气候）分布与分区情况

根据天然光的分布情况，将我国的光气候分为五区，用光气候系数（K）和相应室外临界照度（E_1）表示该区天然光的高低。我国自然光（光气候）分布与分区情况如图6-5所示。我国光气候系数（K）和相应室外临界照度（E_1）的规定见表7-7。

从图6-5和表6-7中看到，拉萨为Ⅰ类光气候区，光气候系数（K）为0.85。北京、济南、乌鲁木齐、广州为Ⅲ类光气候区，光气候系数（K）为1。重庆、齐齐哈尔为Ⅴ类光气候区，光气候系数（K）为1.2。如室内采光要获得相同的照度，则Ⅰ类光气候区所需开窗面积最小，V类光气候区开窗面积最大。

表 6-7　　我国光气候分区的光气候系数K值与临界照度E_1

区号	Ⅰ	Ⅱ	Ⅲ	Ⅵ	Ⅴ
K值	0.85	0.90	1.00	1.10	1.20
E_1值	6000	5500	5000	4500	1000

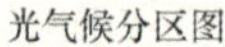

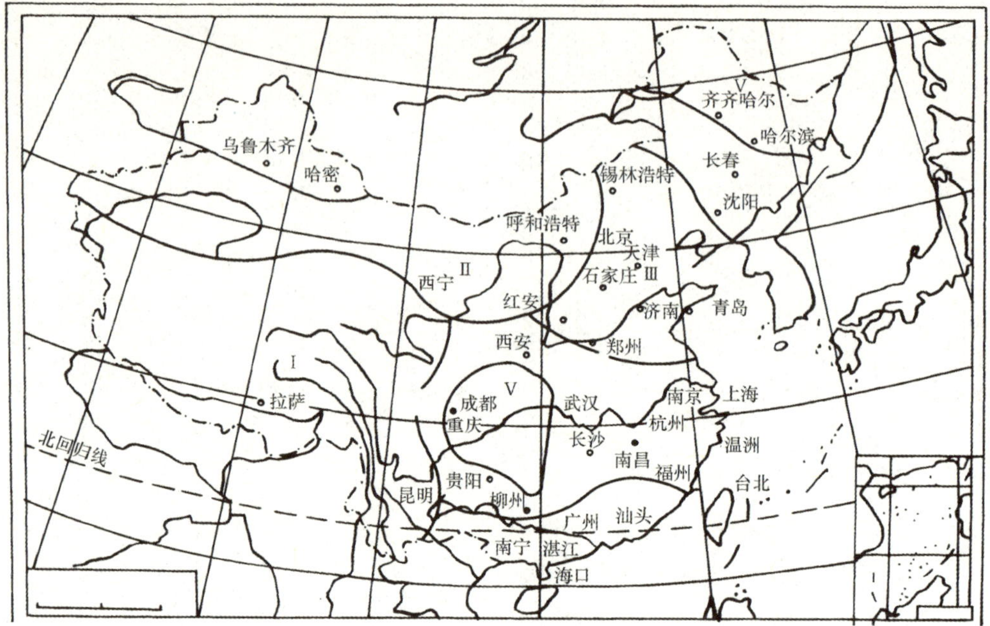

● 图6–5 我国光气候分区

二、采光窗的类型及使用范围

1. 侧窗

侧窗采光的方向性好，构造简单，布置方便，在工业及民用建筑中得到了广泛的应用。侧窗分为低侧窗和高侧窗。通过低侧窗可以看到窗外景观，扩大视野。缺点是照度分布不均，近窗处照度高，远窗处照度低。采用高侧窗可以解决大进深建筑的中部采光需要，并可满足展览类建筑的墙面布展需要。某别墅室内侧窗采光的效果如图6–6所示。

安藤忠雄设计的位于日本大阪市郊的光之教堂，通过开设较窄的侧窗，形成了虚幻神秘的光影效果，营造了浓郁的宗教氛围。光之教堂内景如图6–7所示。

2. 天窗

当室内空间较大时，采用侧窗满足不了照度需要，可设置天窗解决空间中部的采光需要。由天窗透入的顶光照度较为均匀，采光效果较好，在展览馆、中厅及工业厂房中得到广泛的应用。1980年建筑师莱维斯凯在芬兰赫尔辛基设计的米尔梅基教堂，采用了倾斜天窗采光，倾泻而下的顶光和竖向侧光，配合室内简洁抽象的空间形态，构成了一种幽雅微妙的宗教氛围，如图6–8所示。

天窗采光的室内照度分配效果比较均匀。天窗的类型有矩形天窗、平天窗、井式天窗、锯齿形天窗等，如图6–9所示。

适宜的天然采光形式可以营造出一定的室内光环境氛围，体现出设计师的设计构想。柯布西埃在朗香教堂的室内设计中，巧妙地利用大小不一的天然采光口，通过内大外小的窗口处理，使教堂内透入束束发散的光线，营造出了一种神秘、虚幻的宗教氛围，如图3–4所示。

三、采光设计

应根据房间的使用功能确定室内采光等级。建筑物的采光标准及采光等级的规定见表6–8。

ZOLA

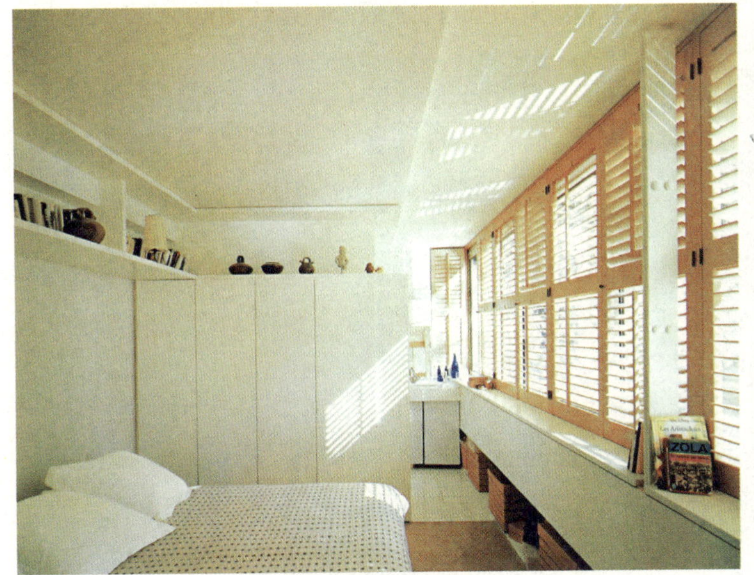

● 图6−6　某别墅室内侧窗采光效果

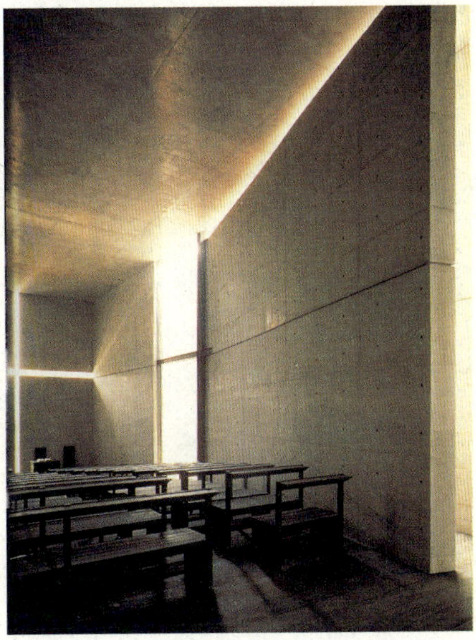

● 图6−7　光之教堂室内光影效果

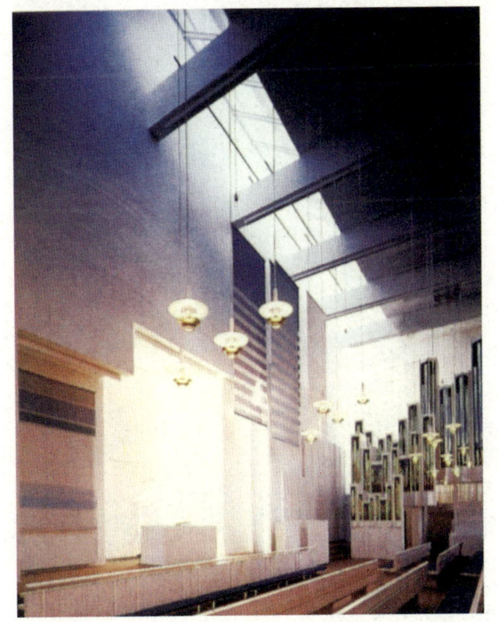

● 图6−8　米尔梅基教堂室内采光效果

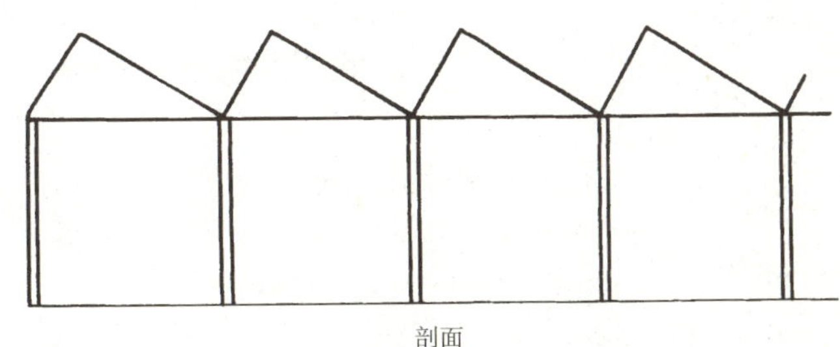

剖面
昼光百分比（%）
5
4
3
2
1
0
顶部采光在阴天时，昼光在室内地面上的分配曲线

● 图6−9　屋顶采光室内照度分应

1. 采光系数计算公式

$$C=E_n/E_w\times100\%$$

式中 C——采光系数，%；

E_n——室内某一点的天然光照度，lx；

E_w——同一时间室外全云天无遮挡情况下的水平照度，lx。

2. 采光系数标准值

建筑物的采光等级分为五个级别，室内采光等级及采光系数标准值按表6−8选取。

表 6–8　　作业场所工作面上的采光系数标准值表

采光等级	视觉作业分类		侧窗采光		顶部采光	
	作业精确度	识别对象的最小尺寸 d（mm）	室内天然光照度（lx）	采光系数最低值 C_{min}（%）	室内天然光照度（lx）	采光系数平均值 C_{av}（%）
Ⅰ	特别精细	$d\leqslant 0.15$	250	5	350	7
Ⅱ	很精细	$0.15<d\leqslant 0.3$	150	3	250	5
Ⅲ	精细	$0.3<d\leqslant 1.0$	100	2	150	3
Ⅳ	一般	$1.0<d\leqslant 5.0$	50	1	100	2
Ⅴ	粗糙	$d>5.0$	25	0.5	50	1

注　1.侧面采光取采光系数最低值，顶部采光取采光系数平均值，兼有侧窗和天窗的混合采光侧窗取采光系数最低值，天窗取采光系数平均值。

2.计算点的确定，单侧窗取窗对面距内墙1m的点为计算点；矩形天窗取距跨墙1m处的点为计算点，其他情况按《民用建筑照明设计标准》中的附录2确定。

3.表中数值只适用于我国Ⅱ类光气候区，其他光气候区的标准值应乘相应的光气候系数。

4.生产车间对应的采光等级按“标准”中的附录3确定，一般机加工车间的采光等级为Ⅱ级。

3. 窗地面积比

对于一般的民用建筑来说，采光要求不是很严格，可以采用近似方法进行估算，即采用窗地面积比（室内开设窗口面积/室内地面面积）进行估算。对于III类光气候区的单层普通玻璃窗采光口的面积，采用《工业企业采光设计标准》中的表2.0.5进行估算。各种单层普通玻璃窗口开设所需窗地比见表6–9。

表 6–9　　窗地面积比

采光等级	单侧窗	双侧窗	矩形天窗	锯齿形天窗	平天窗
Ⅰ	1/2.5	1/2	1/3	1/3	1/5
Ⅱ	1/3	1/2.5	1/3.5	1/3.5	1/6
Ⅲ	1/4	1/3.5	1/4.5	1/5	1/8
Ⅳ	1/6	1/5	1/8	1/10	1/15
Ⅴ	1/10	1/7	1/15	1/15	1/25

注　1.计算条件，按Ⅱ类光气候区的普通单层玻璃窗计算。

2.其他光气候区应乘相应的光气候系数。

3.设计时，对Ⅰ、Ⅱ类采光等级的建筑。若开窗面积受到限制，采光系数可降至Ⅱ级标准值，天然采光照度不足部分用人工照明补充，但天然光和人工光的总照度不应超过标准规定照度的1.5倍。标准规定每年擦窗次数不应少于一次。

几种常用建筑的窗地面积比如下：

（1）住宅中的卧室、起居室和厨房的窗地面积比为1/7。

（2）医院的医生办公室、病房的窗地面积比为1/6。

（3）学校的普通教室、阅览室、办公建筑的办公室、会议室的窗地面积比为1/4。

（4）图书馆的阅览室、装裱室、开架书库的窗地面积比为1/4。

4. 美术馆的采光设计要点

（1）适宜的照度。美术陈列室采光系数≤2%，窗地面积比为1/6。

（2）避免直接眩光。观看展品时，窗口应处在视野范围之外，从参观者的眼睛到画框边缘和窗口边缘的夹角＞14°，来避免直接眩光，见图6-10。

（3）避免一、二次反射眩光。展品对面高侧窗的中心和画面中心连线及水平线的夹角＞50°，来避免反射眩光，见图7-11。

（4）墙面应采用中性色调，其反射比取0.3左右。

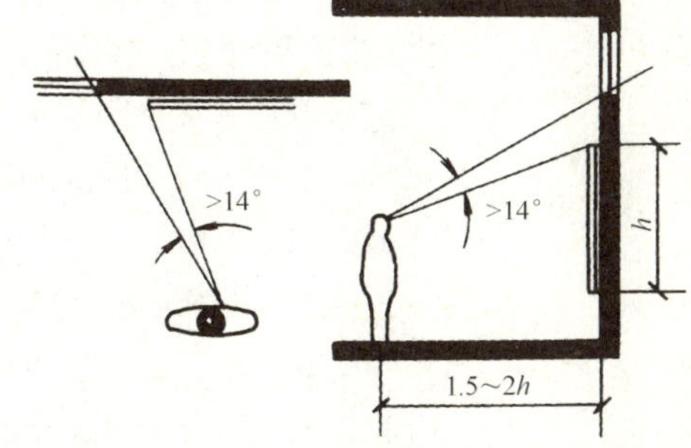

● 图6-10 避免直接眩光

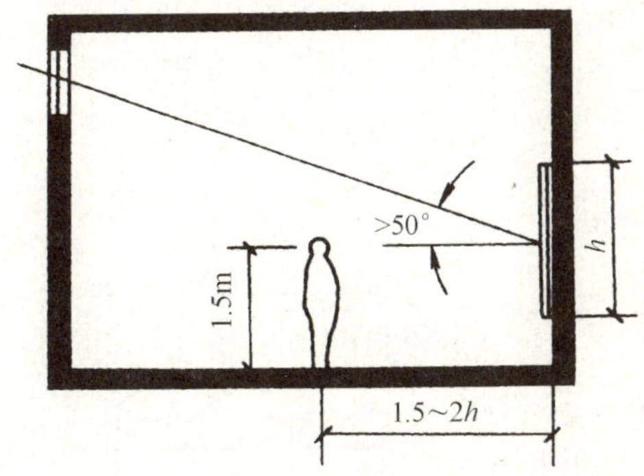

● 图6-11 避免一次反射眩光

[学习情景] 6.2 照明

知识链接6.2.1 视觉的基本特性

一、光量效应

人眼感觉到房间照度变化和照度水平之比，总是一个常数，K（常数）$=\Delta E/E$。例如，照度为10lx的房间，增加1lx的照度就感觉亮了。而在照度为100lx的房间，则需要增加10lx的照度才能察觉出照度的变化，两者的比率K都是0.1。

二、视角、视力和视野

1. 视角

被观看物体的大小对眼睛形成的张角叫视角。当视距一定时，视角的大小表示被观看物体的大小。

2. 视力

观看细小物体的视角大小的能力叫视力。

3. 视野

当人的头和眼睛不动时，人眼能够看到的空间范围叫视野。人眼观看物体较为清晰有效的视野是顶角为60°的圆锥体。

三、明适应和暗适应

1. 明适应

人眼从暗环境到明亮环境时，约需要1~2分钟的适应过程才能看清周围的环境，这个适应过程称为明适应。

2. 暗适应

人眼从明亮环境到暗环境时，则需经过3~4分钟较长的适应过程，才能看清周围较暗的环境，这个较长的适应过程称为暗适应。在暗适应的空间设计中，应在暗环境和明亮环境之间，适当设置中间过渡空间，通过逐渐降低环境亮度，来减少人们眼睛的不适。

知识链接6.2.2 室内工作照明的方式

室内工作照明应依据使用功能的需要，在室内空间不同的位置，可采取多种照明方式，在室内空间可以形成直射光、反射光、透射光或漫射光的效果。通常工作照明方式分为一般照明、分区一般照明、局部照明和混合照明四种方式。四种照明方式如图6-12所示。

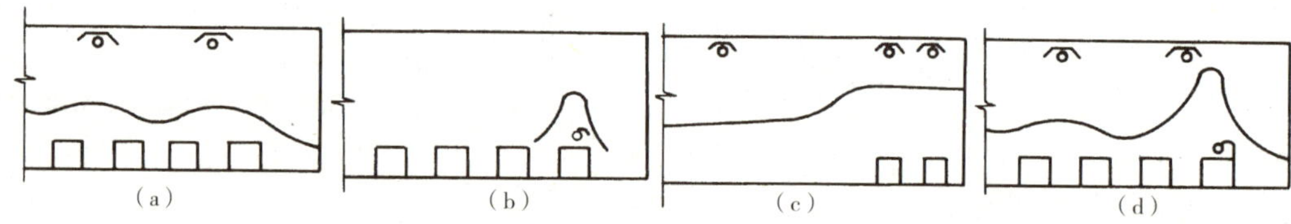

● 图6—12 不同照明方式及照度分布

（a）一般照明；（b）分区一般照明；（c）局部照明；（d）混合照明

1. 一般照明（整体照明）

当室内对光的投射没有特殊要求时，可采用一般照明方式，灯具均匀布置在房间的顶面上。一般照明方式示意及室内照度分布如图6-13所示。如候车室、教室、仓库、超市营业厅等空间，其工作面上不需要特别提高照度，且工作地点也不固定，均可采用一般照明。

2. 分区一般照明

同一个空间内的工作面上需要不同的照度时，可以采用分区一般照明，来提高特定区域的照度。分区一般照明方式示意及室内照度分布如图6-13所示。如在大空间办公区内，各个办公区、休息区均需要不同的照度照明，故可采用分区一般照明。

3. 局部照明（重点照明）

为满足某些部位的特殊需要（照度要求高，方向性强）而设置的照明，称为局部照明。局部照明方式示意及室内照度分布如图6-13所示。

4. 混合照明（综合照明）

既设有一般照明，又设有局部照明的照明方式称为混合照明。室内设置混合照明可以解决整个工作面的均匀照度需要，又可解决个别工作点的高照度和特定光方向的要求。如在专卖店、宾馆客房等空间中均可设置混合照明。某商店采用混合照明方案示意，如图6-13所示。

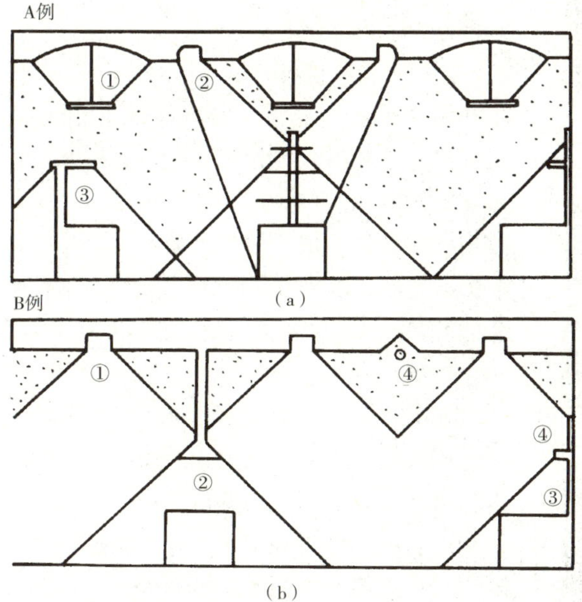

● 图6-13　某商店混合照明方案

（a）
① 整体照明（日光灯间接照明）
② 局部照明（白炽灯、投射灯照明）
③ 局部照明（内藏日光灯）

（b）
① 整体照明（日光灯直接照明）
② 局部照明（吊灯、白炽灯）
③ 局部照明（内藏日光灯）
④ 装饰照明（小球灯、细管彩色日光灯）

知识链接6.2.3　照明的效果

室内照明设计就是利用光的特性，创造人为的、满足人们使用功能需要的光环境。同时，利用人工照明的艺术效果来丰富社会生活的内容，装点并充实空间的艺术氛围。人工照明的艺术效果主要体现在以下四个方面：

1. 创造空间气氛

适当的光刺激能激发人的情绪。适度愉悦的光能激发和鼓舞人心。柔和的光能令人轻松而心旷神怡，而刺目过度的光和噪音一样引起人的反感。

光的色彩和亮度是决定空间气氛的主要因素。同时，对人的心理也会产生一定的影响。对于需要加强私密性的空间区域的照明，可以降低亮度到功能亮度的1/5左右，柔弱的灯光和周围较暗的阴影效果，使得这部分空间显得更为亲切宜人。对于较大的办公空间，为提高办公效率，可以采用亮度较高的带形灯具照明，使工作面上的照度约为750lx，接近于室外白天的照度水平。

室内空间气氛也会由于不同的光色变化而变化。色彩也由于光源的变化而显得不同。许多娱乐场所、酒店餐厅通常采用暖色光，如紫色、粉红色、黄色来渲染气氛。使用霓虹灯、各色聚光灯等，使娱乐空间内具有活跃、欢快、温暖的氛围。如图6-14所示是日本设计师间宫吉言设计的上海某西餐厅灯光效果。在节日及喜庆环境中，使用红色灯光或悬挂红色灯笼，可以增加喜庆的气氛。在住宅居室、宾馆客房等空间采用暖色光会显得温暖和睦，给人一种家的温馨感觉。采用冷色光（淡绿、青色），在夏季炎热地区可使人感到

● 图6-14 西餐厅室内灯光效果

● 图6-15 时装专卖店照明效果

● 图6-16 中央贝赫尔保险公司总部大楼中庭

凉爽宜人。在具体设计中，应该根据气候、室内空间环境的性格要求来确定光色。

2. 加强空间感

通过光色的配置，可以表现出空间的不同层次、不同效果。光的亮度较大的房间，给人的空间感觉要稍大一些。而较暗的房间，给人的感觉就小一些。如房间内布满漫射光线，会使房间有扩大的感觉。直射光能强调物体的阴影，通过光影对比，能使空间增加立体感。通常，室内空间的开敞效果与室内光的亮度成正比关系。

在展厅及精品商店的灯光设计当中，可以利用较高的灯光亮度，来照射展品，突出商品的地位。进行重点照明，突出空间的重点部位。而对于次要部位，可以通过减弱灯光照射，利用较弱的灯光效果，相应削弱其在空间中的地位，使空间富有层次感。在顶棚、楼梯台阶及家具底部，可以设置灯光照明，使顶棚与墙体、台阶与楼梯、家具与地面好似“脱离”，显得轻盈、空透，构成悬浮的空间效果。

某专卖店的灯光照明效果如图6-15所示。

3. 光影艺术表达

光影艺术的装饰效果，在室内空间中，可以通过灯光的配置设计来实现。通过各种类型的照明灯具，在顶棚、墙面、地面、陈设品、家具及设备上，可以塑造出各种形式的光影图案，对室内环境的氛围营造起着较为重要的作用。

由建筑师赫茨贝格尔设计的荷兰中央贝赫尔保险公司总部大楼，其中庭内部的光影艺术效果如图6-16所示。

光影艺术的效果是多种多样的，光影的变化也是极为丰富的，它需要设计师的精心设计和巧妙构思。同时还应充分利用材质的光影变化，达到预想的装饰效果。如光洁的镜面（玻璃或不锈钢等）、质朴的清水混凝土、粗糙的石材等材料，在不同的光束照射下，会取得不同的光影效果，形成各具特色的空间氛围。

1990年建筑师阿雷茨设计的，位于荷兰马斯特里赫特的艺术与建筑学院，通过其走廊的光影变化效果，反映出空间界面清水混凝土、玻璃砖、玻璃等材质的质感效果。体现了抽象简约的设计风格。走廊内的光影变化效果如图6-17所示。

4. 灯具的造型艺术表达

室内照明的效果通过有形的灯具和无形灯光的巧妙结合，在室内构成一个多姿多彩的光影世界。光影艺术是室内环境艺术设计的重要组成部分，而灯具则往往和墙面及顶棚的装修结合在一起，也是室内空间界面的重要组成之一。这样，灯具的造型无疑成为了室内环境艺术设计的重点之一，灯具的形态应和室内整体的装饰风格相适应，且应符合人们的审美需要和形式美学的造型原则。

某宴会厅内几种灯具形态如图6-18所示。

知识链接6.2.4 照明的设计标准和控制

一、照明设计的照度标准

在照明设计中，根据房间的使用要求、工作对象的视觉特征、工作面在房间的分布等条件，确定了照明方式以后，就应依据国家制定的照度标准，来考虑房间的照明数量及质量问题。

根据国家制定的照度标准，国标GBJ133—1990《民用建筑照明设计标准》，民用建筑室内照明照度标准值见表6-10。照度标准值是指工作面（工作或生活场所参考平面，一般指离地面0.75m高的水平面）上的平均照度值。本标准根据各类建筑的不同活动或作业类别将照度标准值分为高、中、低三个值。设计人员应根据建筑等级、功能要求和使用条件，从中选取适当的标准值。

几种主要建筑室内照明的照度标准值（中间值）如下：

（1）中小学校普通教室、其他教室、办公室为150lx。

（2）中小学校电子计算机教室、美术教室、阅览室为200lx。

（3）普通办公室为150lx。

（4）一般商店营业厅柜台面上为150lx。

（5）电影院观众厅为50lx。

（6）旅馆客房的一般活动区为30lx。

（7）住宅起居室的一般活动区为30lx。

（8）体育馆篮、排球比赛场地，地面照度为500lx。

（9）带有视屏工作的办公室为200lx。为了避免反射眩光，视屏垂直面上的照度值不应大于150lx。

二、照明控制

照明质量是指视觉环境中的照度分布，包括所有有利于视功能、舒适、安全、美观的照度分布。光的均匀度、光色、眩光、扩散、亮度、光的方向等因素，都明显地影响着照明的质量及照明效果。

1. 照度均匀度

实践证明，工作场所视野内的亮度分布应达到足够均

● 图6-17 艺术与建筑学院走廊内景

● 图6-18 某宴会厅内配置灯具效果

表 6–10　　民用建筑各类房间照明照度标准

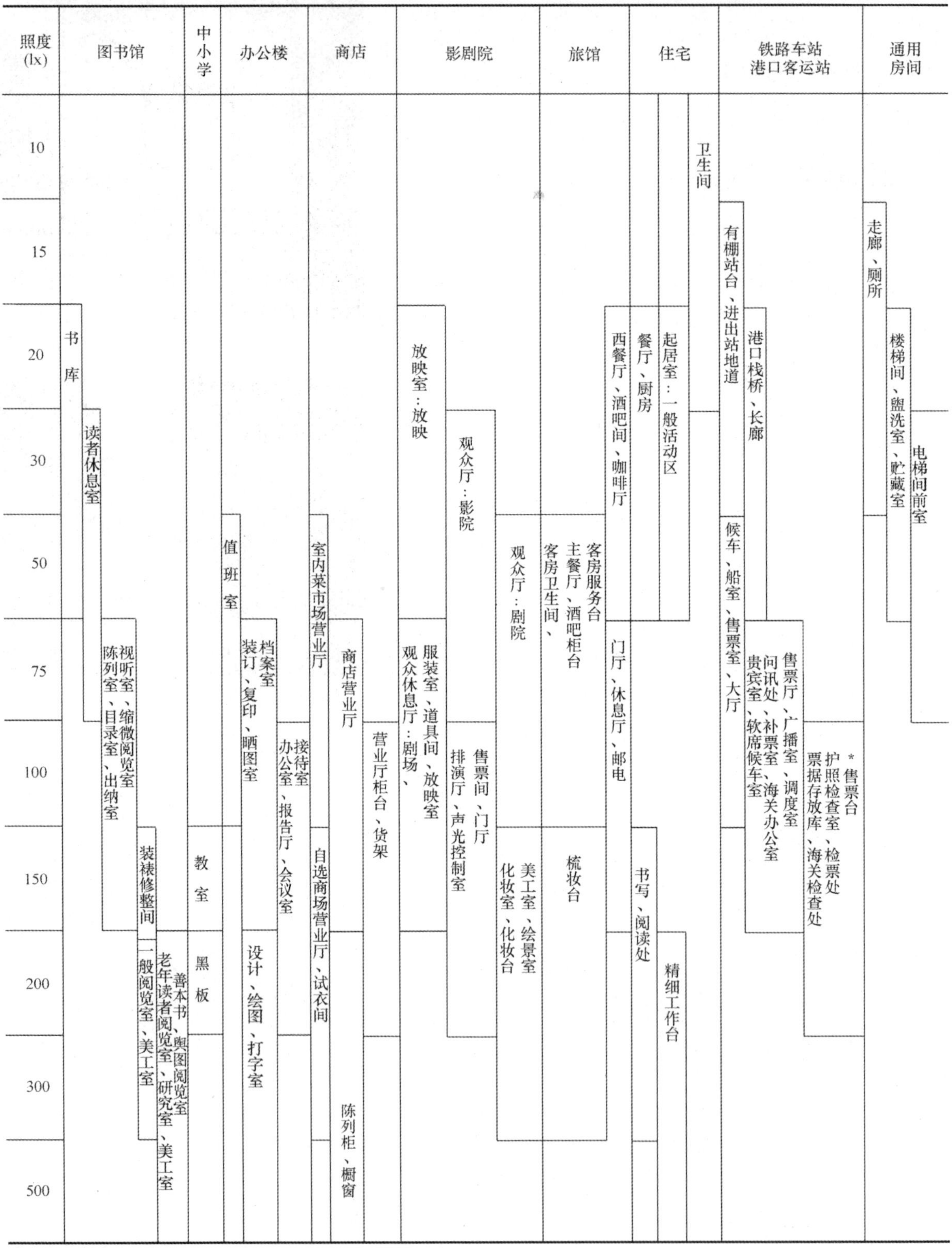

照度 (lx)	图书馆	中小学	办公楼	商店	影剧院	旅馆	住宅	铁路车站 港口客运站	通用房间
10							卫生间		
15								有棚站台、进出站地道	走廊、厕所
20	书库				放映室：放映		餐厅、厨房；起居室：一般活动区	港口栈桥、长廊	楼梯间、盥洗室、贮藏室
30	读者休息室				观众厅：影院				电梯间前室
50			值班室	室内菜市场营业厅	观众厅：剧院	西餐厅、酒吧间、咖啡厅；客房服务台；主餐厅、酒吧柜台；客房卫生间、		候车、船室、售票室、大厅	
75	视听室、缩微阅览室；陈列室、目录室、出纳室		档案室；装订、复印、晒图室	商店营业厅	服装室、道具间、放映室；观众休息厅：剧场、	门厅、休息厅、邮电		售票厅、广播室、调度室；问讯处、补票室、海关办公室；贵宾室、软席候车室	
100			接待室；办公室、报告厅、会议室	营业厅柜台、货架	售票间、门厅；排演厅、声光控制室			＊售票台；护照检查室、检票处；票据存放库、海关检查处	
150	装裱修整间	教室		自选商场营业厅、试衣间	美工室、绘景室；化妆室、化妆台	梳妆台	书写、阅读处		
200	一般阅览室、美工室；善本书、舆图阅览室；老年读者阅览室、研究室、美工室	黑板	设计、绘图、打字室				精细工作台		
300				陈列柜、橱窗					
500									

＊宜设局部照明。

匀，特别是在教室、办公室、阅览室等长时间使用视力工作学习的场所中，工作面的照明应该非常均匀。工作场所内照度均匀度（规定表面上的最小照度和平均照度之比）通常为：

（1）办公室、阅览室等工作房间不宜小于0.7。

（2）运动场地水平照度最小值与最大值之比不宜小于0.5。

（3）分区一般照明中，室内非工作区和通道上的照度不宜低于工作面照度值的1/5。

（4）同时使用局部照明和一般照明方式的房间，工作面上一般照明的照度宜为总照度的1/3～1/5，且不宜低于50lx。

2. 照度的稳定性

供电系统的电压波动使照度不稳定，影响视觉功能。一般要求工作场所的室内照明系统，灯具的端部电压不宜高于额定电压的105%，亦不宜低于额定电压的95%。

3. 消除频闪效应

在交流电路中，气体放电灯发出的光通量随着电压的波动而变化，对于旋转的物体容易产生视觉失真，构成频闪效应。为减轻这种影响，应选择无频闪效应的光源或灯管（泡），或将相邻灯管（泡）分别接到不同的相位线路上。

4. 应急照明的照度

在消防设计中，为保证人们的安全疏散，危险情况下的应急照明尤为重要。在应急照明的设计中应注意以下几点：

（1）疏散照明的地面水平照度不宜低于0.5lx。

（2）备用照明的照度不宜低于一般照明照度的10%。

（3）工作场所内安全照明的照度不得低于该场所一般照明照度的5%。

[学习情景] 6.3 灯具

在室内环境设计当中，灯具的类型对室内空间功能的实现和环境氛围的营造起着较为重要的作用。不同的灯具在造型及光照效果上可能会有较大的差异。

知识链接6.3.1 灯具的类型

灯具是光源、灯罩和相应附件合为一体的总称。按照光源类型，可分为热辐射光源和气体放电光源两大类型灯具。

一、热辐射光源

任何物体的温度高于绝对温度零度，就会向周围空间发射辐射能，当金属加热到1000K以上时，就会发出可见光。温度越高，可见光在总辐射中所占比例越大。利用这一原理制造的照明光源就称为热辐射光源。此类型灯有白炽灯和卤钨灯。

1. 白炽灯

白炽灯是一种利用电流通过细钨丝产生高温而发光的热辐射光源。由于钨是一种熔点很高的金属（熔点3417℃），故白炽灯可加热到2300K以上。为减少钨丝蒸发和避免热量散失，将灯丝密封在玻璃壳内，一般将灯泡抽成真空（用于小功率灯泡），或充以惰性气体（用于大功率灯泡）。白炽灯的发光效率低，仅12～18.6lm/W左右，只有2%～3%的电能转变为光，其余电能都以热辐射的形式损失掉了。白炽灯的使用寿命较短，仅有

1000h左右。在商场、写字楼、车间、体育场馆、车站、广场和道路照明等公共场所，不宜采用白炽灯照明。白炽灯的光电参数和使用寿命见表6-11。

表 6-11　　白炽灯光电参数和寿命

灯泡型号	额定值				灯泡型号	额定值			
	电压（V）	功率（W）	光通量（lm）	寿命（h）		电压（V）	功率（W）	光通量（lm）	寿命（h）
PZ220-15	220	15	110	1000	PZ220-150	220	150	2090	1000
PZ220-25		25	220		PZ220-200		200	2920	
PZ220-40		40	350		PZ220-300		300	4610	
PZ220-60		60	630		PZ220-500		500	8300	
PZ220-100		100	1250		PZ220-1000		1000	18600	

白炽灯的灯丝温度不能过高，发出的可见光以长波辐射为主，光色偏红，没有频闪现象。白炽灯有反射型灯和异形装饰灯两种，如图6-19所示。

（1）反射型灯。其泡壳是由反射和透光两部分组合而成，按其构造不同又分为：

投光灯泡：英文缩写为PAR和EAR型灯。用硬料玻璃分别做成内表面镀铝的上半部和透明的下半部，将它们密封在一起，形成一个光学系统，有效地控制光线。利用反光镜的不同形状获得不同的光线分布。

反光灯泡：英文缩写为R灯，它与投光灯泡的区别在于采用吹制泡壳，故不能准确地控制光束。

镀银碗形灯泡：在灯泡玻璃壳内表面下半部镀银或铝，使光通量向上半部反射并透出，使光线柔和，且把高亮度的灯丝遮住，适宜于做台灯。

（2）异形装饰灯。将灯泡泡壳做成各种形状或具有乳白色（或其他颜色），可单独使用，也可组成各种艺术灯具，如图6-19所示。

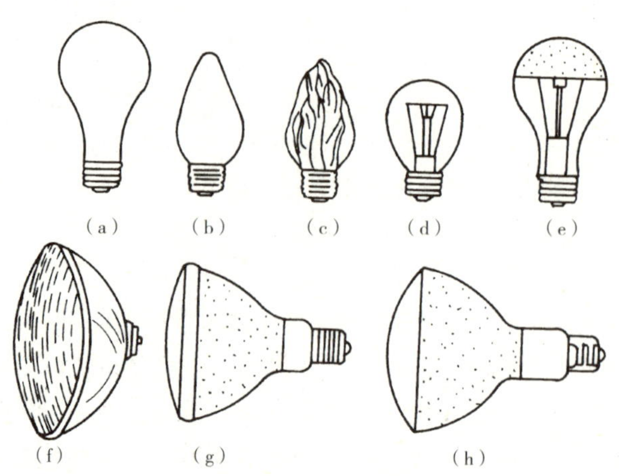

图6-19　各种白炽灯泡

（a）乳白色；（b）、（c）火焰形；（d）透明的；（e）镀银碗形；（f）、（g）PAR灯；（h）R灯

2. 卤钨灯

在一个直径约12mm的石英玻璃管内，充有卤族元素（碘、溴），管的中轴支悬一根钨丝。在高温条件下，卤族元素（碘、溴）将钨丝蒸发出来的钨元素带回到钨丝附近的空间，构成卤素循环，减慢了钨丝在高温下的挥发速度，减轻了钨蒸发对泡壳的污染，提高了透光率，故其发光效率和光色都较白炽灯有所改善。卤钨灯的发光效率约20lm/W，寿命约1500小时。卤钨灯的光电参数和使用寿命见表6-12。

表 6-12　　卤钨灯的光电参数和寿命

型　号	电压（V）	功率（W）	光通量（lm）	平均寿命（h）	型　号	电压（V）	功率（W）	光通量（lm）	平均寿命（h）
LZG220-200	220	200	3000	800	LZG220-1000	220	1000	20000	1500
LZG220-300		300	4500	1000	LZG220-1500		1500	30000	2000
LZG220-500		500	8000	1000	LZG220-2000		2000	40000	1500

注　表中取自GB/T14094—1993中的一级品光电参数值。

卤钨灯的使用场所和白炽灯相同。为保证卤素循环的正常进行和防止灯丝振断，应注意保持灯管与水平面的倾角不大于4°，且注意防振。

二、气体放电光源

气体放电光源是利用某些元素的原子被电子激发而产生光辐射的光源。此类型的灯具有荧光灯、紧凑型荧光灯、荧光高压汞灯、金属卤化物灯、钠灯、氙灯、无电极荧光灯等。

1. 荧光灯（日光灯）

荧光灯管的内壁涂有荧光物质，灯管内充有稀薄的氩气和少量的汞蒸气。灯管两端各有两个电极。通电后加热灯丝，达到一定温度后就发射电子，电子在电场作用下逐渐达到高速，轰击汞原子，使其电离而产生紫外线。紫外线射到灯管壁上的荧光物质，激发出可见光。普通照明用直管型荧光灯基本参数见表6-13。

由于发光原理不同，荧光灯与白炽灯相比较有很大的区别，其特点如下：

（1）发光效率较高。荧光灯一般可达45lm/W，比白炽灯高3倍左右。国外有的产品已达70lm/W以上。

（2）发光表面亮度低。荧光灯发光面积比白炽灯大，故表面亮度低，发出的光线柔和，不用灯罩，也可避免强烈的眩光出现。

（3）荧光灯光色好、品种多。可根据不同的荧光物质成分，产生不同的光色。也可制成接近于天然光光色的荧光灯（日光灯）灯管。

（4）荧光灯寿命较长。国内荧光灯寿命为1500～5000h。国外有产品已达到10000h以上。

（5）荧光灯灯管表面温度低。初期投资高，尺寸较大，不利于对光的控制，不宜频繁开启，且有射频干扰和频闪现象，以上这些缺点会逐步得到解决。目前细管径（φ26mm）荧光灯使用效果较好，故在用灯时间较长的场所中（教室、商场、办公室等）得到了广泛的应用。

表 6-13　荧光灯基本参数

型　号	功率（W）	标称管径（mm）	管长（mm）	光通量（lm）	寿命（h）
YZ6RR（日光色） YZ6RL（冷白色） YZ6RN（暖白色）	6	15	226.3	190 240 240	1500
YZ8RR YZ8RL YZ8RN	8	15	302.5	280 350 350	1500
YZ15RR YZ15RL YZ15RN	15	32	451.6	510 560 580	3000
YZ20RR YZ20RL YZ20RN	20	32	604.0	880 1020 1060	3000
YZ30RR YZ30RL YZ30RN	30	32	808.8	1580 1860 1930	5000
YZ40RR YZ40RL YZ40RN	40	32	1213.6	2300 2440 2540	5000

2. 紧凑型荧光灯

紧凑型荧光灯（也称为节能灯）的发光原理和荧光灯相同，区别在于以三基色荧光粉代替普通荧光灯使用的卤磷化物荧光粉。紧凑型荧光灯的灯管直径小，一般为12.5mm±0.5mm，所以单位荧光粉层受到的紫外辐射强度大，如仍沿用卤磷化物荧光粉，则灯的光衰较大，灯的使用寿命较短。而采用三基色荧光粉能抗高强度的紫外线辐射，改善了荧光灯的维持特性，使荧光灯的紧凑化成为可能。

用三基色荧光粉制造的紧凑型荧光灯显色指数较好，一般显色指数Ra大于80，且发光效率较高，一般为60lm/W左右，因此是一种节能型荧光灯。

紧凑型荧光灯结构紧凑，灯管、镇流器组成一体化，单管光通量可小于200lm，可以满足较小空间照明对光通量小于200lm的要求，且灯头也可以做成类似白炽灯的类型，来替代白炽灯使用，使用起来较为方便，如在吊顶棚上采用的嵌入式节能灯管，效果较好。紧凑型荧光灯的品种很多，如H型、2H型、2D型、U型、π型、环型、球型、方型、柱型等。部分紧凑型荧光灯的基本参数见表6-14。

3. 荧光高压汞灯

荧光高压汞灯的发光原理与荧光灯相同，但是构造不同。灯管内工作气压为1～5个大气压，比荧光灯高许多，故称荧光高压汞灯。内管为放电管，发射紫外线，激发涂在玻璃外壳内壁的荧光物质，使其发出可见光。

表 6-14　　　　紧凑型荧光灯基本参数

灯型	额定电压（V）	功　率（W）	光通量（lm）	显色指数 Ra不小于	色　温（K）	寿　命（h）
YDN9-2U	220	9	500	80	2900	3000
YDN11-2U		11	780			
YDN13-2U		13	850			
YDN9-H		9	415			
YDN11-H		11	650			
YDN10-2H		10	550			
YDN13-2H		13	780			
YDN15-2H		15	900			
YDN18-2H		18	1100			
YDN16-2D		16	871			

注　灯的型号所代表的意义：Y—荧光灯；D—单端；N—内启动；YDN后面的数字—灯的额定功率；短横线后面的部分—灯的结构型式。即“2U”为2U型，“H”为H型，“2H”为2H型，“2D”为2D型。

荧光高压汞灯发光效率较高，一般可达50lm/W左右，且寿命较长，一般可达6000h，国外有产品已达16000h以上。荧光高压汞灯的缺点是光色差，主要发蓝、绿色光。故主要用于不需仔细分辨颜色的大面积照明场所，如街道、建筑施工现场等。其光电参数见表6-15。

表 6-15　　　　荧光高压汞灯光电参数和寿命

型　号	功　率（W）	光通量（lm）	寿　命（h）
GGY-50	50	1650	4300
GGY-80	80	3200	5800
GGY-125	125	5500	6000
GGY-175	175	8000	
GGY-250	250	12000	
GGY-400	400	22000	9000
GGY-1000	1000	56000	

4. 金属卤化物灯

金属卤化物灯是在荧光高压汞灯的基础上发展起来的一种高效灯源，其发光原理和构造与荧光高压汞灯类似，区别在于金属卤化物灯泡内添加了某些金属卤化物，而达到了提高光效、改善光色的作用。一般采用钠铊铟（Na-Tl-In）系和钪钠（Sc-Na）系金属卤化物。为获得最佳光色，常采用锡系卤化物。为同时获得较佳的光效和显色性，通常采用镧（la）系卤化物。

部分金属卤化物灯的基本参数见表6-16。

5. 钠灯

根据钠灯泡中钠蒸气放电时压力的高低，钠灯分为高压钠灯和低压钠灯两类。

高压钠灯是利用在高压钠蒸气中放电时，辐射出的可见光的特性制成的。其辐射光的波长主要集中在人眼最灵敏的黄绿色光的范围内。高压钠灯的光效高、寿命长、透雾能力

表 6-16　　部分金属卤化物灯的光电参数

<table>
<tr><th colspan="2">型　号</th><th>额定电压（V）</th><th>功率（W）</th><th>光通量（lm）</th><th>平均寿命（h）</th><th>显色指数Ra</th></tr>
<tr><td rowspan="6">钪钠灯</td><td>KNG150</td><td rowspan="6">220</td><td>150</td><td>11500</td><td rowspan="5">10000</td><td rowspan="6">60 ~ 70</td></tr>
<tr><td>KNG175</td><td>175</td><td>14000</td></tr>
<tr><td>KNG250</td><td>250</td><td>20500</td></tr>
<tr><td>KNG400</td><td>400</td><td>36000</td></tr>
<tr><td>KNG1000</td><td>1000</td><td>110000</td></tr>
<tr><td>KNG1500</td><td>1500</td><td>155000</td><td>3000</td></tr>
<tr><td rowspan="2">锡钠灯</td><td>XNG250</td><td rowspan="2">220</td><td>250</td><td>13500</td><td rowspan="2">2000</td><td rowspan="2">85 ~ 95</td></tr>
<tr><td>XNG400</td><td>400</td><td>24000</td></tr>
<tr><td rowspan="6">管形钠灯</td><td>DDG125</td><td rowspan="4">220</td><td>125</td><td>6500</td><td rowspan="2">1500</td><td rowspan="6">不小于75</td></tr>
<tr><td>DDG250</td><td>250</td><td>16000</td></tr>
<tr><td>DDG400</td><td>400</td><td>28000</td><td>2000</td></tr>
<tr><td>DDG1000</td><td>1000</td><td>70000</td><td>300</td></tr>
<tr><td>DDG2000</td><td rowspan="2">380</td><td>2000</td><td>150000</td><td rowspan="2">500</td></tr>
<tr><td>DDG3500</td><td>3500</td><td>280000</td></tr>
</table>

表 6-17　　高压钠灯的基本参数

<table>
<tr><th>类型</th><th>型号</th><th>额定电压（V）</th><th>功率（W）</th><th>光通量（lm）</th><th>显色指数Ra</th><th>寿命（h）</th></tr>
<tr><td rowspan="8">普通型</td><td>NG35</td><td rowspan="8">220</td><td>35</td><td>2000</td><td rowspan="8">< 40</td><td rowspan="3">6000</td></tr>
<tr><td>NG50</td><td>50</td><td>3200</td></tr>
<tr><td>NG70</td><td>70</td><td>6160</td></tr>
<tr><td>NG100</td><td>100</td><td>8180</td><td>7000</td></tr>
<tr><td>NG150</td><td>150</td><td>13350</td><td rowspan="2">8000</td></tr>
<tr><td>NG250</td><td>250</td><td>23140</td></tr>
<tr><td>NG400</td><td>400</td><td>41800</td><td>9000</td></tr>
<tr><td>NG1000</td><td>1000</td><td>106800</td><td>10000</td></tr>
<tr><td rowspan="3">中显色型</td><td>NGZ150</td><td rowspan="5">220</td><td>150</td><td>11570</td><td rowspan="3">40 ~ 60</td><td rowspan="2">8000</td></tr>
<tr><td>NGZ250</td><td>250</td><td>20020</td></tr>
<tr><td>NGZ400</td><td>400</td><td>33820</td><td>9000</td></tr>
<tr><td rowspan="2">高显色型</td><td>NGG250</td><td>250</td><td>18690</td><td rowspan="2">> 60</td><td rowspan="2">8000</td></tr>
<tr><td>NGG400</td><td>400</td><td>31150</td></tr>
</table>

注　灯的型号所代表的意义：NG—高压钠灯；Z—中显色型；G—高显色型；字母后面的数字—灯的额定功率。

强，因此户外照明及道路照明多采用高压钠灯照明。高压钠灯的基本参数见表6-17。

高压钠灯的显色指数Ra一般小于40，显色性较差。但当钠蒸气增加到一定值（约63kPa）时，显色指数Ra可达到85V，成为中显色型和高显色型高压钠灯。这些灯的显色性比普通高压钠灯高，可用于一般的室内照明，但发光效率却有所下降。

低压钠灯是利用在低压钠蒸气中放电时，钠原子被激发而产生589nm左右的黄色光；低压钠灯虽然透雾能力强，但显色性极差，不宜在室内采用。

6. 氙灯

氙灯是利用在氙气中高电压放电时，能发出强烈的连续光谱这一特性制造成的。所发光谱和太阳光相似。由于氙灯功率大，光通量大，又发出紫外线，故安装高度不宜低于20m，常用在广场等大面积照明场所（长弧氙灯）。其基本参数见表6-18。

表 6-18　直管形长弧氙灯光电参数和寿命

型　号	功率（W）	电源电压（V）	光通量（lm）	寿命（h）
SZ-1500	1500	220	30000	1000
SZ-3000	3000		72000	
SZ-6000	6000		144000	
SZ-8000	8000		200000	
SZ-10000	10000		270000	
SZ-20000	20000		580000	

7. 无电极荧光灯

无电极荧光灯简称无极灯，是一种新颖的微波灯。无电极荧光灯的发光原理是由高频发生器产生的高频电磁场能量，经感应线圈耦合到灯泡内，使汞蒸气原子放电而产生紫外线，并射到灯管壁上的荧光物质，激发出可见光，故也称为感应荧光灯。

无电极荧光灯的光效和光色较好，使用寿命很长。如荷兰飞利浦（Philips）生产的QL型无电极荧光灯，产品型号为QL85/83和QL85/84，功率均为85W，辐射出的光通量均为5500lm，光效约为64.7lm/W，显色指数Ra均为80，额定寿命均为60000h。

从上述分析中可以看出，光效高的灯，往往功率大，在小空间中难以使用。近年来国内外先后出现了一些功率小、光效高、显色性能好的新型光源，如紧凑型荧光灯、无电极荧光灯等，已广泛取代了白炽灯，应用在居住和公共建筑之中。

几种常用照明光源的主要特性比较见表6-19。

表 6-19　三种常用照明光源的主要性能比较

光源名称	白炽灯	荧光灯	汞　灯
额定功率范围（W）	10～1000	6～125	50～1000
发光面积	小，但适于聚光	大，光量较均匀	小，可以聚光
发光效率	低	高，约为白炽灯的4倍	高，约为白炽灯的3倍
发热量	辐射热高，灯丝温度约2000℃	低温，无辐射热	低温，无辐射热
平均寿命（h）	1000	2000～3000	2500～5000
启动稳定时间	瞬时	1～3s	4～8min

续表

光源名称	白炽灯	荧光灯	汞 灯
再启动时间	瞬时	瞬时	5～10min
眩光	大	较小	较大
光线色彩	略带橙色，颜色性佳，有暖和感	近似日光或白光，可制成各种色光，有冷淡感	冷光，除青绿色以外的被照物体都将失去色彩，适用于庭园
电压变化对光通影响	大	较大	较大
环境温度对光通影响	小	大	较小
耗电量	大	小，约为白炽灯的1/4	小
耐振性能	较差	较好	好
所需附件	无	镇流器、启辉器	镇流器
费用	安装费低，灯具简单，装卸移动方便，维持费高	安装费较高，维持费较低	安装费较高，维持费较低

知识链接6.3.2 灯具的选择

一、灯具的光特性

1. 配光曲线

灯具一旦处于工作状态，就向周围空间投射光通量。把灯具在各方向的发光强度在三维空间里用矢量表示出来，连接矢量的终端，构成一个封闭的光强体曲面。当光强体曲面被通过Z轴的平面截割时，获得一条封闭的截交曲线，此截交曲线以极坐标的形式绘制在平面图上，称为灯具的配光曲线，如图6-20所示。

灯具的配光曲线按光源发出的光通量为1000lm在极坐标图上绘制，配光曲线上每一点，表示灯具在该方向上的发光强度。对称型的扁圆吸顶灯的配光曲线如图6-21所示。

2. 灯具的遮光角（保护角）

当光源亮度超过16sb时，人眼就不能忍受。而100W白炽灯亮度＞100sb，人眼更不

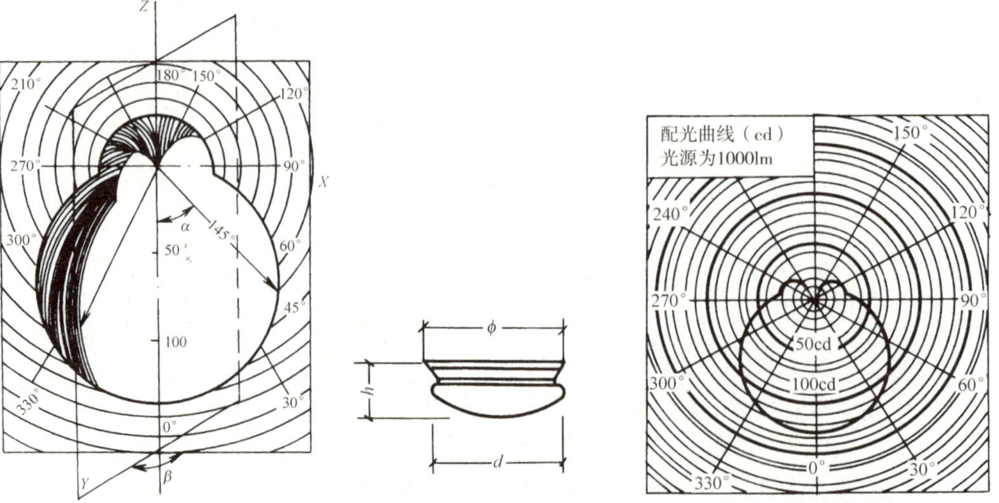

● 图6-20 光强体与配光曲线 ● 图6-21 扁圆吸顶灯外形及其配光曲线

能忍受。为了降低或消除这种高亮度对人眼造成的眩光，用不透光的灯罩遮光，可起到较好的效果。

灯具的遮光角如图6-22所示。遮光角γ是指灯罩边沿和发光体边沿的连线与水平线所成的夹角，表示了灯具防止眩光的范围。用公式表示为：$\tan\gamma=2h/(D+d)$。

当人眼平视时，如灯具与人眼的连线和水平线的夹角小于遮光角，就看不到高亮度的光源。当灯具位置提高，和视线形成的夹角大于遮光角，人眼虽能看见高亮度的光源，但因夹角较大，眩光程度已大为减弱。

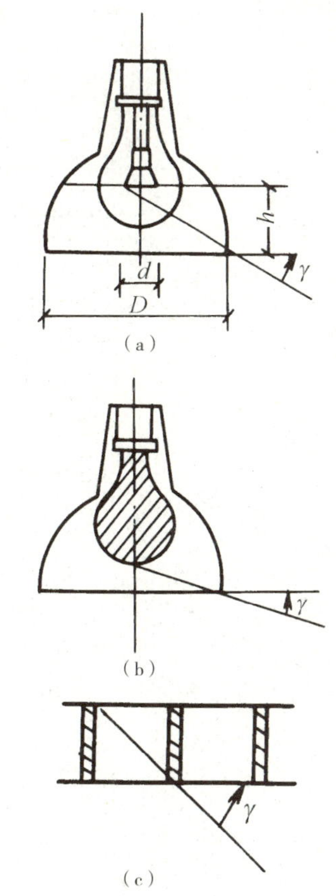

● 图6-22 灯具的遮光角
（a）普通灯泡；（b）乳白灯泡；（c）挡光格片

二、灯具的种类

灯具按使用效果可分为功能性灯具（如射灯、投光灯等）和装饰性灯具（吊花灯、霓虹灯等）两大类型。

国际照明学会按光通在空间中上、下半球的分布，把灯具分为五类：

1. 直接型灯具

直接型灯具上半球的光通占0%～10%，下半球的光通占90%～100%。其光照特征是灯具效率高，室内空间界面的反射比对照度影响小，且设备投资少，维护费用低。缺点是顶棚较暗，容易产生眩光，光线方向性强，阴影较重。几种直接型灯具的外型及配光曲线如图6-23所示。

2. 半直接型灯具

半直接型灯具上半球的光通占10%~40%，下半球的光通占60%~90%。由于将部分光线（占10%～40%）射向顶棚，故室内亮度分布较好，阴影较淡。几种半直接型灯具的外型及配光曲线如图6-24所示。

3. 均匀扩散型灯具

均匀扩散型灯具上半球的光通占40%~60%，下半球的光通占40%~60%。室内亮度分布较均匀，光线柔和。几种均匀扩散型灯具的外型及配光曲线如图6-25所示。

4. 半间接型灯具

半间接型灯具上半球的光通占60%~90%，下半球的光通占10%~40%。几种半间接型灯具的外型如图6-26所示。

5. 间接型灯具

间接型灯具上半球的光通占90%~100%，下半球的光通占0%~10%。其光照特征和直接型灯具相反，室内亮度分布较均匀，光线柔和，基本没有阴影。常常用作医院、酒店、餐厅和某些公共建筑的室内照明。但是这种灯具光通利用率低，灯具设备投资较多，维修费用较高。几种间接型灯

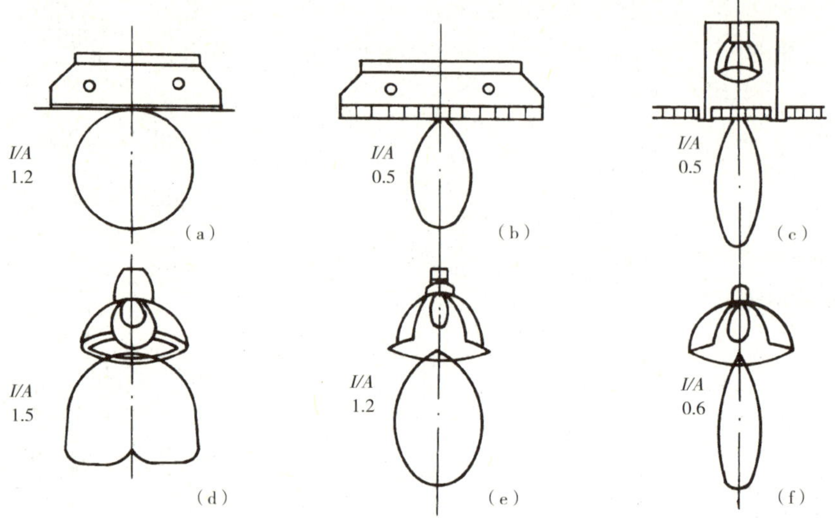

● 图6-23 直接型灯具外形及配光曲线

（a）、（b）荧光灯灯具；（c）反射型白炽灯灯具；（d）、（e）、（f）白炽灯或高压汞灯灯具

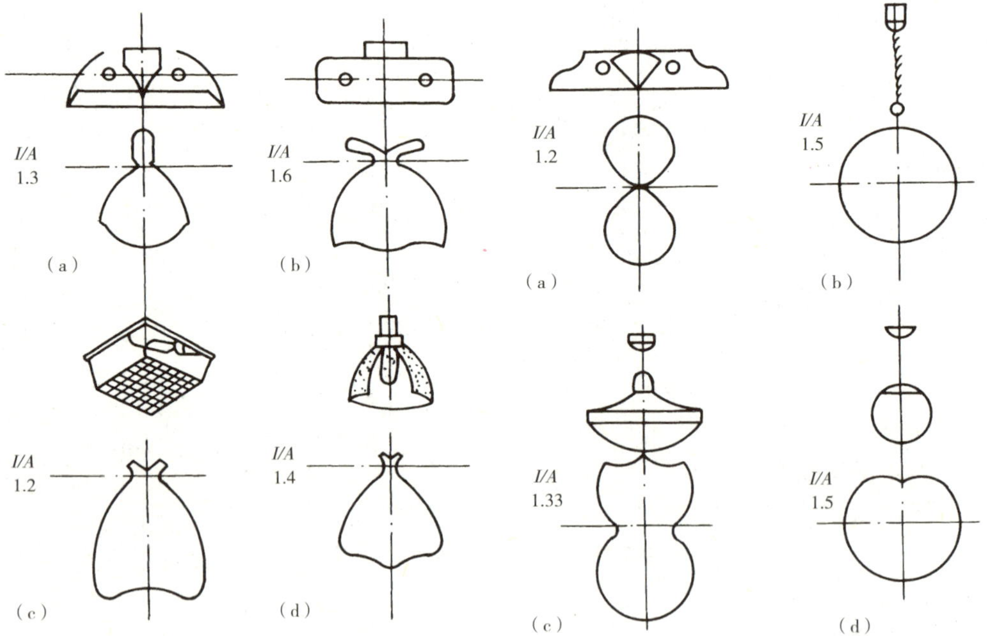

● 图6-24 半直接型灯具外形及配光曲线

● 图6-25 扩散型灯具外形及配光曲线

（a）荧光灯灯具；（b）乳白玻璃（塑料）管状荧光灯灯具；（c）、（d）乳白玻璃白炽灯灯具

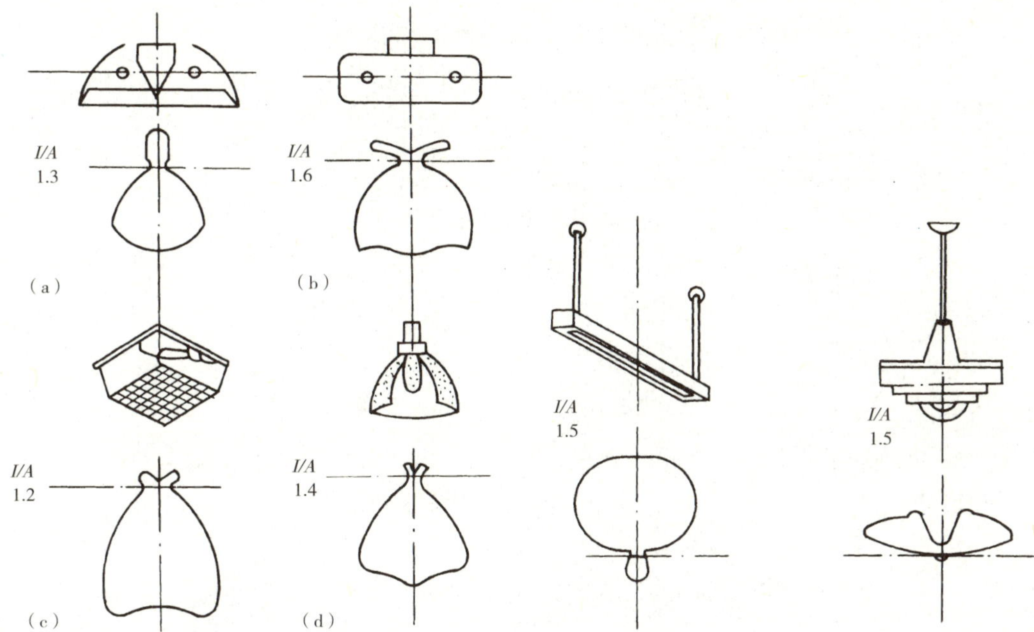

● 图6–26 半直接型灯具外形及配光曲线　　● 图6–27 间接型灯具外形及配光曲线

具的外型及配光曲线如图6–27所示。

上述五种灯具的光照性能比较见表6–20。

表 6–20　　五种类型灯具的光照性能比较

分类	直接型灯具	半直接型灯具	均匀扩散型灯具	半间接型灯具	间接型灯具
上半球光通	0% ~ 10%	10% ~ 40%	40% ~ 60%	60% ~ 90%	90% ~ 100%
下半球光通	90% ~ 100%	60% ~ 90%	40% ~ 60%	10% ~ 40%	0% ~ 10%
光照特性	灯具效率高； 室内表面光反射比影响照度小； 设备投资少； 维护使用费少	灯具效率中等； 室内表面光反射比影响照度中等； 设备投资中等； 维护使用费中等			光线柔和； 灯具效率低；室内表面光反射比影响照度大； 设备投资多； 维护使用费多

三、灯具的选择

1. 光源的选择

不同的光源在光谱特性、发光效率、使用条件及价格上都各有特点，应根据不同空间的使用需要，来确定光源的类型。适用于各种场合的常用照明光源类型及性能见表6–21。

表 6-21　　常用照明光源的基本参数和使用场所

光源名称	功率（W）	光效（lm/W）	寿命（h）	色温（K）	显色指数（Ra）	使用场所
白炽灯	15～1000	7～19	1000	2800	95～99	住宅、饭店、陈列室、应急照明
卤钨灯	200～2000	15～21	800～2000	2850	95～99	陈列室、商店、工厂、车站、大面积投光照明
荧光灯（三基色荧光粉）	6～40	32～70	2000～5000	3000～6500	50～93	工厂、办公室、医院、商店、美术馆、饭店、公共场所
荧光高压汞灯	50～1000	33～56	1000～9000	6000	40～50	广场、街道、工厂、码头、工地、车站等
金属卤化物灯	125～3500	52～110	1000～20000	4500～7000	60～95	广场、机场、港口、码头、体育场、工厂
高压钠灯	50～1000	52～107	6000～10000	2000	20，40，60	广场、街道、码头、工厂、车站
低压钠灯	18～180	100～175	3000	—	—	街道、高速公路、胡同

2. 灯具的选择

不同灯具的光通量、显色指数不同，在空间中构成的照明效果也会有所不同，会形成不同的亮度分布，构成不同的空间氛围，给人以不同的视觉及心理感受。根据空间环境的显色性要求选择灯具见表6-22。

如图6-28所示，两组大小不一的房间，在顶棚（吊顶）上布置三种不同类型的灯具：直接型灯具（嵌入式暗灯）、均匀扩散型灯具（乳白玻璃球形吊灯）和格片发光顶棚（直接均匀配光），在大小房

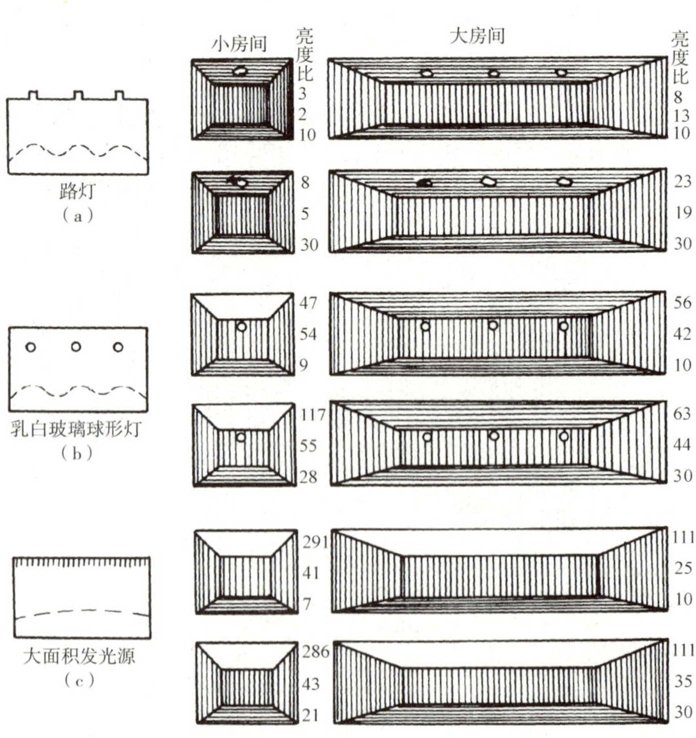

● 图6-28　不同类型灯具对室内亮度分布的影响

表 6-22 根据一般显色性选择灯

灯型		效能（lm/W）	在非彩色表面上，灯的效果表现	“气氛”的效果	增强色彩	变灰彩色	在肤色上的效果	备注
荧光灯	冷白色	高	白	适度的冷	橙、黄、青	红	灰红	和自然日光混合色彩好
	Deluxe冷白色	中等	白	适度的冷	所有色彩几乎都一样	都不明显	十分正常	对所有色彩显色性最好，类似自然日光
	暖白色	高	带黄的白	暖	橙、黄	红、绿、青	灰黄色	和白炽灯混合色彩差
	Deluxe暖白色	中等	带黄的白	暖	红、橙、黄、绿	青	淡红	显色性好，类似白炽灯
	日光色	中等	带青的白	很冷	绿、青	红、橙	灰	常与冷白色灯互换
	白色	高	带灰黄的白	适度的暖	橙、黄	红、绿、青	灰、白	常与冷白，暖白色灯交换
	自然的柔白色	中等	带紫的白	暖、略带桃红	红、橙	绿、青	桃红	染色光源常与Deluxe冷白，Deluxe暖白色互换
	白炽灯	低	白带黄色	暖	红、橙、黄	青	深桃红	显色性好
高强放电灯	透明水银灯	中等	带绿蓝白	很冷、带绿	黄、青、绿	红、橙	带绿	显色性很差
	白色水银灯	中等	带绿的白	适度的冷、带绿色	黄、绿、青	红、橙	银灰白	中等显色性
	Deluxe白色水银灯	中等	带紫的白	暖、带紫色	红、青、黄	绿	淡红	与冷白荧光灯色同
	金属卤素灯	高	带绿的白	适度的冷，带绿色	黄、绿、青	红	灰白	同上
	高压钠灯	高	带黄	暖、带黄色	黄、绿、橙	红、青	带黄	接近于暖白、荧光灯色

间内的亮度分布情况。当房间地面照度均为1076lx时，室内空间各个界面表面（顶棚、墙面、地面）的亮度比，可从图中看出：

（1）房间大小影响室内亮度的分布；

（2）地面光反射比在使用直接型灯具时，对顶棚亮度起很大作用；

（3）室内墙面亮度绝对值，以图（a）最暗，图（b）最亮；

（4）室内亮度的均匀度以图（b）为最佳。

选择灯具时，还应注意以下问题：

（1）应尽量选择光效高的灯具；

（2）要求瞬时启动或调光的场所，宜采用白炽灯或卤钨灯；

（3）高大的空间场所，如体育馆、中厅等，宜选用高强度气体放电灯（金属卤化物灯、高显色性高压钠灯等）；

（4）图书馆书库照明，应选用紫外线少或无紫外线的Φ26mm细管荧光灯照明；

（5）办公室、阅览室、商店货架等处的照明，要特别注意反射眩光的影响；

（6）教室照明应将荧光灯管的长轴垂直于黑板布置，而黑板前的荧光灯管的长轴宜平行于黑板，且应调整照射角度，这样引起的直接眩光较小。

在具体布置灯具时，除考虑以上因素外，还应考虑室内空间形态、建筑结构形式、设备管道布置及安全维修等方面的要求。

知识链接6.3.3　环境照明设计

照明设计除了应满足工作、生产和生活的使用功能要求，还是建筑室内外环境设计的重要组成部分，起着一定的装饰作用。灯具本身的艺术造型和优美的光影效果，可以形成特有的艺术氛围，为建筑装饰艺术增色。

一、室内环境照明

进行室内环境照明设计时，必须充分考虑到光的表现能力。要结合室内空间的使用要求、空间尺度、结构形式、整体的空间装饰风格等条件，对灯具的分布、光环境的明暗构成、室内装修的颜色和材料质感作出统一的设计构思，使其达到预期效果，形成舒适宜人的光环境。

1. 灯具类型

（1）吊灯。吊灯可以是单灯，也可以由多个灯头组合而成，通过吊杆吊挂。灯架和灯头均加以艺术处理，造型多种多样。几种吊花灯形式如图6-29所示。由于吊花灯的尺度较大，通常用于较高大的厅堂空间，给人以华丽的感觉。

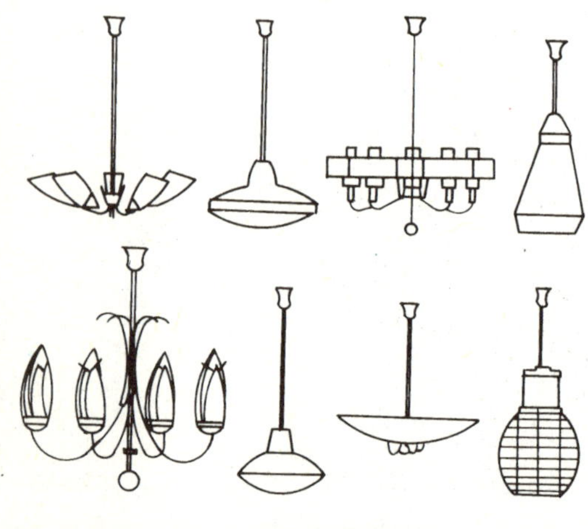

图6-29　各种形式的吊灯

（2）嵌入式暗灯和吸顶灯。嵌入式暗灯是将筒灯（白炽灯、节能灯）或牛眼灯嵌入吊顶棚，光线向下照射，顶棚较暗。吸顶灯是将灯具紧贴在顶棚上安装而成，故增加了顶棚亮度。嵌入式暗灯和吸顶灯与主要照明灯具结合设置，可形成各种图案，构成装饰性较强的环境照明。

上海金茂大厦宴会厅主要由嵌入式暗灯和吸顶灯组成的顶棚照明效果，如图6-30所示。

图6-30　金茂大厦大宴会厅内景

（3）壁灯。是安装在墙面上的灯具，用来提高部分墙面的亮度，可以打破大面积墙面的单调气氛。

（4）射灯。射灯安装在吊顶棚或墙面上，能发出方向性极强的光线，可以作为重点部位（展品、商品、墙饰等）的装饰照明。也可安装在导轨上，随时调整灯具的位置。

2. 照明组织方式

（1）照明部件。灯具与家具和隔断设置在一体，构成了良好的环境照明效果。这种照明方式在办公室、居室装修中采用较为普遍。如图6-31所示。

（2）发光面板。是将光源隐蔽在塑料灯光板或磨砂玻璃、彩印玻璃、乳白玻璃等均匀透射材料后，而发出柔和无眩光的照明，构成一种相对静态的环境。发光面板可设置在顶棚（成为发光顶棚、发光灯带）、墙面和地面上。发光面板可在办公室、会议室、居室等室内空间中采用。宽景别墅内采用发光面板照明的效果，如图6-32所示。

（3）泛光照明。通过射灯、白炽灯或荧光灯，大面积加强墙面上的照明光影效果，称为泛光照明。泛光照明灯具可以设在吊顶或墙面上。某时装商店的泛光照明效果，如图6-33所示。

（4）龛孔照明。通过在凹入墙里或家具的洞、龛内部暗设灯具照明，烘托出洞龛内摆放饰物的装饰效果。某时装专卖店内照明效果如图6-34所示。

（5）导轨照明。在室内墙面、家具及重点装饰部位，可通过设在顶棚上的导轨射灯来进行重点装饰照明。射灯可在导轨上移动位置，调整光照方向。某时装商店导轨射灯照明效果，如图6-35所示。

（6）反光灯槽。通常在吊顶棚灯池处、与四周墙面交接处、或柱头处，设置凹槽口，在凹槽口内设置荧光灯管（白或彩色灯管）或霓虹灯管，构成向上照射的漫射光线，形成了一种平静柔和的空间氛围。几种反光灯槽的设置示意如图6-36所示。

上海金茂大厦中庭环廊局部，顶棚设置反光灯槽的照明效果，如图6-37所示。

二、室外环境照明

在建筑物外墙、屋顶及室外小环境设置的灯具，在夜晚使得建筑及周边环境构成了美丽的光环境效果，与周围黑暗的夜空，形成了强烈的对比。建筑物外墙立面的照明可采取三种方式：轮廓照明、泛光照明和透光照明。

● 图6-31　主卧室内的环境照明

● 图6-32　宽景别墅内景（发光面板照明）

● 图6-33　某时装商店的泛光照明效果

● 图6-34　专卖店的龛孔照明效果

● 图6-35　时装商店导轨照明实例

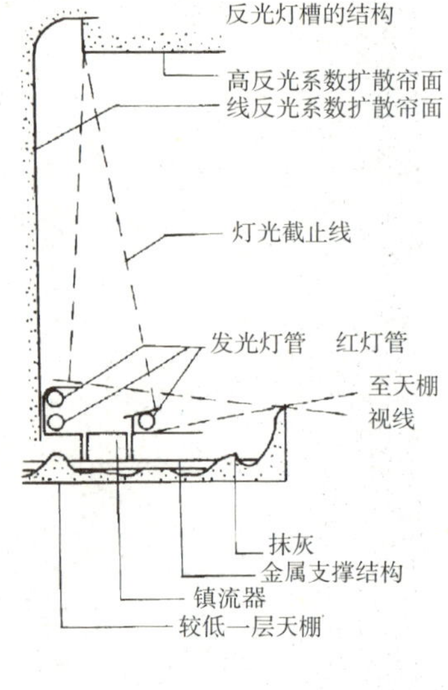

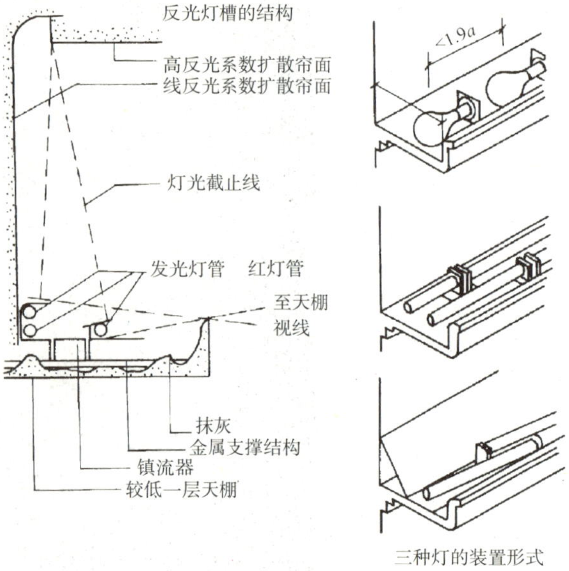

<1.9a

三种灯的装置形式

● 图6-36　几种反光灯槽的设置示意

● 图6-37　上海金茂大厦中庭环廊局部反光灯槽照明效果

1. 轮廓照明

轮廓照明是利用40～60W防水白炽灯泡沿建筑物的外轮廓线安装，灯距约为300～500mm所构成的连续光带。也可以通过设置霓虹灯，以夜空为背景，通过连续光带勾画出建筑立面的形态，丰富了城市的夜晚景观。

2. 泛光照明

采用泛光灯均匀照亮建筑物局部立面，并通过不同的亮度层次，各种光影变化，在夜空中取得动人的艺术效果。泛光灯可安装在平台、阳台、雨篷、地面、灯杆或邻近房屋上。

3. 透光照明

透光照明是利用建筑物的室内照明，通过窗口透光所形成的外立面照明效果。在建筑物外立面照明具体处理中，可以选用以上任一种照明方式，也可同时选用三种照明方式。

上海大剧院门厅部分透光照明效果，如图6–38所示。

图6–38　上海大剧院门厅部分透光照明效果

[学习领域] 7

建筑装饰设计的家具、织物、陈设

课程教学建议表

学习情景	[学习情景] 7.1 家具 知识链接7.1.1 家具的发展脉络 知识链接7.1.2 家具的分类和尺度 知识链接7.1.3 家具的作用 知识链接7.1.4 家具的选用原则 知识链接7.1.5 家具的布局方法 [学习情景] 7.2 织物 知识链接7.2.1 织物的特点和类型 知识链接7.2.2 织物对建筑环境氛围的影响 [学习情景] 7.3 陈设 知识链接7.3.1 陈设品的分类和特点 知识链接7.3.2 陈设在建筑环境装饰中的作用 知识链接7.3.3 陈设品的布置要点 知识链接7.3.4 陈设品的陈列方式
知识要求	1. 掌握建筑装饰设计中家具的历史、分类、尺度及选用和布局原理（重点） 2. 了解织物在建筑装饰设计中的特点、类型和影响 3. 掌握陈设在建筑装饰环境中的作用及布置手法（重点）
能力要求	1. 家具尺度把握能力 2. 家居风格把握能力 3. 织物的选择能力 4. 陈设分类能力 5. 陈设配置能力
实践项目	调查家具市场，进行家具品牌调查
教学场所	教室 + 家具市场+图书馆+网络
教学方法	课堂教学和市场考察相结合的方法实施教学
作业要求	1. 调查不同风格不同档次的家具品牌，按中、高、低三个档次制作品牌列表 2. 拍摄或收集至少20张不同类型窗帘的图片，并写出点评 3. 列出10种艺术品陈设，并说明其适合布置的场所
教学评价	1. 对家具品牌的把握能力，重点评价家具品牌的掌握情况（30%） 2. 不同风格的设计如何选择不同的家具，重点评价家具风格选择能力（35%） 3. 陈设的选择能力，重点评价陈设的选择能力（30%） 4. 完成时间（5%）

[学习情景] 7.1 家具

知识链接7.1.1 家具的发展脉络

家具是人类生活的必需品，也是人类生活的伴侣。人类生活的产生、发展是家具产生、发展的直接原因。了解家具发展史的脉络，能够打开我们的眼界，明晰家具发展的规律，丰富我们创新的语言和手段，创造出更加符合当代人需要并且具有设计史学价值的作品。

一、中国传统家具

有文物证明，中国早至商周时代，已经产生了家具的雏形。战国时代的家具其表面的文饰和制作工艺已经相当精美。在世界上具有影响的中国家具当数中国的明清家具。此时，中国的家具品种和类型已经十分齐全，家具的造型在世界家具史上独树一帜，达到相当高的水平。

1. 明式家具

明式家具的主要特点：造型简洁、结构合理、比例和谐、工艺完善、感觉清朗。我国著名明式家具学者王世襄先生对明式家具的特点概括为“十六品”：简练、淳朴、厚拙、凝重、雄伟、圆浑、沉穆、浓华、文绮、妍秀、劲挺、柔婉、空灵、玲珑、典雅、清新。这样高的评价对明式家具而言是完全能够担当得起的。当今而言，真正的明式家具在艺术上和经济上都具有相当的收藏价值。如图7–1所示。

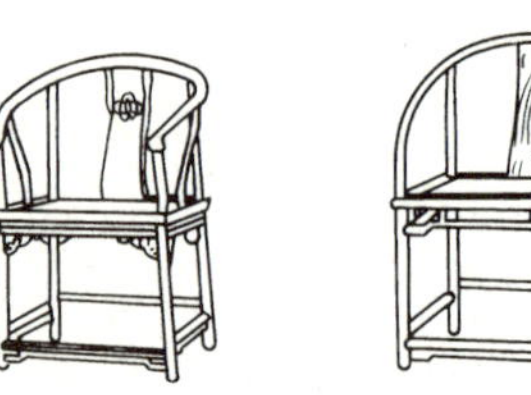
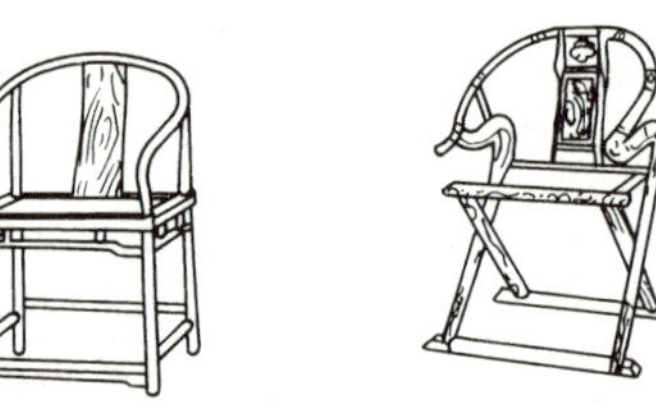

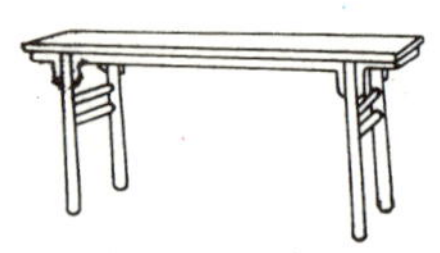
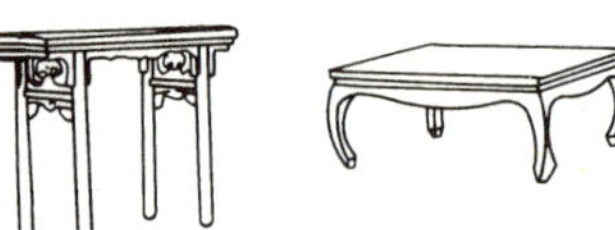

图7–1 明式家具

2. 清式家具

清式家具在构造上基本继承了明式家具的传统，但在造型和装饰上则表现的比较复杂和华丽。做工和用料更加考究、繁复，牙、角、瓷、玉、螺、贝、琅等材料成为清式家具表面装饰的常用材料。这种家具的风格特别为达官贵人所喜好，成为他们显示财富和地位的很好的介质。在艺术上它们图案精美、纹样得体、雍容华贵，也有一定的欣赏价值。如图7–2所示。

图7–2 清式家具

二、西洋家具

1. 古代家具

古代家具主要是指古埃及、古希腊、古罗马时代的家具。

古埃及家具的灵感大多来自于动物，特别是动物的脚和爪。牛蹄、狗腿的造型多见于古埃及家具，脚的方向与动物的形态一致，看起来特别自然。常见的古埃及家具有桌、椅、折凳、榻架、柜子。

古希腊家具与古埃及的家具有相似之处，同样有狮爪、牛蹄，家具也是长方形的格局。但到了公元5世纪后，镟木技术的产生推进了家具造型的发展，优美的曲线构成和活泼的造型开始出现，形式变得多样。

古罗马家具雕刻特别精美，有人物和植物造型的图样，狮身怪兽、石柱、莨菪叶等图形也十分常见，如图7–3所示。

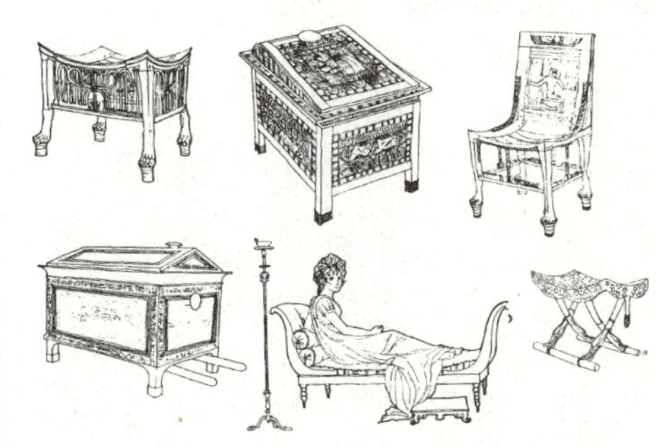

图7–3 古代家具

2. 中古时期家具

罗马帝国的衰亡到欧洲文艺复兴前的这段时期为中古时期。这个时期的家具主要有两种风格：一是仿古风格，二是哥特式风格。拜占庭建筑和哥特式建筑对家具的影响很大。建筑装饰的主题自然延伸到家具，如拱、花格窗、布卷褶皱、雕刻品到处可见。家具的种类不多，许多坐具同时就是柜子，家具的线条瘦直，这一时期的家具也被称为高直时期。如图7–4所示。

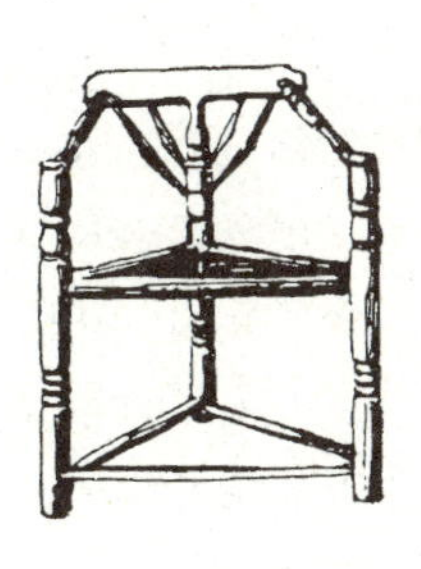

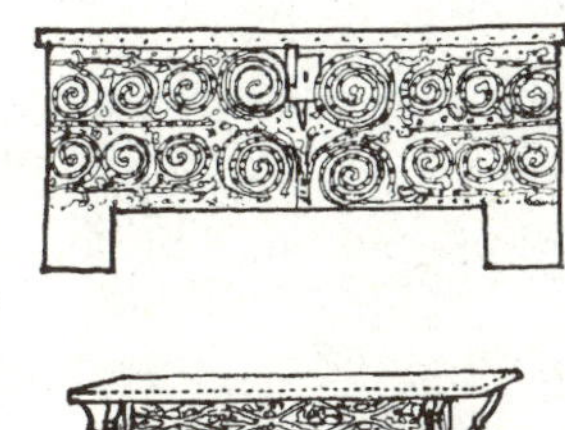

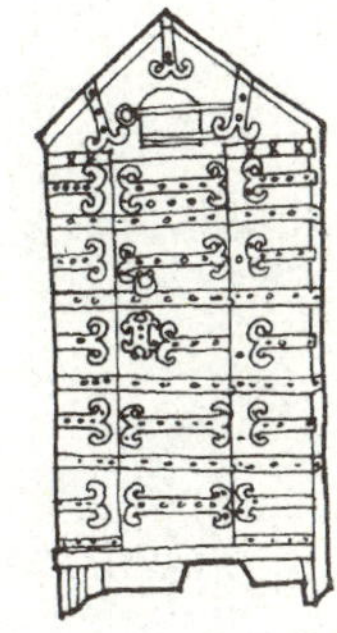

图7–4 中古家具

3. 文艺复兴时期家具

文艺复兴是以意大利为中心在欧洲展开。这一时期的家具吸收古希腊、古罗马建筑和家具的精华，形成自己的特色。如半柱、拱券都巧妙地移植到家具上，造型十分完美。如图7–5（e）的法国文艺复兴长桌就是完美的代表。意大利的家具以威尼斯的最为出色。它的特点是灰泥模塑制作的浮雕，工艺精细，表面贴金和彩绘，有工业化制作的雏形。如图7–5所示。

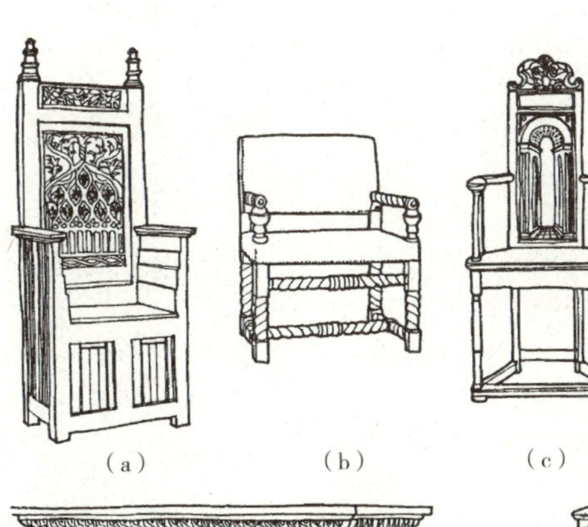

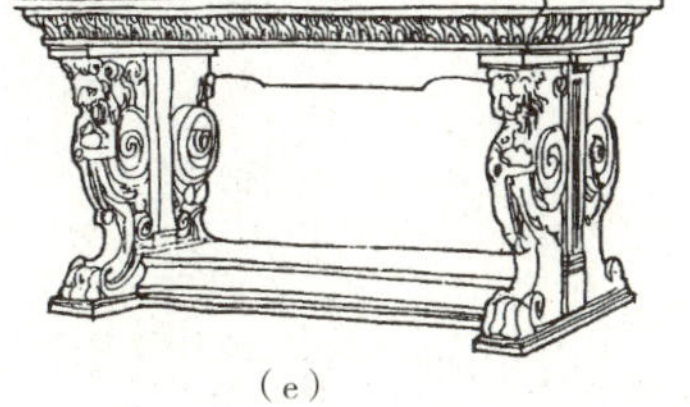

图7–5 文艺复兴时期家具

4. 巴洛克及洛可可家具

随着文艺复兴运动逐渐被巴洛克风格所取代，人性被进一步张扬，情感逐步渗入家具的设计。巴洛克家具最值得夸耀的成就就是将生活艺术设计和生活本身的需求密切结合。它的最大的特色

● 图7–6　巴洛克及洛可可家具

● 图7–7　新古典主义风格家具

是注重整体结构，简化不必要的细部，将表现力集中在关键部位。工艺上摒弃了圆形镟木和方形镟木相间的椅腿，采用迴栏状柱腿，椅座和扶手采用了皮革和织物包衬，代替了原来的雕刻，使得使用更加舒适。法国的巴洛克家具最有代表性。

洛可可家具在18世纪30年代逐步取代巴洛克家具。洛可可家具最大的成就是将优美的造型和舒适的功能进一步有机结合，成为一件完整的工艺品。路易十五式的安乐椅就是洛可可家具的典型代表。它优美的造型由委婉的曲线和精致的雕刻组成，靠背、坐位、弯腿浑然一体。织锦段或刺绣包衬在与身体接触的部位视觉上十分高贵奢华。如图7–6所示。

5. 新古典主义家具

在巴洛克和洛可可家具的后期，家具的装饰形式走向了怪诞、荒谬、虚假、繁琐的境地，人们渴望一种新的形式出现，以求得心理的平衡。这时，新古典主义家具就出现了。比较典型的是庞贝式风格和帝政式风格。

庞贝式风格最大的特点是将设计的重点放在水平和垂直的结合体上，用直线取代曲线造型更加挺拔，支撑也更加有力。

帝政式风格是比较彻底的复古风格，古罗马、古希腊成为复古的对象。将一些柱头、半柱、螺纹架甚至还将狮身人面像、半狮半鸟的怪兽等古典元素组合在家具支架上。在功能和结构上不太完善，在设计史上评价不高。如图7–7所示。

三、现代家具

1. 初期（1850～1914年）

以英国的威廉·莫里斯为代表的一批艺术家和建筑家倡导和推动了“艺术和工艺运动”，同时代的有欧洲大陆的“90年代运动”、德国的“青年风格派”、法国的“新艺术”运动。他们共同反对传统风格，探索可以代表自己时代的新设计形式，主张艺术与工艺的结合。出现了一批与传统家具形神迥异的作品，令人耳目一新。

在另一方面，德国的米夏尔·托奈特致力于手工工艺向机械化生产发展的探索，在历史上第一个实现了家具的工业化生产。米夏尔·托奈特的主要成就是研究成功蒸木模压成型技术，首次出现了曲木家具。大大推动了家具现代化的进程，使其获得了极大的声誉。使威廉·莫里斯等一批艺术家只做精品和艺术品，只为少数人服务的现象变成能够为大多数人使用的生活用品。如图7-8所示。

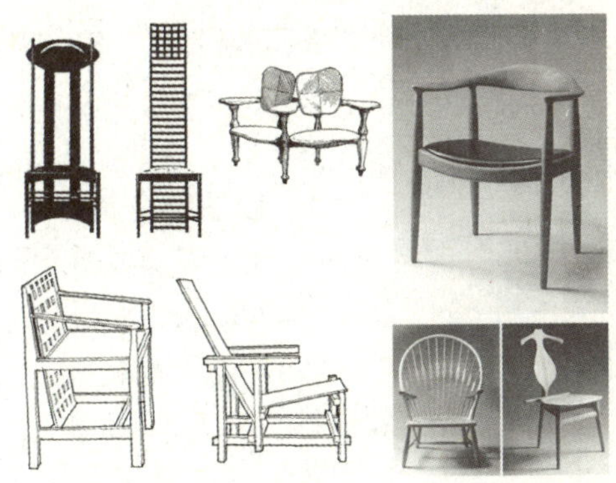

● 图7-8 现代初期家具

2. 发展期（1918～1938年）

德国的包豪斯学院开创的“包豪斯运动”以探索艺术与工业技术结合为宗旨，决心打破艺术与工艺之间的屏障，主张形式与功能的结合，艺术应该服务全人类。以格罗皮乌斯为代表的现代设计大师创作了一大批具有影响力的作品，同时在思想上为我们奠定了现代设计的理论。如图7-9所示。

● 图7-9 发展期家具

3. 鼎盛期（1945～1970年）

战后的美国集中了一大批世界各国的艺术家，特别是一批被迫迁到美国的欧洲的艺术家。加之美国在战争中赢得的雄厚的财力和快速发展的工业技术，使得美国成为战后家具发展最快的国度。新材料、新技术不断地出现，新工艺不断地成熟，胶合板、层压板、玻璃钢、塑料、金属等新材料新工艺制成的新家具不断出现，出现了许多全新概念的家具作品，并迅速地风靡世界。

20世纪60年代欧洲经济步入高速增长阶段，北欧、德国、意大利等国相继成为欧洲家具制造业的领头羊地位。推出了一大批经典的设计作品，深刻地影响着世界各国的设计界，如图7-10所示。

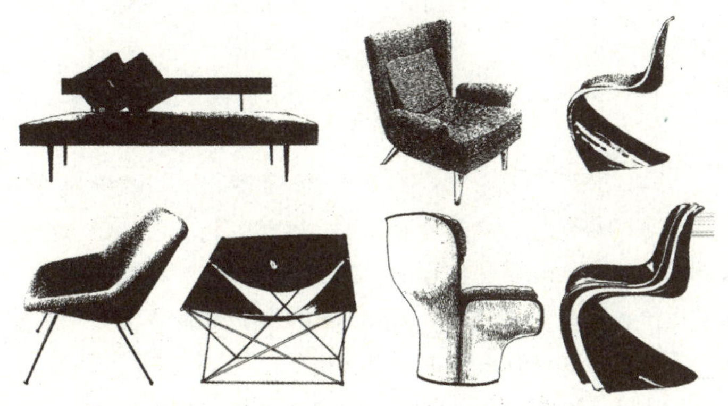

● 图7-10 现代鼎盛期家具

● 图7-11 多元期家具

4. 多元期（1970至今）

20世纪70年代人类开始步入太空时代，科技的发展日新月异，制造业、信息业生气勃勃。民主意识、参与意识不断高涨，新的艺术思潮也蓬勃发展。设计艺术上出现了短暂却耀眼的不同的设计思潮，如普普艺术、欧普艺术、后现代艺术等。这些也深刻地影响着家具业。怀旧、表现、民族风格、装饰、隐喻、公众参与、多元论、折中主义等五花八门，百花齐放。如图7-11所示。

知识链接7.1.2 家具的分类和尺度

一、家具的分类

家具的分类方法很多，这里我们以功能、材料、构造、组成、用途为线索进行分类。

1. 以功能分类

（1）坐卧类家具。顾名思义，坐卧类家具就是凳子、椅子、沙发和床具这类满足人类坐卧需要的家具。

（2）凭倚类家具。凭倚类家具与人体有直接的接触，对人的活动起着辅助作用，如桌、台、几、案等家具。

（3）贮存类家具。贮存类家具与人体活动产生间接的关系，主要是协助人类管理贮藏使用的物品，如架子、柜子等。

（4）装饰类家具。装饰类家具主要以美化人的生活、丰富空间效果为目的，同时也有阻挡视线等功能。如屏风、博古架、花架等。

2. 以材料分类

（1）木器家具。以木材为材料制成的家具。木材是制造家具的优质天然材料。它质量轻、强度大、多数具有美丽的天然纹理，触感舒服、温度宜人、导电性能弱、易于加工，表面处理性能也十分优越。这些都为木材成为优质的家具原料提供了可能。

木材品种丰富，有的质地坚硬，有的质地疏松，有的暗含芳香，有的色泽美观，可以成为不同用途的家具的基材。锯末、树皮等木材的副产品还可以制成人造板，为了节省木材保护自然资源，通过深加工技术，把木纹美丽的木头切削成薄皮，加工成贴面板，成为家具制造的价廉物美的家具制造的基本材料。

（2）竹藤家具。以竹、藤为材料制成的家具。竹、藤也是优质的家具基材。它们质地轻、强度高、色泽自然，特别是特有的弯曲性能和韧性，使它有别于木材，可以加工成造型优美、线条流畅、色彩素雅、风格独特的家具。世界各国历来有利用竹、藤材料制造家具的历史。

竹藤家具虽为同类，但竹、藤之间还是有一些区别。竹材质坚硬，抗弯性极强，不易折断。在高温下可以变软，有一定的可塑性、冷却后可定型。竹竿、竹皮、竹丝可分别利用。竹性凉，在夏季特别宜人。冬季配合一些软包也十分舒适。藤韧性和抗拉强度高、光滑细密、被水浸泡后特别柔软，干燥后又能恢复原来的坚韧特性。竹藤家具往往配合使用，如利用藤做框架主材，用竹皮、竹丝包扎外表或编织成面材。

（3）金属家具。以金属为材料制成的家具。适合制造家具的金属一般都是合金，如钢、铝、铜、钛、铁等。为了减轻质量和提高结构强度，大都采用管材。金属的加工成型的性能极好，而且强度高，不易损坏，所以经常用来做家具的支撑和骨架。但由于金属触感寒冷，常常需要与另外的家具材料配合，如皮、麻、纤维、玻璃、木材等及其他材料。

（4）塑料家具。以塑料为材料制成的家具。塑料是工业时代的产物，它是一种用途广泛的工业材料，大量应用于建材和家具制造领域。家具制作常用的塑料有ABS树脂、聚氯乙烯树脂（PVC）、聚乙烯树脂（EP）、丙烯酸树脂、发炮塑料、玻璃钢（PRD）等。塑料的特性是强度高、重量轻、耐磨、耐腐蚀、加工成型方便、色彩鲜艳、光洁度高、原料丰富、成本低、易于工业化生产等。缺点是表面易擦毛，在日光下容易褪色老化、开裂、强度下降。但这些缺点可以随着工艺和配方的改进，如在加工过程中改性处理或加入玻璃纤维等手段加以克服。

塑料家具一般都采用模具成型技术。一旦模具制作成功就可以大批量生产，所以它特别适合于人群密度高的公共场所使用，如运动场、剧院、车站机场、快餐厅、公园等。

（5）织物家具。以棉、麻、纤维包裹海绵材料制成的织物家具最近大行其道。织物家具以触感舒适，色彩自由、造型可能性大、可洗涤等优点被人们广泛接受。织物美丽的纹样和织物家具特有的编、织属性，使织物家具特别具有亲和力和柔性，具有其他家具所不具有的优越性。

（6）复合家具。由多种材料制成的家具可以称为复合家具。这类家具现在越来越多地出现在人们的生活中。除了上述材料以外还有石材、皮革、玻璃等材料大量应用于家具。它们以造型精巧、感觉丰富、做工细腻、材质得体、表现力强的特点受到人们的青睐。设计师利用各种材料的特性和优点，在原来单一材料的家具的基础上，局部采用其他更好更有表现力的材料，使家具更符合人们的使用要求。如有些餐桌的桌面局部采用大理石或玻璃，在材质上形成对比；有些豪华的床采用的床背和床沿大量采用真皮和海绵，床头柜则有木材和玻璃及灯光进行组合。

大规模的工厂化生产使家具的制造成本大大减低。如现在的办公家具以复合家具制造居多，民用家具采用复合材料制造也成为趋势。

3. 以构造分类

（1）框式家具。它类似于建筑的框架结构，用水平或垂直的档料组成家具的框架，再嵌入其他隔板材料。框式家具以木材和金属材料为主。

（2）板式家具。它是通过一定模数的板材及特定的五金件进行组合和装配，板材既可作为承重又可作为围合。这种家具现在十分流行。特别是表面经过处理的人造板材被精心地设计成为商品化极强的家具，如厨房家具。在这方面国内和国外有很多成熟的企业，它们在结构设计、表面处理、功能设计、产品营销方面有一套成功的方法，深受国内外用户的喜爱。

（3）折叠家具。有一些家具为了多功能的要求或是为了节省空间，采用可折叠结构。这类家具特别适合于贮藏、运输、携带，也特别适合于一些需要经常变化功能的场所。如多功能厅、会场等。居室中有时为了节省空间也用折叠家具，如折叠餐桌、沙发床等。

折叠家具的折叠形式主要有折动式和层叠式。

（4）充气家具。许多旅游用家具采用充气结构，在需要的时候，充入气体，使之成型。这类家具一般用封闭性材料制造，特别轻巧，也特别节省空间。

4. 以组成分类

（1）单体家具。单体家具每一件家具都是一件功能完整的独立的家具，可以单独使用。大多数家具都是单体家具。

（2）配套家具。相对于单体家具而言，配套家具需要有几个家具配合起来，其使用功能才完整地显示出来。如许多办公家具它是由台面、围板、小柜子、书架等组成一套功能齐备的办公家具，拆分开来，有的不能使用，有的功能不够完善。

（3）组合家具。它是由若干个具有一定模数关系的家具组合在一起形成一个家具的整体。这种家具在20世纪70～80年代在我国特别流行。组合家具的结构形式有的采用板式结构，有的采用框式结构，有的采用小单体组合成大单体的形式。现在的商品家具大多是组合家具。它最大的优点是它的可变性和可移动性。灵活多变的优点使它一直占据着家具市场的主要地位。

（4）固定家具。固定家具是与室内空间界面采用固定连接方式的家具。固定家具的做法可以归入到界面装修的范围中。

5. 以用途分类

（1）生活家具。直接为居室环境配置的家具称之为生活家具。我们对生活家具一般都比较熟悉。各种椅子、沙发、床具、各种柜子。这类家具直接与人接触，尺度与工艺一定要符合人们日常生活的要求。

（2）商业家具。凡是在商业场所使用的家具一般属商业家具。不同的商品的展示形态对商业家具有不同的要求，如对珠宝首饰和对一般生活用品的展示要求截然不同，家具设计时就不能同样对待。除了体现不同的展示特点外，还要考虑货物的流通特性。尺度设计一定要根据顾客群的特点。如以儿童为主要消费对象的商业家具就要适合儿童的尺度。设计商业家具一定要先熟悉商业的业态，然后根据特定的业态设计出专用的家具。

（3）展示家具。这是用于博物馆、展览馆、陈列馆等场合的家具。它的主要功能是要把人们的目光吸引过来，同时让人们清楚方便地看清楚它所展示、陈列的物品。所以展示家具既要适度“夸张”以引起人们的注意，又要使家具本身适度地“消失”。有些展示的物品有较高的经济价值，所以家具设计时还要考虑其防盗的功能。

（4）教学家具。它是用于教学环境的家具，如课桌、讲台、多媒体设备控制台、会议用家具、学生寝室家具等。教学家具的使用对象是学生和教师，所以应根据他们的行为特点，考虑安全、牢固、耐拆、耐污染等，并主要满足教学的需要。

（5）观演家具。用于演出和观看场合的家具称为观演家具。舞台家具设计必须根据特定的要求。观众厅的家具主要是坐具，美观、舒适和牢固是必须考虑的三大要素。

（6）特种家具。满足各个行业特殊需要的家具就是特种家具。如用于医疗环境的家具为医疗家具；用于体育赛事的家具为体育家具等。这些特种家具一定要符合它们本身行业的特殊要求。

二、家具的尺度

评价一件家具的好坏，从客观指标方面主要是看家具的制造工艺和环境属性等。从主观方面判断是使用起来舒服不舒服，观赏起来美观不美观，包括与环境是否协调。而它们都事关尺度。例如，一张写字台设计的是否好坏，一是看它坐着写字高低及桌面大小是否合适，桌下的空间能否让双腿自由伸展。这些都是使用的尺度指标。二是看它的造型比例是否得当，形式是否美观，色彩是否协调，这些就是观赏的尺度指标。所以，一件家具，无论从实用的角度，还是从艺术欣赏的角度，“尺度”是重要的衡量标准。因此，尺度是家具设计成败的一个重要的指标。

1. 尺度的依据

确定家具的尺度，用什么做依据呢？从使用的角度就应该用人体工程学的原理做依据；从观赏的角度应该用形式美的原理作为依据。

（1）人体工程学原则。家具是供人使用的。反之，人根据特定的目的使用家具。这句话有两重意义：一是说明了人是家具的使用对象，二是说明了人为什么要使用家具。

例如床，它主要是供人睡觉的，人使用床就是要能够在床上舒服地睡觉。因此，设计床，首先要确定这个床的使用者是成人还是儿童？睡觉的人数是多少？是为某一个特定的人定制的还是为一类人（如健康人、残疾人、病人）考虑的？有无其他附加功能？如果回答了上述问题，那么这张床的尺度就会明晰了。这些问题都是围绕着人体工程学而提出的。

我们在设计或选定一件家具时，首先要提出一系列与人体工程学相关的问题，然后，一个一个将其明确。

（2）美学原则。是尺度确定的另一个重要的原则，形式美原则中的比例关系特别重要。

2. 尺寸的确定

与尺度有关的人体工程学的问题主要有：

（1）人的测量数据（一类人还是一个特定的人）。

（2）人在使用这件家具过程中的姿势与肢体活动的范围。

（3）作业的流程和工作效率。

（4）视觉与触觉的要求。

（5）安全因素。

工作台尺寸举例，如图7-12所示。

（1）工作面的高度不是以地面为相对标准，而是以人的肘部高度为相对标准。通常认为肘下50mm为最佳工作面的高度。

（2）工作面的高度不等于桌面的高度，桌面高度还应减去工作物的高度（如计算机显示器的高度）。

（3）搁腿空间的确定必须满足坐姿的舒适条件；如果工作面的高度大于舒适坐姿两腿顶部的高度，那么大于部分可以考虑设置抽屉。

（4）舒适的坐姿必须有宽敞的搁腿空间，其姿势是两腿近乎水平，两脚有稳定的支撑。

（5）工作面的形状一要根据工作物的形状而定，二要根据人的手臂运动范围来确定。根据美国1960年测得的男女平均身高统计：男1735mm，女1610mm，男女手臂运动的轨迹分别如图7-12所示。这个数据与我国目前男女平均身高相近，故对我们有一定的参考价值。根据图7-12得出的结论，工作面的取值范围最好在500mm×1200mm左右。如此，再加上工作物的长度和宽度以及操作运动的轨迹。

（6）成人测量的数据其两极差异很大，若批量生产的工作台取什么值才能使更多的人适应工作的需要？原则

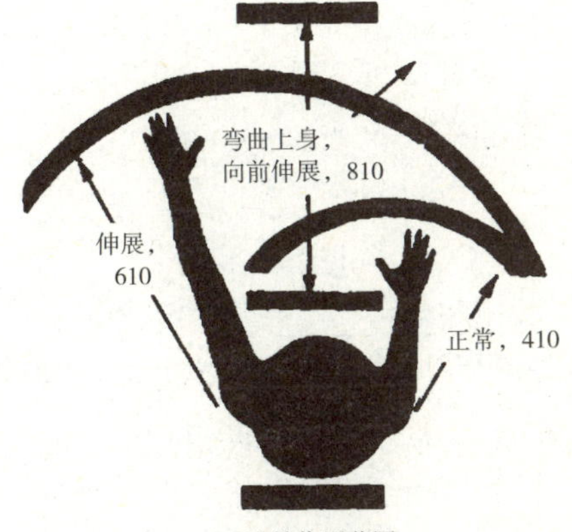

图7-12　手臂的有效作用范围

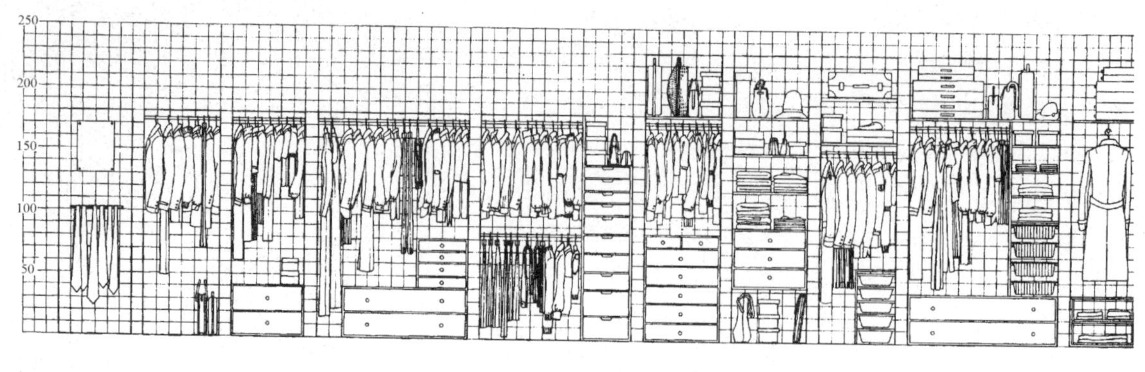

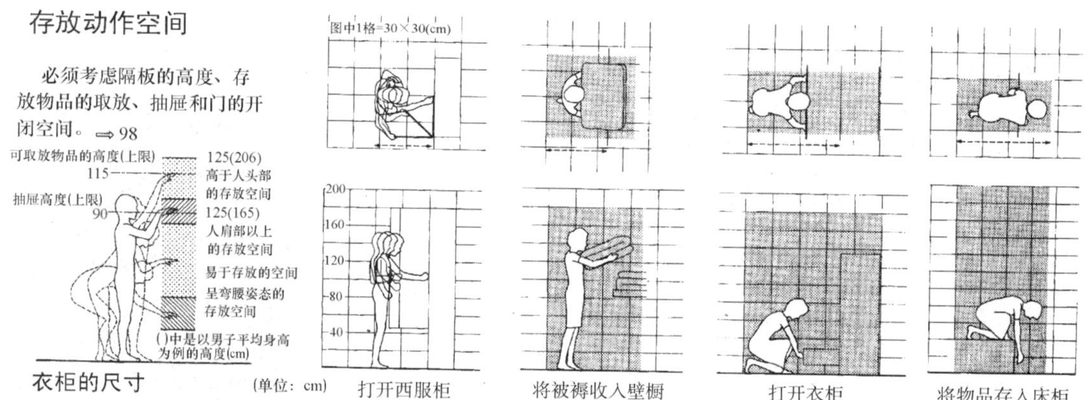

● 图7－13 取物区区域划分图

是：体型矮小的女子能够达到，体形高大的男子也能适应。不能根据平均值来确定。否则至少有50%的人感到不适应。但又不能为了照顾极少数人而大大提高制作成本。故合理的取值应该是95%或5%。

居室贮藏柜尺寸举例，如图7－13所示。

（1）贮藏柜的目的是有序地贮藏物品；

（2）家用物品有常用、间隔用，将它们分类贮藏，家具的贮物区应该分为多段式；

（3）下蹲取物区——不舒适取物区：500mm以下；

（4）弯腰取物区——尚佳取物区：500~1000mm；

（5）直立取物区——最佳取物区：1000~1700mm；

（6）抬头取物区——尚佳取物区：1700~1900mm；

（7）借助支撑物取物区——有一定的危险的取物区：1900mm以上。

椅子尺寸举例：

（1）座面高度的确定一般根据坐者小腿的长度，使坐者的脚能自然地平放于地面。按照我国人的平均身高，成年女性的小腿长度约为382mm，加上鞋的后跟20~50mm，一般坐椅恰当的高度为402~432mm；工作用的椅子减去5~10mm，沙发座面的高度为350mm左右。

（2）座面的深度一般略大于坐者大腿的长度。座面的前端要避免膝盖的压迫感。我国男性平均的大腿长度为445mm，减去膝盖的尺寸，座面深度为420mm比较得当。座面的深度影响人的坐姿。深度越大，人的坐姿变化越大。例如，沙发的座深一般大于工作椅，所以人在沙发上的坐姿就比较丰富，有的甚至可以半躺。日本天皇的会客厅其沙发的坐深设计特别浅，目的是让客人在天皇面前能保持端庄的坐姿。学生的座椅座深设计也要浅一些，一方面有利于学生在听课时保持良好的姿态，同时也有利于处于发育期的学生健康成长。

（3）座面宽度必须大于臀部的宽度，一般不能小于450mm。肩宽与座面的宽度也有一定的关系，扶手椅的扶手尺度就是根据肩宽来确定的。座面如果设计得太宽了，手就不能自然地搭在扶手上。

（4）靠背的高度及倾斜度要根据不同的椅子性质来确定。其倾斜的曲线要根据人的脊椎的曲线来设计。适当的倾斜会使人产生舒适感。工作椅一般是低靠背的，靠背的弯曲程度最好能把腰部托住。有些高背的椅子还要有托头的设计，如航空椅。当今许多汽车驾驶位的坐椅设计是比较科学的，多向调节装置可以根据不同的人的情况调节座位，以达到舒适驾驶的目的。

（5）靠背的宽度一般在350mm左右，不能设计的太宽，否则要影响人的自由转身。

（6）靠背与座面要形成一定的角度。105° 这个倾角常被采用。座面要适当向后倾斜，倾角一般为3° ~ 5° 。

（7）扶手的高度以手臂自然搁在扶手上为宜，一般以座面以上200~240mm为宜。

（8）座位必须有合适的弹性，但要根据不同性质的椅子来确定。座面有时还需要适当的弧度，以均匀分配臀部的压力。

知识链接7.1.3　家具的作用

家具具有使用和审美两方面的作用。在建筑室内外环境中，家具的作用是使建筑具有实用的意义，同时又辅助建筑达到某种艺术的效果。在人们生活中，家具辅助人类维持生活的完整。因此，可以毫不夸大地说，家具在建筑和人们生活中的作用是决定性的。没有家具，建筑将失去大部分的意义而成为一堆空壳，人类生活——学习、工作、休息、休闲、娱乐也会变的一团糟。

一、家具在空间环境构成中的作用

我们把建筑师营造的空间俗称为“一次空间”，一次空间经过建筑师的精心营造，建筑的大效果和大的空间格局已经确定，但它还是一个空壳，还是不能被人们具体使用。要进入具体的使用状态，还要经过建筑装饰设计师运用丰富的专业知识进行再创造。

例如，建筑师给定的是某个房间在整个建筑中的空间位置、朝向，以及房间的长、宽、高的尺度和门窗的位置。至于这个房间要把它定义成什么性质，要把空间的功能具体为什么区域、功能、效果、氛围等，就要装饰设计师进行再设计和再创造。这样才能使空间变得亲和，可使用，有效率并且优美。这种空间我们称它为“二次空间”。在这个二次空间的创造中有许多专业的手段，但其中家具是相当重要的一种。家具可以积极、灵活地参与建筑空间环境的组织，使建筑达到某种特定的效果。家具在建筑空间环境组织中有以下作用：

1. 限定空间

一次空间相对来说是粗犷的，设计师的许多思考是宏观的，没有经过详细的限定。

● 图7-14 用家具来限定各种功能的空间

● 图7-15 家具围合出了不同的办公区域

● 图7-16 沙发组织出不同性质的会客空间

一个大的空间可以通过家具对它进行定义。放上办公家具它就定义成办公室；放上餐桌等就餐家具，它就定义成餐厅；放上一个讲台和一批椅子，它就变成了一个新闻发布会的会场……家具可以确定或改变空间的性质。对经过定义的大空间中的具体功能也可以通过家具进行再定义和再限定。如办公区，可以通过家具细化为接待区、办公区、主管区、生活服务区、休闲区等；同样道理，一个餐厅，可以通过家具来限定一个个具体的就餐区域、配菜区域、服务区域等。如图7-14所示。

2. 组织空间

在二次空间中，许多空间组织的功能是由家具来实现的。一个空间的贯通或阻隔可以通过不同的家具来实现。

例如，在同样一个办公空间中，我们可以通过比较高的家具充当分隔空间的工具。通过它，围合出一个主管使用的区域；通过比较低的隔断使办公区形成有分有合的员工办公区域。如图7-15所示。

在一个客厅中，通过不同的会客家具的摆放和组织，营造出不同的效果。如谈判式、情侣式、主次式、休闲式等，如图7-16所示。

3. 划分空间

空间的划分不一定要使用固定的墙壁，通过一些特殊的家具，如屏风、透明的展示柜、花架、高大的贮藏柜等进行空间划分也十分方便而且有效。这样的空间划分可以使空间更加灵动、自然、丰富。例如某餐厅的设计，通过将半透明的玻璃隔断与家具配合，巧妙地划分了餐厅的多个就餐区域，营造若影若幻的视觉效果。如图7-17所示。

4. 填补空间

为了建筑的整体效果，有许多一次空间往往会有一些凹进凸出的零碎空间，在一些转弯抹角的地方也有一些零碎的空间，如果不对它们加以利用，一方面造成空间的浪费；另一方面可能也浪费了一些出彩的机会，十分可惜。这时，我们可以通过一些家具小品来对它们进行填补，营造出某种特殊的视觉效果或实用功能。

5. 利用空间

对小面积用户，为了充分提高空间的利用率，常常用家具把一些闲置空间利用起来。如利用吊架、隔柜等把头部以上的空间利用起来；利用地台、矮柜把脚部以下的空间利用起来；利用折叠家具使空间具有多种功能，也起到了扩大空间的作用。

例如，在有的客厅中巧妙设置地柜，白天为“和式”的起坐区，到了晚上只要把床拉出，就变成了卧室，变化十分轻松方便。

6. 模糊空间

在实际生活中有些空间需要一种不确定性和模糊性，常根据不同的需要调整空间的性质。例如，我们经常会遇到的多功能厅。这个空间有时用作会议，有时当作教室，有时成为娱乐场所等。这时我们就通过一些功能特殊的家具，如折叠家具、可组合家具、多功能家具等，让空间按使用者的需要改变性质。

在居室中，尤其是面积不大的居室，一个空间常有多重使用功能。例如有的房间用作书房兼客房；有的房间为客厅兼卧室。这样的模糊空间就可以通过一些经过精心设计的家具来帮助我们实现房间功能的转换，如图7-18所示。

利用家具来限定、组织、划分、填补、利用、模糊空间，是我们必须深刻理解、灵活运用的专业基本功。

二、家具在环境氛围营造中的作用

上述物质的功能仅仅是家具功能的一个方面。除此之外，家具还有许多文化、精神范畴的功能：

1. 陶冶情操

家具既有物质的功能，更有精神的功能。一件优秀的家具，它首先具有吸引人们视觉的作用。我们都有这样的经验，在家具市场挑选一件家具，首先是看家具的造型对不对自己的胃口，然后才会注意它的价格、材料、工艺、质量。如果是一把椅子，我们会去坐一下，体验一下舒适程度。如果一件家具根本没有吸引你，你就不会进一步关心、了解它的其他品质。所以说，人们挑选家具时往往精神认同在前，物质认同在后。对家具的款式、色彩、造型、肌理、尺度的要求是放在比较突出的位置的，对其他因素放在相对次要的位置。而这些放在突出位置的因素正好作用于人们的精神领域，它们与人们的情操、爱好、品位有极大的关系。优秀的家具设计师深谙此道。它们能通过自己的独特的立意、巧妙的构思、别致的造型、得体的工艺、精湛的质量把一件家具的意韵表达出来，从精神上不知不觉地影响受众。

随着人们生活水平的提高，人们有能力消费精神因素更多的产品，家具也在此列。一件家具，满足功能要求已经变成基本的必须做到的要求，而满足精神的要求才是人

● 图7-17　用家具分割空间十分有效

● 图7-18　床可以隐藏起来，活动空间就会加大

● 图7—19 设计师是利用家具营造了怀旧的室内环境

● 图7—20 利用家具确定室内环境的色彩倾向

们孜孜以求的东西。

2. 主导室内风格

室内的风格是有多种因素共同组成的。这其中，家具可以起到主导的作用。在室内设计中风格的确定往往可以通过家具来实现。在一间什么也没有的房间里，放进什么风格的家具，那么这个房间就体现什么风格。所以家具的风格、品质直接影响空间的风格和品质。

对建筑空间而言，家具是一种风格化极强的造型元素。现在有许多设计师喜欢通过家具含蓄而巧妙地表达自己作品的风格，用家具为自己的作品点睛。例如有一怀旧风格的茶馆，以百年房梁木为原材料，制作的门窗、家具，木纹清晰，纯朴厚实。纯手工的工艺将木筋雕琢出来，钉眼疤痕显现原始风貌；家具营造出浓郁的怀旧风格。如图7-19所示就是家具营造出后现代主义的室内风格。

3. 调节环境色彩

在室内空间中家具的体量一般比较大的，较能引起人们的注意，它的色彩对室内环境也能起到较大的调节作用。例如，有时设计师会对空间的界面用比较活泼的色彩，而用色彩比较沉着的家具去均衡活泼的色彩。反过来，空间的界面采用比较素的色彩，通过色彩鲜亮的家具来使空间出彩。

前几年，在我国一般家具以中性色居多，特别是体现制作材料本身纹理的家具，如木器家具、竹藤家具。而现今，一些复合材质的家具、塑料家具、织物家具使家具的颜色呈现出前所未有的丰富和多样，设计师完全可以通过家具来主导空间的色彩倾向，如图7-20所示。

4. 反映民族特色

家具制作地域性强的特点决定了家具具有强烈的民族性。纵观家具的历史，民族性的特点特别突出。越是民族性的东西在世界上越是有地位，越是民族性的东西越是有魅力。在空间中放入个性独特的民族家具，空间的风格一下子就体现出来了。中国传统风格家具在世界家具市场中大行其道，设计师喜欢用几件民族风格鲜明的古老家具来点缀环境，提高室内的艺术品位。古希腊、古埃及、古罗马的风格同样受到重视。非洲风格、印第安风格、澳洲土著风格、南亚风格、伊斯兰风格也都十分耀眼，经常被设计师用来装点自己的作品，如图8-21所示。

知识链接7.1.4 家具的选用原则

家具的选配不是一件容易的事情。有时，一个空间界面装修完成了，没放家具时它的风格非常统一，尺度非常和谐。而家具摆放进去以后，空间的风格就变得不伦不类了，尺度也变得别扭了。一个居室装修完成后，设计师往往要陪着业主在市场里挑选家具。这说明人们普遍认识到家具的选择是专业人员的专业工作。家具选择要从以下方面进行权衡:

1. 功能用途

选配家具首先要明确空间和家具的功能用途。办公环境的家具与居住环境的家具有不同的要求。同样的功能，环境不同，选配家具的款式也有区别。例如在商业餐厅里十分好看的餐桌，放到家里可能就不好看了。这一点需要设计师细细地分析、判断、把握。

2. 比例大小

任何比例都是相对的，应根据空间的大小确定家具的尺度。在没有摆放家具之前的空间比例十分和谐并不代表放了家具之后比例也能和谐。有时，设计师在尺度完全不同的购物空间里也会失去对尺度的把握。所以在选家具时不能凭估计，更不能感情用事。事先要确定家具的尺度，现场要对家具进行测量。这样才不会出错。

3. 色彩倾向

色彩不协调，也是选配家具时易犯的错误。色彩的协调跟尺度一样，是相对的。本来协调的色调可能因为加入了新的色彩因素而失去色彩的平衡。另外，在商场的环境中，色彩协调的家具，在换了一个色彩环境后可能不协调。精明的商家为了推销自己的商品往往动用各种手段，其中就包括色彩的手段。为了突出某样家具，在周围配置得体的衬托色彩，加上巧妙配置的灯光，使家具显得特别迷人。所以，在选择家具的色彩时要保持理性，要以原来确定的色调和配色方案为基点，选择色彩相近的家具。

4. 情调与风格

情调与风格也是一个重要的考虑因素。家具的情调和风格一定要以空间的情调和风格保持一致。千万不要与之冲突。一般为情调和风格鲜明的空间选配家具，不怎么会犯错误。例如，在“中国风”的情调环境里不太会用现代家具。但究竟是选择明式家具还是选择清式家具就不易把握了。明式家具风格清朗洒脱，而清式家具风格细腻饱满。同样是中国风格，格调却绝对两样。又如，欧式风格中包括北欧、西欧、中欧等不同风格，其中，北欧风格似乎更简洁些。在这样的情况下选择家具就需要一定的眼力

● 图7-21　民族风格鲜明的空间风格是用家具来表达的

和丰富的知识。

有些风格中性的环境，选择家具也有一定的难度。一不小心风格和情调就会走样。

特定场所对环境的情调与风格有特定的要求，因此要顺从这些要求。在设计公司与网吧空间时，虽然同样有大量的电脑桌，但在选择电脑桌时两者的风格和情调的要求是截然不同的。

知识链接7.1.5 家具的布局方法

家具在布局时我们可以运用以下程式和手段。

一、空间位置

1. 周边式

周边式的家具布局方法是将家具沿墙壁四周布置，中间部位留出较大的空间。这样的布置方法空间比较节省，感觉比较宽畅，人的活动空间也大。缺点是家具的使用性有时会减弱。

2. 岛式

岛式的家具布局方法是将家具布置在房间中央，留出四周的部位。这样一来，家具成为房间的主角，使用起来十分方便。重要的功能家具采用岛式布置效果十分醒目。如工作台采用岛式布局，四周可以操作。空间比较大的现代厨房采用岛式的空间布局，特别适宜于边操作边进餐的生活方式。岛式布置的缺点是空间占地较大。如图7–22所示。

● 图7–22 为岛式的家具布局

3. 单边式

单边式的家具布局方法是将家具集中一侧布置，留出另一侧或作为走道或作为活动的空间。这样的布局功能区划分十分明确，空间效果简洁明了。如图7–23所示。

● 图7–23 单边式的家具布局

4. 走道式

走道式的家具布局方法是将家具布置在室内两侧，中间形成走道。走道自然分隔了空间和区域。

5. 凌空式

凌空式的家具布局方法是将家具布置在空间的上部，以便给下面留出较大的空间，是一种节省空间的布局方法。用的得当，也会取得特殊的效果。缺点是使用可能不太方便。

二、艺术格局

1. 对称

对称式家具布局的效果严肃、端庄、大方。适合于正式和隆重的场合。例如，各级政府和大的机构的会场、会客厅；举行重要的仪式的场所等。过去大的家族的厅堂也常采用这样的布置。

2. 均衡

均衡式的家具布局的效果活泼轻松，自由流动。适合于多数轻松、休闲、自由的场合。

图7-24、图7-25是采用对称与均衡的两种方式布置的家具，效果完全不同。

3. 集中

集中式的家具布局，效果简洁明了，适合于功能单一、面积较小的场所。

4. 分散

分散式的家具布局的效果丰富多样，适用于大空间、多功能的场所。布局时要注意功能的合理安排和流线的顺畅。

● 图7-24 儿童房间家具采用均衡的布置方式比较活泼

● 图7-25 中国传统的家具布置一般采用对称的方式

[学习情景] 7.2 织物

从环境构成的介质分，建筑环境可分为硬环境和软环境。天花、地面、墙面、固定家具等都是相对固定的，由它们组成的建筑环境就是硬环境。它们往往具有不可改变性，从大的方面决定了室内空间环境格局和视觉条件。然而，仅有硬性介质的环境是不完备的。人们在休息时希望坐在松软的沙发上；寝卧时希望躺在柔软的床垫上；进餐时希望有一块干净、柔软的布垫在手下；遇到过强的光线，希望用窗帘把它减弱……。所以，在室内环境中，如沙发布、床垫、床罩、窗帘、桌布等物品自然而然地成为室内的软性介质，并由它们构成了建筑的软环境。

建筑环境中如果缺少软环境，人们就会失去生理和心理的平衡。我们可以想象，单靠硬质的地面、墙面、顶面等界面装修，难以构成舒适的室内环境。这还是仅从触觉而言。从视觉而言，人们希望自己面对的是一个丰富多彩的世界，当然不希望与自己生活有密切关系的环境中只有硬朗、挺拔、坚实的形态，只有砖石、玻璃、金属、缸砖、木材等硬质材料构成的形态感觉。更是希望自己看到刚柔相济的视觉效果，如用地毯覆盖部分硬质地面；用软垫放在硬板坐椅上；用自然下垂的窗帘来装饰线条简单硬直的窗框；用柔软整体的床罩罩住床面。甚至用织物来包饰柱子、墙面……，这样刚柔并存的视觉形态使人们的感官得到愉悦。

软环境能安抚疲劳的肢体和精神，使人在生理和心理上感到良好的舒适性和可依靠性，如图7-26所示。

● 图7–26 织物为大堂的装饰营造了良好的舒适性

知识链接7.2.1 织物的特点和类型

一、织物的特点

1. 品种丰富、质感强

织物的基本质料有毛、麻、棉、丝、化纤等，由这些基本材料制成的织物有的平滑、有的粗糙、有的轻柔、有的凝重、有的飘逸、有的挺括、有的薄透、有的端厚，各种织物的视觉效果都由于其质地的独特而显得独特。近年来人们对质感美的认识越来越深化了，织造工艺设计师十分注重织物肌理的创造。许多织物的魅力正是来自各种肌理的感觉。

2. 纹样优美、工艺多样

装饰织物本身除了质地经过品种工艺师的设计之外，它们上面的纹样、色彩也经过图案设计师的精心设计。纹样优美、效果动人。织物的染色和纹样的成形工艺非常丰富，织、提花、印、染、手绘、漂、磨等，每一种工艺之中又可以有许多变化。以染来讲，大家所熟悉的蜡染、扎染与普通的印染在装饰效果上就有很大的区别。可以说，每一种工艺都具有自身独特的美感。因此，有些装饰织物的观赏价值相当高，有的几乎可以作为纯艺术品。用它们来做室内装饰怎么不会创造出怡人的效果呢?

3. 加工性强，成形方便

织物总的说来是软性的，它们本身的加工性很强，成形方便。从原始的布到印花的织物，从各种纱线到五彩缤纷的绒线，经过缝、织、挂、折、卷、吊、垂、裁、拉毛、剪缺、包、拼等加工手段，它们可以被塑造成为各种各样的具有很强审美性的形态。近年来发展很快的织物壁挂，织物软雕塑，织物玩具等就被广大民众所青睐。

4. 良好的物理性能

织物具有很好的吸声、避光、调温、防尘、挡风等物理效果，它们可以改善室内的物理环境的质量。

5. 可变性强

织物本身比诸多硬介质要轻便，有的织物价值也较低，可换性也大，脏了可洗。甚至没有用的旧织物、旧衣服经过一定的加工之后，可以制成很有个性的壁挂、信插、靠垫等。

二、织物的类型及功能

在建筑装饰中，运用织物做装饰品主要有两个基本类型：一是实用装饰型。结合实用，既满足实际的功能需要，同时也满足装饰功能；二是艺术欣赏型。把织物作为纯粹的渲染室内环境氛围的艺术品看待。

1. 实用装饰型

（1）帷幔。帷幔是建筑装饰中的一种实用装饰织物，它的表现形式主要有两种：一种是作为软隔断的织物；另一种是施于床笫周围的垂挂物。如图7–27所示。

帷幔的主要功能是限定空间，强化功能空间的含义；加强私密性和安全感；渲染空间气氛。

（2）窗帘。窗帘是最常见的实用建筑装饰织物，无论公共建筑还是民用建筑都离不开各种形式的窗帘。常见的织物窗帘形式有垂帘、拉帘、卷帘等。品种有棉、麻、纱、丝、化纤等。

窗帘的主要功能是挡视线、阻光、防风、防尘、调温、隔声等。它的功能的强弱主要取决于窗帘的面料、品种、大小、层数。面料厚的，面积大的，层数多的其功能就强，反之其功能就弱。功能强弱的选择是根据具体的使用要求提出的，并不是一味地以强为好。如图7–28所示。

（3）床上用品。床上用品主要有床罩、枕套、被套、靠垫套、脚垫等，这是日常生活中不可缺少的生活用品。随着家纺业的不断发展，成套的床上用品品种非常丰富，高、中、低各种品类应有尽有。

床上用品主要功能是防护床上用品的胎芯不受人们日常使用的污染；同时由于它的成套性和覆盖面大的特性，它也能美化居室，有的甚至可以作为居室装饰的主要手法和装饰主题。

（4）生活用品。作为生活用品的织物品种更是数不胜数，如桌布、靠垫、地毯、沙发巾、毛巾、浴布、信插、餐巾、杂志袋等。

它们的主要功能一是给家具以一定的保护；二是遮尘、防污、保持室内整洁；三是提高生活的舒适度；四是装点环境和调节气氛。由于这些物品经过设计师的设计，造型和色彩都相当美丽，特别吸引室内装饰师和家庭主妇的注意。

2. 艺术欣赏型

（1）织物壁画。将大幅的纹样独特的织物挂在墙壁上就可以成为织物壁画，如图7–29所示。蜡染、扎染等工艺织物有强烈的视觉效果，常被用作织物壁画。

（2）织物雕塑。将织物通过折、缝、吊、挂、剪、包、圈、拉毛、拼接、剪缺等手法，结合支架、挂钩等物

● 图7–27　以帷幔为主要设计手段的卧室

● 图7–28　薄如蝉丝的双层窗帘，它能透过光线，阻隔视线

● 图7–29 织物壁饰（挂）具有很强的装饰效果

● 图7–30 织物雕塑让人感到非常独特

● 图7–31 很有质感的纤维壁挂

体可以制成具有特殊表现力的织物雕塑。它可以产生具有一定空间感的形态，如图7–30所示。用织物雕塑来装点室内容易形成节日气氛。

（3）纤维壁挂。纤维壁挂近几年来获得比较大的发展，它的材料及编织语言很多，形成的肌理感很强烈，表现手法也非常丰富，并具有相当的量感。它已成为被人们所喜爱的具有特殊语言的软雕塑。如图7–31所示。

知识链接7.2.2 织物对建筑环境氛围的影响

织物对建筑环境氛围的影响很大。因为织物无处不在，面积又比较大，很能引起人们视觉上的注意。所以，织物对环境的影响力，我们要有足够的认识。在设计时，对织物的软环境设计一定要与硬环境设计有机地统一起来。通盘考虑，全面规划。否则，如果割裂开来考虑，或者根本不作考虑，将其推给用户自己考虑，那么就会使建筑环境装饰不统一，不完整。建筑装饰上的许多败笔就是来自这里。

对软环境装饰的把握，来自于对主要织物品种的美学特性和其对建筑环境氛围影响的深入了解。主要的织物品种有帷幔、窗帘、地毯等。

一、帷幔对室内环境氛围的影响

用帷幔来限定空间十分简便。相对固定隔断而言，其制作成本也比较小。在一个较大的空间中，可用帷幔将其一分为二或者更多。用帷幔限定的空间关系可以随时变化，需要分时拉拢，需要合时拉开。

帷幔常采用悬挂、吊、卷等方式来进行设置。可以说，它是一种不悬挂在窗前的“窗帘”，如图7–32。

帷幔可以强化空间的功能，其最典型的一种做法是将它施于床第周围，强调卧区的私密性、隔离性、装饰性。如图7–33。有人用织物作人字形垂挂，这样便在床的上方形成一个明确的范围，它能在心理上给人一种安定感和庇护感。

帷幔与窗帘一样，在加强私密性方面有很实际的作用。这种私密性不仅是心理上的，在客观上它也很有效。在居室中，有些不希望被外人看到的东西可以用帷幔将其遮盖起来。例如，在一间会客室兼卧室的居室里，常常有人将卧区用帷幔将其挡住。又如居室中有些不太雅观或比较零乱的部分也可用帷幔将其遮住。如图7–34所示。

帷幔对美化室内空间的作用也很明显。比如将零乱碎杂的物品用图案色彩美丽的帷幔遮住，效果可以立刻改

● 图7—32　运用多种手法悬吊的帷幔

● 图7—33　将帷幔施于床的四周，这种设计方法十分常见

观。帷幔本身的质地、纹样、色彩经过设计师的精心设计，它本身就有悦人的视觉效果。将这种美的织物悬挂在空间中，自然具有美化空间的效果。

二、窗帘对室内环境氛围的影响

窗帘对墙面和窗的装饰作用不言而喻。窗帘使墙面和窗有了表情、有了效果。从而对室内的整体形成好的氛围也有相当大的贡献。窗帘对环境的影响主要有以下方面：

1. 窗帘的大小

除了从功能出发考虑窗帘的大小之外，更应该从装饰效果的角度来决定窗帘的大小。小的窗洞可以用小窗帘，也可以用大窗帘。从装饰的角度而言，窗帘的大小要与窗户、墙面及周围环境形成一定的尺度关系。小窗帘具有点式的装饰效果，大窗帘具有面式的装饰效果。小窗帘关闭时犹如墙面上挂的一幅画，而大的落地窗帘犹如把一块墙面贴上了织物。

更有甚者是在居室把窗帘与四周墙面的织物联成一体，用一块统一的织物把室内四周全都围起来，只在窗户和门处开两个口子，这样的居室具有特别浓郁、温馨的气氛。用于卧室效果相当怡人。如图7—35所示。

2. 窗帘的色彩

窗帘具有一定的面积，况且它的位置大都非常醒目。因此，窗帘的纹样与色彩往往会决定一个墙面乃至整个室内的大效果。

就窗帘的色彩而言主要把握三方面：

一是采用对比配色还是采用同类色。对比色比较醒

● 图7—34　帷幔遮住了不雅的地方

● 图7—35 帷幔成了主要的装饰，效果舒适致极

目，效果比较强烈，选用时要特别慎重，弄得不好会失去统一的效果。同类色易于协调，易于和墙体的色彩融为一体。这种配色比较保险。

二是采用高纯度的色彩还是采用低纯度的色彩。高纯度的色彩比较鲜亮刺目，而低纯度的色彩则比较温和、含蓄。若要强调出窗帘的装饰效果可采用纯度偏高的色彩，若要强调墙面的整体性则可采用低纯度的色彩。

三是要注意色调的季节性和感情性。色调中一类是偏暖的，另一类是偏冷的，也有中性的。夏季人们希望清凉，所以宜用偏冷的色彩，冬季则相反。色调明确的色彩感情性也很明确。所以在选择时要选用适合用户意愿的色彩，千万不能只根据自己的爱好选用用户不喜欢的颜色。

3. 窗帘的图案

就窗帘的图案而言也要注意三条：

一是采用抽象图案还是采用具象图案。这主要根据个人的爱好与室内的整体装饰风格而定。如采用现代风格的室内，其窗帘以选用抽象图案为宜；而选用传统风格的室内，则可考虑选用具象图案的窗帘。

二是选用独幅图案还是选用连续花型的图案。独幅图案的窗帘其效果犹如一幅壁画，它有完整的主题、内容情调。好的独幅图案能够吸引人们的视线，成为独立的视觉中心。但独幅图案的窗帘其折的效果不一定好。采用连续花型图案的窗帘，对视觉的吸引力不很强，只要它本身的排列美，色彩好就可以了。它在室内一般起陪衬作用，连续花型图案一般来说折的效果比较好。

三要注意纹样大小对室内空间感的影响。大的纹样具有扩张感，对面积小的居室来讲会使居室更显其小；而小的纹样会使小的居室显大。条形图案的织物窗帘要注意它们对居室高度及宽度的影响。细密的竖条纹样对居室有增宽感，细密的横条纹样对居室有增高感。但宽条的纹样其感觉与之相反，宽条的竖条纹样可使室内产生矮的感觉。要注意运用视错原理来调整室内空间的尺度感。

4. 窗帘的款式

从窗帘的挂置款式来讲主要有三种基本方式：

一是单开窗帘。窗帘向一面开闭。它的挂置与开闭简洁明了，适宜于小型的窗户和偏于一侧的窗户。单开窗帘可以单层，也可以双层。

二是双开窗帘。窗帘可向两面开闭。它的悬挂较之单开窗帘端庄气派，它适合比较大的窗户。一般说来双开的窗帘采用对称的格局，但为了追求生动和富于个性，也可采用非对称的方式。双开窗帘可以单层也可以多层。多层的双开窗帘会显得很有层次感。如图7–36所示。

三是其他挂置方式的窗帘。如卷帘、半帘、挂帘等。这类窗帘的挂置装饰性很强，也很灵活，仅遮住窗户的部分，效果非常整洁。

上述三类窗帘的具体款式千变万化，各具优点。有的豪华、有的简明；有的柔情、有的飘逸。如果在窗帘的边缘加上一些荷叶边，打上一些褶皱，更显得柔美无比。对窗帘的其他附件如顶罩、垂穗、窗帘扣、圈等也应与窗帘的质料、色彩、纹样、款式相协调。附件搭配得当时，窗帘便会显得更加完整景致。如图7–37所示。

三、其他织物对室内环境氛围的影响

室内织物的表现形态还有很多，如桌布、床罩、沙发巾、茶巾、床单等。这些织物中有的面积较大，对室内的装饰效果会起到一定的影响。其质地、纹样、色彩的选择可以与窗帘与帷幔作同样的要求。

在室内环境中如果大量运用织物，要特别注意织物的统一性与联系性。窗帘、帷幔、桌布、床罩等最好要互相呼应。不少人选用同一花样的织物，这可以给室内带来很强的统一性。但也不必强求一致，因为窗帘、帷幔的质料与桌布、床罩的质料、在功能要求上有所区别，在市场上很难买到不同质料，同样款式的织物。选购时要讲究色彩、纹样与质地内在的联系，讲究协调性，否则可能给室内带来眼花缭乱的效果，这是应该努力避免的。如图7–38所示。

具体来讲，桌布最好素净一些。或采用小花型的装饰，或采用格子装饰，太刺激的色彩或大花图案会冲淡餐桌上菜肴的形和色。铺在书桌上的台布最好采用素色否则容易使读写者分神，要避免视觉上的扰乱。

床上用品的图案色彩最好一致，要追求一种铺设以后的完整感。不要单从床单或床罩本身去评价。我国传统的床上用品采用的“四菜一汤”纹样设计，单独挂起来看或许很美，但一经铺到床上其图案往往就破碎了。沙发巾的道理也一样。

织物还有另外一个妙用，即为旧家具添新装。有些过时的家具和陈旧的家具，可用织物来改善它们的形象。旧的藤椅披上新的特制的织物后就神采飞扬了；锈蚀的钢管椅用织带把它绑上，看起来舒服又美观；旧的桌子上摊上

● 图7–36　多层双开窗帘

● 图7–37　窗帘与附件十分协调

● 图7-38　织物虽不相同效果却十分统一

● 图7-39　织物的设计方法可谓丰富

一块美丽的桌布，如新的一般；有人将一把旧的椅子用织物团团围住，其气派就像是穿上了婚礼服的新娘；对一些不流行的旧衣服可把它们的口袋剪下来，拼在一起，成为别致的信插或杂物挂袋，既实用又美观。

织物表现的可塑性很大，手法很多。图7-39所示的儿童房就是以织物为主要装饰手段进行装饰的。这种手法特别适合儿童的生活空间。因为，织物的形式多样、色彩鲜艳、触感柔和、安全性高、洗涤方便。所以值得效仿。

[学习情景]　7.3 陈设

陈设的设置主要是为了满足人的精神要求。如果室内外空间中没有点缀品和摆设品，对建筑内外环境的使用功能并不会有什么影响。但有了它们，建筑室内外环境就会具有文化的意味，建筑的空间环境就会更加丰富、饱满，富有情趣和吸引力。可以这样说，建筑环境装饰的品位高低，很大程度上取决于陈设品布置是否得当和陈设品的品位的高低。例如，三星级酒店与五星级酒店的差别很大程度上体现在陈设品设置的数量和档次上。

陈设作用于人的精神领域。它以文化为着眼点，与气质为诉求点，与环境的协调与否为品位高低的标志。各类优秀的陈设品饱浸着社会形态、地方特色、民族文化，具有很高的观赏价值。有许多陈设品在环境中它是绝佳的点缀，在独立的空间中它是优秀的艺术品。这类陈设品大都具有较高的审美价值和经济价值。由于这个原因，陈设品有时也被人们认为是高级奢侈品。一件陈设品，例如文物或名人的画作，有时可能价值连城。当然大多数的陈设是普通的工艺品或艺术品。

各国的设计师大都重视环境的陈设艺术设计。陈设艺术设计的普及与否可以从一个侧面反映一个国家的经济发展的程度和民族素质的高低。一个设计师是否具有品位也可以从他对各类陈设品的选择与摆布能力中看出来。

学习艺术品的鉴赏是设计师的一项重要的工作。设计师除了自己有较高的眼力和品位外，还有一个对用户的引导和指导的任务。如果忽略这个环节，自己的设计作品其艺术整体性就会降低。

知识链接7.3.1　陈设品的分类和特点

陈设品可以分成两个大类：

一类是实用艺术品。这类陈设品虽为艺术品，但它还有一部分实用的意义。如安徽的端砚。虽然有精致的雕刻，但主要还是可以用来磨墨。有些雕塑灯具，虽然有优美的造型，却可以用来照明。

另一类是纯艺术品。这类陈设品可能是一幅字画、一件雕塑，除了观赏，没有实际的使用价值。

主要的陈设品类有：

一、平面类的陈设品

1. 书法作品

书法作品是我国独有的陈设艺术品。表现形式有楹联、条幅、中堂、匾额、碑刻、篆刻等，也可以刻在装饰材料上。这些东西具有浓厚的东方文化的色彩，特别适合陈列在具有传统风格的建筑环境中。书法具有很强的表意性，也是一种很高雅的艺术。用它们装饰建筑空间往往具有雅俗共赏的效果。图7-40用篆书雕刻作为壁饰，很有味道。

图7-40 用书法作品装点环境的效果

2. 绘画和摄影作品

绘画作品的种类也很多，有油画、国画、版画、水彩、水粉、丙烯、蛋彩、素描、海报、广告等。各种绘画有各自的特点，适合各种不同爱好的人群和不同性质的空间。绘画作品一般都有很强的艺术效果和明确的主题。所以要特别注意作品的主题和风格与环境的主题、风格相适应。有的艺术作品题材重大，它们适合装点在大的端庄的公共场合。有的艺术作品如花、鸟、虫、草、风景，题材轻松适合装点在居室环境及比较轻松的环境中，如图7-41所示。

图7-41 用绘画作品装点餐厅环境的效果

摄影作品历来是空间装饰的宠儿。各种题材的影像，能引起人们无限的兴趣。生活照记录着过去情感的岁月；风光照记录着走过的足迹；老照片引起人们对失去日子的追忆；异国风情的照片触动人们周游世界的冲动等。它们无论是自己拍摄的还是专家拍摄的，都能勾起人们各种情趣。装裱得体，是摄影作品成为陈设品的一个重要的条件。

二、立体类的陈设品

1. 雕塑（刻）

雕塑（刻）的种类也有很多，如泥塑、石雕、木雕、砖雕各种金属雕塑等都是艺术作品。这类雕塑的体量一般较大。所以，基本上适合陈列在室外的公共场所或是尺度较大的室内空间中。好的雕塑具有艺术的震撼力，甚至成为一个地方的象征或标志物。但这样的作品毕竟凤毛麟角。环境中的雕塑作品大多数还是具有亲和力的小品。

● 图7-42 用一个巨人雕塑装点室外环境

● 图7-43 用工艺品装点室内环境的效果

● 图7-44 用生活器皿装点环境的效果，具有浓郁的怀旧色彩

除此之外，还有其他多种工艺的装饰雕塑，如树根雕、竹雕、木雕、玉雕、雕漆、瓷雕、牙雕等。这些也可以归入工艺品的范畴，如图7-42所示。

2. 工艺品

工艺品品种浩繁，形式多样。有瓷器类、陶器类、绣品类、玻璃类、服饰类、漆器类、金银饰品类、印染类、泥塑类、竹、木、石、玉、牙、树根雕类、剪纸类等。还有许多天然工艺品，如雨花石、夜光石、花纹美丽的石材等。各类工艺品都有自己的特色和欣赏点，有很高的艺术及经济价值。如图7-43所示。

3. 生活器皿

在很多生活器皿中有许多造型优美效果别致的艺术品。如玻璃器皿、灯具、茶具、钟表、兵器、乐器、酒器、运动器材等都具有较强的装饰性，可以作为陈设艺术品。有些古老的生活用品摇身一变，成为现代人怀旧的宠物。如斗篷、蓑衣、草鞋、草帽、古装、脸谱、留声机、老爷车、旧窗格窗花、旧家具、老烟具等。在颇为现代的空间里放上一两件怀旧的物品，很能引起人们怀旧的思绪。如图7-44所示。

4. 家电用品

家用电器是现代文明的产物，是现代生活的宠儿。现代工业设计赋予现代家电以造型简洁、线条流畅、工艺精湛的外貌，具有时代的美感。用视听家电装饰视听空间是很自然的事情，如图7-45所示，一些小家电如电熨斗、电茶壶、电搅拌器、健康电器等设计小巧玲珑、色彩前卫时尚，放在现代的陈列柜里也具有时尚的美感。

5. 盆景和插花

盆景是我国传统的园艺品种，以“小中见大”、“缩龙成木”为手段，一草一石表现千树万峰，一勺一叶表现江河湖海，意境深邃，回味无穷。很能代表中国的传统文化和哲学。

插花同样历史悠久，而且更为大众化。深受世界各国人们的喜爱，各国都有风格独特的插花艺术作品。

用盆景和插花装饰建筑空间具有回归自然、生机勃发、生机盎然的效果。

6. 古玩、文物

古玩、文物是高级的陈设品。由于古玩、文物具有极高的文化和艺术欣赏价值，同时具有极高的经济价值，一般不会轻易地作为室内空间的陈设品。只有在特殊的场合，有严格的保安措施，才会陈列在某些场合。但是一些仿真的古玩、文物，却可以大模大样地陈列在各种建筑空间中。这种陈列往往具有比较好的效果。所以仿真的古玩和文物也有一个庞大的市场。如图7-46所示。

7. 零碎杂物

装点环境的饰品有时可以不拘一格。就连一些寻常杂物也可作为装饰用品。用得巧妙还可以彰显不同寻常的个性。例如图7-47就是利用一些零碎的杂物作为绝佳的装饰品，具有特别的视觉效果。

以上各种品类的陈设品都有其特殊的视觉效果和表现特长。如油画表现以色彩、笔触取胜；国画表现以线条，水墨见长；版画表现以明快，简洁为人喜爱；装饰画又以其制作工艺精湛而富有特殊的魅力。

各类艺术品的艺术表现或抽象，或具象，它们都反映一定的艺术主题和艺术情趣，有各自鲜明的个性。从其视觉艺术效果看，它们或气势博大，或小巧玲珑，或凝重深沉，或优雅轻松，或强烈刺激，或含蓄隐晦，或现代入时，或自然古朴。每类艺术品由于其师承及风格流派的不同又展现出各种各样的面貌。以油画为例，古典主义、象征主义等无不展示其特有的风采，具有不同的装饰趣味。加之艺术表现的题材之丰富，它可以满足各种各样人不同的艺术品位。

知识链接7.3.2 陈设在建筑环境装饰中的作用

当我们想用陈设品来装点室内外环境时，就必须从室内外环境的整体出发，进行恰当的选择。决不能只要是陈设品就不加选择地信手拈来，放进室内。这样必定会使室内空间失去其应有的情调和气氛，而显得混乱、庸俗。

空间对艺术作品有一定的要求，而艺术作品对空间也有一定的影响力。它可以改变空间的视觉感受，特别是它可以用来分隔、引导、沟通、填补、虚拟空间，参与室内空间的组织。

1. 分隔空间

可采用与其他物品相结合的办法。如与博古柜（架）相结合，与挂帘、织物相结合，在需要的地方对空间进行间隔和区划。

图7-48就是用一个陈设品隔架和一些陈设品把居室分成两个区域。而这个隔架本身就成为两个分别的视觉中心和室内的主要装饰。

2. 引导、暗示空间

许多展览会、博物馆都是通过陈设品的排列来引导

● 图7-45 视听家具是客厅的主角

● 图7-46 用古玩文物装点环境的效果

● 图7-47 别具一格的装饰品

● 图7-48 陈列架与架上的物品具有艺术气质

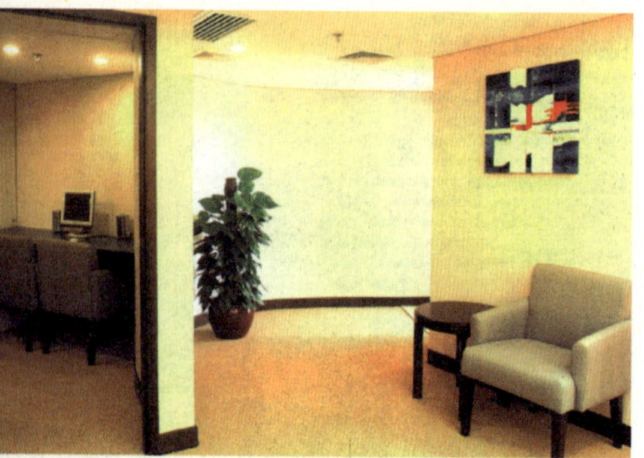

● 图7-49 陈设暗示另一个存在的空间

● 图7-50 在会客区与餐区设置了两组陈设品以形成心理上的分割

参观人流并暗示空间。那么在建筑环境中，也可以用此类办法来引导空间。如在过道空间中依次挂一些陈设品，在空间的转折处设一尊小雕塑或一棵植物来暗示另一个空间等。如图7-49所示。

3. 沟通空间

为了加强上、下或左、右互相比邻的两个空间之间的联系性，可以采用陈设品跨空间悬吊，使两个空间之间产生一体感。

4. 虚拟空间

陈设品的大小、群化、组合可以形成虚拟空间。如在一个多用建筑环境内，有二三个功能区，其家具分功能而置。这时，为了加强功能区的完整性可在每组家具的周围设置一组陈设品，如图7-50所示。

5. 填补空间

当完成了室内环境中的墙面、地面、天花板装修并将家具、织物、灯具等布置停当之后，要审视一下整个居室环境。主要景点是否确立？是否有空间或墙面不适当地空闲着？如有，就可用陈设品来作点缀。

6. 调整空间的比例

有时，家具与墙面不能形成悦目的尺度关系，这时可用挂画或其他陈设品来调节它们的比例关系。

7. 更新空间

一般在居室中，家具的空间格局是比较固定的，轻易不会作大的变动。设计得再好的室内环境，时间久了，也会审美疲劳。因此，需要经常地更新空间的感觉。用变换陈设品的办法来更新空间感觉是一个简便有效的办法。因为，陈设品的可变性比较强，其装饰效果对空间的感染力也比较强。在室内挂上一张新的画可使室内产生全新的感受，特别是当它位于室内的主要景观面上，或是当它本身的尺度较大时，这种更新的感觉尤为强烈。

知识链接7.3.3 陈设品的布置要点

当我们想用陈设品来装点建筑的内外环境时，就必须从建筑环境的整体出发，进行恰当的选择。陈设品在建筑环境中的布置要点主要有四条：

1. 功能应有内在联系

所有的陈设品都是有内容的，而所有的环境也是有内容的。特定功能的环境需要特定形式的陈设品。如在怀旧氛围的咖啡馆里，老唱片、老留声机、老式的手摇电话机、老式的咖啡壶就是最佳的陈设品。苏州有一家茶馆，为了表现书香浓郁的氛围，墙面和柱子都用线装本的书页进行裱糊，用碑刻的拓片作为装饰画，很好地表现了主题。

2. 尺度相宜

陈设品的尺度必须与环境的尺度相适应。尺度相宜才能相映生辉。大墙面上可以挂一幅大画，也可以挂若干幅小画。有时采用对称的构图关系，有时也可采用均衡的构图关系。总之要看环境、氛围和情调的需要。有时候陈设品的尺度还能调整环境空间的感觉。如要使环境空间显大，就用小尺度的陈设品，要使环境空间显高就用低尺度的陈设品等。

3. 色彩和肌理应协调

所谓协调，一种是同类、相近的协调。即陈设品的色彩和肌理与环境的色彩和肌理非常接近，丝毫没有冲突，当然就不会有矛盾。这种陈列方法比较保险，同时也比较保守，效果可能比较平静温和。

另一种是对比、异类协调。这种陈设方法比较大胆、冒险，用好了效果十分精彩，能够产生焦点的感觉，能够吸引人们的眼光。例如，在十分光滑的环境中陈列十分粗糙的陈列品，两种肌理的效果形成对比，互相突现自己的效果。这时设计效果十分精彩。又如在大面积的偏冷的绿色调的背景中陈列色彩偏红的陈设品，造成万绿丛中一点红的效果，可能效果十分生动醒目，但用的不好可能会非常失败。

4. 品位统一

尽管陈设品的种类非常丰富，但若将其视为装饰品必须有一个前提，即必须服从室内外空间的整体需要。不能单单着眼于作品本身的题材、情调、风格、形式，而是要将这一切同整个室内外空间的内容、情调、风格及形式融合起来。不能只讲陈设品的价值而不顾整个空间的价值。

作为室内装饰品，陈设品的审美价值与艺术价值之间虽有很多共同的要求，却也有着一定的区别。例如，在中国古代风格的环境中挂上一幅现代派大师毕加索或达利的作品，虽然其作品本身的艺术价值很高，但在这个中式的环境中它们却有“风马牛不相及”之嫌。因此，从环境整体的审美价值来讲，有的艺术价值很高的艺术品未必有很高的环境审美价值。如果在中式环境中挂上中国的书法或中国文人画，那么它们将会与整个环境自然融合，能够显示出和谐、贴切的美感，如图7-51所示。

● 图7-51　明式家具与图画十分协调

● 图7–52　墙上的画框很有装饰效果

● 图7–53　用桌面布置的方法装点环境的效果

知识链接7.3.4　陈设品的陈列方式

1. 墙面悬挂

墙面悬挂，一般以平面艺术品为主。书法、摄影、绘画作品最为常见。也可以悬挂一些小型的立体饰物，如刀、枪、箭、弓、羊头骨、浅浮雕等。悬挂的构图一定要与原来环境的背景相联系。风格端庄的环境采用对称的构图，或单幅画布局。风格活泼的采用均衡的构图和多幅画布局。墙面悬挂陈设品不要只注意陈设品的效果。还要注意背景的效果，要注意背景的形状，要让陈设品有“呼吸”的空间。如图7–52所示。

2. 地面陈列

有些尺度大的陈设品适宜落地陈列，如雕塑、小品、大型盆景，植物造景、座钟、瓷瓶等。落地陈设品的位置要精心选择，如果作为环境的主题和主角，要放在空间的醒目位置。

3. 桌面布置

桌面布置一般以鲜花与花瓶、烛台、茶具、咖啡具、小型工艺品为主。在办公桌、会议桌、餐桌、茶几、窗台上都可摆设。桌面摆设因为都是近距离观赏，所以陈设品一定要特别的精致耐看，小巧玲珑。桌面布置的陈设品一般随着主人的兴趣会经常更换。要注意的是一个房间里的摆设应该保持一种风格。如图7–53所示。

4. 架上展示

一些古玩、茶具、精致的艺术品适宜架上陈列。现在的人们对这些东西越来越热衷。艺术品收藏的队伍越来越庞大。架上陈列有许多讲究，一要讲究陈列柜的造型和格调；二要讲究陈列物的主题和内容；三要讲究陈列的效果。位置、背景、灯光都要精心设计。许多地方已经把博物馆、画廊的陈列手法移植到普通的办公室或居室。像外贸公司的样品陈列柜、文化艺术单位的形象陈列、个人收藏家的收藏品陈列等。中国文人的博古架与陈列品在架上陈列方面绝对有品位。明清风格的博古架造型活泼隽永，与陈列的瓷器、花瓶、茶具浑然一体、相得益彰，有很高的欣赏价值。如图7–54所示。

5. 空中悬挂

一些轻质的装饰物，如旗帜、风筝、气球、花球、

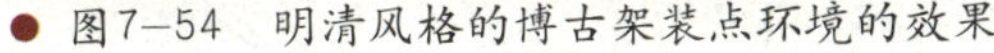
● 图7–54　明清风格的博古架装点环境的效果

● 图7–55　用空中悬挂的方法装点环境的效果

灯笼、中国结等陈设品，适合空中悬挂。有的挂在屋檐上，有的挂在梁柱上，有的挂在屋顶的构架上。空中悬挂的形式有浓浓的喜庆气味和节日感觉。中国传统文化中经常用“张灯结彩”来描写节日的气氛。随着高层建筑越来越多，在共享空间和中庭中运用空中悬挂的方式特别具有装饰效果，因而也特别适宜。现代居室空间中，像挑空客厅、跃层空间、楼梯间这些地方采用悬吊装饰品的方式也成为一种大众的手法。要注意的是悬吊装饰一定要注意安全、牢固，千万不要用分量重的装饰物作为悬吊物。如图7–55所示。

[学习领域] 8

建筑装饰设计的绿化、庭院、植物

课程教学建议表

<table>
<tr><td rowspan="13">学习情景</td><td>[学习情景]　8.1　绿化</td></tr>
<tr><td>知识链接8.1.1　绿化的作用</td></tr>
<tr><td>知识链接8.1.2　绿化的方式</td></tr>
<tr><td>[学习情景]　8.2　庭院</td></tr>
<tr><td>知识链接8.2.1　庭院的作用</td></tr>
<tr><td>知识链接8.2.2　庭院的类型</td></tr>
<tr><td>知识链接8.2.3　庭院的风格</td></tr>
<tr><td>知识链接8.2.4　庭院的意境创造</td></tr>
<tr><td>[学习情景]　8.3　植物</td></tr>
<tr><td>知识链接8.3.1　植物的特性</td></tr>
<tr><td>知识链接8.3.2　植物的选择</td></tr>
<tr><td>知识链接8.3.3　公共建筑环境植物装饰</td></tr>
<tr><td>知识链接8.3.4　家庭居室植物装饰</td></tr>
<tr><td>知识要求</td><td>1. 了解建筑装饰绿化设计的原理
2. 了解庭院设计的手法
3. 掌握植物的特性和选择要点（重点）</td></tr>
<tr><td>能力要求</td><td>1. 绿化设计原理理解能力
2. 庭院分类和设计能力
3. 植物选择能力
4. 家居植物配置能力</td></tr>
<tr><td>实践项目</td><td>植物辨认、绿化设计考察、查找资料</td></tr>
<tr><td>教学场所</td><td>教室＋小区园林+城市园林+各类室内环境</td></tr>
<tr><td>教学方法</td><td>课堂教学和园林庭院考察速写相结合的方法实施教学</td></tr>
<tr><td>作业要求</td><td>1. 选择一个住宅小区考察绿化的方法，并画出布置草图
2. 收集5张庭院照片，并进行设计分析
3. 列出10种适合室内布置的植物，写出它们的属性</td></tr>
<tr><td>教学评价</td><td>1. 相关概念正确，重点评价知识掌握情况（30%）
2. 尺度获取和确定，重点评价尺度测量能力（35%）
3. 搜索、查阅相关规范和标准，重点评价收集资料的能力（30%）
4. 完成时间（5%）</td></tr>
</table>

● 图8-1 绿化设计在宾馆的空间中起了很重要的悦目作用

● 图8-2 应用植物填充建筑空间

[学习情景] 8.1 绿化

建筑绿化是指用花、草、树、木等植物在建筑的室内外空间进行配置，用来改善和美化建筑环境，它的内容可以从一个房间到厅堂以至庭院、广场。我们这里主要就建筑室内以及附着在建筑周围的小环境的绿化设计展开讨论。

知识链接8.1.1 绿化的作用

建筑室内绿化在我国已有悠久的历史。它不仅是一项单纯的环境美化，还可以净化空气，调节温度，有益于身心健康，陶冶情趣，还成了一种文化艺术内容。因此室内绿化，远远超出其他室内装饰的作用，是一种有生命活力的装饰。近代许多发达的工业国家，还把商场、游乐场所、剧场、宾馆、酒吧等用绿化装饰，作为招揽和取悦顾客的手段，如图8-1所示。

绿化的作用主要有以下几点：

一、改善建筑内外环境

1. 净化空气

早晨人们到户外活动都喜欢选择绿化林间，因为这里会使人感到空气清新宜人。植物能够净化空气。如果一般城市每人平均10m^{2}树林或25m^{2}的草坪，就能够自动调节空气中的CO_2和O_2的比例平衡，使空气保持新鲜。另外，空气中有害气体虽对植物生长不利，但在一定浓度条件下，许多植物对它们分别有吸收和净化作用。如松树每天可以从1m^{3}空气中吸收20mgCO_2。女贞、刺槐等有较强的吸氟能力。合欢、木槿等则有较强的吸氯能力。樟树、悬铃木等具有吸臭氧的能力。因此在建筑周围按照不同的标准和需要选择相应的树木进行绿化，将会大大改善建筑周围的空气质量。

2. 防止扬尘

植物还具有一种过滤作用，它可将粉尘吸附于叶下。如刺楸、榆树、刺槐、悬木铃、女贞等树对防尘效果较好。草地的茎叶也有吸附粉尘的作用。故在厂区或道路旁植树或铺草坪会有效地控制尘土飞扬。

3. 调节气温

建筑物前铺沥青或水泥地面，在炎热的夏天常会使人因噪热而不愿驻足。若适当种植一些绿化，局部小气候就会得到改善，气温会下降。一般草地上空气温度比沥青路上的空气温度低2～3℃。绿地除在夏天可以降低空气温度外，还可在冬季稍稍提高空气温度。如冬季铺有草坪的足球场地表面温度可比裸露的球场表面温度提高4℃。植物蒸馏水分的叶片面积要比它所占的地面大，因而绿化地带空气相对湿度和绝对湿度都较无绿化区大。利用植物可以提高空气相对湿度，通过建筑绿化，可以调节室内外湿度，改善局部小气候，特别是在干燥季节，在北方地区绿化对改善干燥气候效果更为明显。

4. 减少噪声

城市交通工具数量的不断增长给城市带来大量噪声。长期处在噪声的环境中会使人疲倦、头晕、恶心。无论是公共建筑，还是居住建筑，都不愿处于噪声的包围之中。在建筑的室内外种植植物就会降低噪声级，减少噪声对人体健康的影响。

二、满足人们的使用及观赏功能

绿化的观赏功能最能满足人们的心理需求。人们在室内外栽花、植树，为的是赏心悦目，陶冶情操，净化心灵。在居室内绿化可以缓解人的疲劳；在工作环境中绿化可以使人的精神在紧张工作中得到放松。

现代建筑设计特别注重人的使用要求，认为绿化不仅要具有观赏性，更应具有实用性。在绿化设计时要考虑人的活动特性，充分满足各种活动的要求。许多建筑周围的绿地都成了人们乐于集聚，儿童在草坪树丛中嬉戏，老人在树下乘凉对弈的场所。

三、丰富建筑的表现力

建筑的表现力主要在于它的内外空间形态及造型特征，但若加入了绿化这一要素就能丰富建筑的表现力。如凡尔赛宫，由于绿化的衬托，它的“美和庄严在闪烁发光”。北京天坛的祈年殿在周围密植的松柏衬托下，使来此的人们有超出苍翠林海之上、超凡出尘、与天接近的感觉。苏州园林中用粉墙花影、芭蕉、南天竹、兰花等植物来表现建筑的幽雅清静。

绿化在组织空间，丰富空间层次方面有不可忽视的作用。用绿化可以限定空间、填充空间，它就像其他限定空间的要素一样，可使空间形成大与小、封闭与开敞的感觉。用绿化还可填充那些既不可用又不好看的“死空间”，使空间由于绿化的存在“起死回生”，富有生气，如图8-2所示。

知识链接8.1.2 绿化的方式

构成绿化装饰的要素可以分为水景、山石、植物（花台）等。

1. 水景

水景有池、溪、瀑布、喷泉数种，通过水体的流动声及泉水的滴答声，可以使人真切地感到水体的存在和运动，使室内环境更加有动势和个性。水中可饲养鱼、龟之类，水边、水底可种植沼泽及水生植物。近年来，有些水体与灯光和音响设备结合。闪烁多变的灯光，高低起伏的音乐与姿态万千的水体相配合，其效果更加奇异，增加了室内水景的魅力。

在室内，还有景缸水景。如培植水生盆栽的花缸和供观赏的金鱼缸、金鱼柜等，可以灵活搬动，得景随机，点缀室内一些消闲部位，以供欣赏。

2. 山石

石可就地取材，与水体、植物巧妙配合。“山石”景有假山、石、石洞、峰石、散石、池底铺石等。

山石还可以做铺地、蹬道、石桥、石拱、石桌、石椅、花石墙、小花池、几案、景架等，多以锦川石、英石、钟乳石作为室内空间引伸之对景，或在室内偏旁位置做补白，用

● 图8-3 植物装饰在室内的多种形式

● 图8-4 攀缘式的植物装饰

以丰富室内景趣。山石堆量要注意浪漫与自然的结合，也可引入现代抽象石刻、雕塑形式。

国外室内用真石较少。但现在国内、外均有利用特殊工艺形成的塑石，造型逼真，可以有效地减轻巨型石山的重量和室内地面层的荷载。

3. 植物装饰

室内的装饰植物，应以活的植物为主，也可用仿真植物与活的植物相间配合使用。但植物的种类常常因光照与空气受到一定限制。因此，室内大部分是耐阴的观叶类植物。

室内植物装饰的形式，常见的有盆栽式、悬垂式、攀缘式、水养式、壁挂式、瓶栽式等。要做何种装饰，应根据自己的爱好并结合居室建筑构造、装修构造、家具和陈设品等因素综合考虑。

（1）盆栽式。这是一种最常用的装饰形式，也是一般常见的栽培方法。盆栽的植物可从几厘米到几米高。体量高大的盆栽花卉只能摆在地面上，中、小盆一般放在几架、橱顶或组合柜上，也可用立体花架或活动花架摆放，还可组成小花坛。如宾馆的门厅、展厅、会场、商场的道口，常用群集小盆花组成小花坛。

（2）悬垂式。悬垂式栽培，常给人以轻盈飘逸、自然浪漫的感受，有“空中花卉”之美称，受到千家万户喜爱，是当今普通家庭所追求的一种装饰形式。如图8-3所示悬垂可直接用吊盆种植，悬空吊挂；也可用普通花盆种植，然后另用吊具（竹篮或绳制吊篮）盛放花盆吊挂；或直接放在橱顶、高脚几架上朝外垂下。现今在许多宾馆、商场和高级写字楼，进入大厅时常见迎面上方，成列种植小叶绿萝或常春藤、金钱豹等，沿壁悬垂，犹如绿色瀑布直奔而下。

（3）攀缘式。对茎蔓长有气生根的植物，用绳网或支架使其向上攀缘，布满墙壁或天棚，在室内塑造一片绿茵环境，如图8-4所示。在酷暑天气，身居其境，会使你倍感清幽凉爽；如在寒冬腊月，又会使你感到春意盎然。

（4）壁挂式。它像是一幅立体的活壁画，景观独特，极富情趣。可以说是现代室内豪华装饰的标志。或紧贴墙壁、角隅，或柱面悬挂，或用经特制的、一面平直的塑料花盆，植入耐阴植物或鲜花，顶上配以彩灯，显富丽堂皇，光彩夺目。

（5）玻璃容器栽培。这是一种最新潮流的植物装饰方式，极富艺术感。方法是用多种小型植物混合种在一个大玻璃瓶或玻璃箱内，好似一个微型“玻璃花园”或“玻璃温室”，放在几架或桌上。

（6）水养式。这是将能在水中生长的植物，用水盆或玻璃器皿进行培养的装饰方式。最常见的水养花卉有水仙、碗莲、水竹、伞草、富贵竹、广东万年青等。也可剪取带叶的茎蔓植物插在盆中，如绿萝、鸭跖草，让其一端伸延在盆外，也别具情趣，如图8-5所示。

水养式除了观花之外，其器皿也是一种工艺品，可供观赏。水养器皿中，还可适当放入少量形态各异或色彩绚丽的陶石、卵石，使花卉、器皿、介质互为衬托，相映增辉。用水养方法既方便，又卫生，也是现代家庭喜爱的一种装饰。

● 图8-5　水养式的植物装饰

[学习情景]　8.2 庭院

随着经济的迅速增长，人们的生活质量有了极大提高，对阳台、屋顶、天井、院子等环境的品质也日益引起了关注。更有一些白领阶层已购置了市郊结合处的小别墅，有了建造小庭院的基础。无论是小阳台还是大天井，人们都向往有一个“我的庭院”，如图8-6所示。

知识链接8.2.1　庭院的作用

庭院是建筑的外部空间，是室内空间的延伸，它扩大了人们在建筑中活动的范围。在庭院中，人们既可得到室内般的安静及私密性，又能获得自然界的光照，新鲜空气及悦目的景观。庭院又是建筑与城市过渡的自然性空间，是人们不用远行就可便利进入自然的佳境。

知识链接8.2.2　庭院的类型

我们常说的“庭院”可细分为“井”、“庭”、“院”、“园”等。它们的范围是由建筑及其界面限定而成的。

“天井”，处于建筑中间，由于空间狭小，其内不宜植高树。可在天井内植草皮或倚某一角落植灌木，也可植小乔木，这些植物都可作为室内的对景。如若天井较深，日照较少或没有日照，可在天井内摆几盆可更换的鲜花作为景观。

“庭”，比天井要大，是由前庭、中庭、后庭和侧庭构成。庭内的空间除可供人们起居、休闲使用外，还可作为观赏景物的庭院。

庭院绿化的形式一般根据庭院的形状而定，或采取自

● 图8－6　住宅建筑庭院中植物装饰

● 图8－7　日式风格的庭院

由式布置或采取规则式布置。若建筑主轴线明确，庭院沿此轴线对称布局，则绿化也宜规整对称布置，以便反映建筑的秩序性。建筑或庭院有明显的几何形状组合时，绿化也可用相似的几何形状组合以便求得大的统一。

任何一个前庭的入口，首先应标示出进门的位置，为来客指明行走的方向。入口处的设计可有多种形式，绿化上可采用栽植主人特别喜爱的大树，观赏其独特的形态、色彩、质感，与众不同，成为入口的标志，见图8-6。也可在大门两侧或对称、或不对称地放上一组色彩鲜艳的组合盆栽花卉，引人注目。如果门前宽敞，经济条件许可，还可放置小型雕像、喷泉或引导入门的花架、廊柱等，让人一目了然。

植物是庭园的主角，没有植物也无所谓庭园。庭园植物的布置应考虑植物与建筑体量、建筑墙面、围篱、庭园小品等诸方面的协调配置。

“院”和庭很相似，是在庭的基础上进一步的发展。院的空间变大，封闭性减弱。院的空间层次较多，常有以庭院围合庭院的形式，具有“庭院深深深几许”的空间意境。我国传统的庭院多数为对称式布局，由于建筑围合院的程度不同可称三合院、四合院等。北京四合院内采用了对称对植树木，保持了规整的建筑空间特性。

“园”比“院”更大，空间组织的形式更丰富，可以采用更多的造园的手段。在私家园林中的院落常采用不对称式布局，其中的绿化也常采用不对称的自由式布局。但庭、院、园并没有绝对的划分标准，为了叙述方便以下统称庭院。

知识链接8.2.3　庭院的风格

一个优美、舒适的小庭院犹如绘画与音乐一般，能给人带来美的享受。它像是一幅立体的动态的画卷，随着人的活动，产生步移景异的效果；随着季节的变化，产生四季不同的景观；随着年代的推移，会给人以不同的心理感受。

一般认为，设计小庭园应考虑功能、风格、个性、感观、建筑、方位、光照、变化、透视、焦点、色彩、对比、声音、动感、动势、质感、触觉、香味、形态、生态等多种元素。在上述元素中，建筑和风格是小庭院首先要考虑的问题。

常见的庭院风格有中国式、日本式和欧洲式等几种，了解这些类型的特征，将有利于庭园的设计。

1. 中式风格

在我国，中式庭院具有极悠久的历史。中国庭院是由建筑、山水、花木共同组成的艺术品，富有诗情画意。在许多不大的庭院中，重视将自然的大山、河川浓缩于咫尺之地，庭院虽小，却曲折有致。它组成的空间，有开朗、有收敛，有幽深、有明畅。其中一山、一石、一池、一树的处理皆“以少胜多”，产生“虽由人作，宛自天开”的境界。在中式庭院中，屋后栽竹，厅前植桂，花坛种牡丹、芍药，坡地种白皮松，阶前植梧桐，转角种芭蕉，点景用竹子、石笋，小品用石凳、石桌、藤架，水池栽荷花，都有着典型的中国风味。如果室内陈设是古朴的红木家具，那不妨室外庭院也采用中国式的风格，使内外协调起来。

2. 日式风格

日本的庭院也是非常别致的，见图8-7。日本的庭院早期受到中国庭院的极大影响。其典型的特征是再现自然时显示出的一种高度概括、精炼、把写意的造景手法发展到极致，成为“枯山水”园。它常在白沙上铺设石径，散置几块山石，并配以石灯笼和几株姿态虬曲的小树。现在，为便于人的活动，白沙常被草坪代替，而石灯笼、石水钵仍常成为日本式庭院不可缺少的点缀小品。从植物配置看，日本的樱花和不太高大、修剪细致的观赏树木成为它的特色。在日式庭园中也有不少如水庭、石庭、草庭、芝庭、苔庭等各种不同形式的园子。日式的庭园往往在很小的面积中也可以表现出来。

3. 欧洲风格

近年来，不少房产开发商开发、建设了不少欧洲风格的建筑，也经常提出建设欧洲庭院的要求。欧洲庭院风格是随着历史的推移而逐步发展的。欧洲园林主要有规整式的意大利台地园风格及英国式的风景园风格。

一般认为最早发展起来的是意大利台地园。意大利半岛三面濒海而多山地，建筑在山坡高处因势而作。因此，它前面能引出中轴线，开辟出一层层台地，分别配以平台、水池、花坛、喷泉或雕像。中轴线两旁栽种高耸的杉树、黄杨、石松等植物。可以与周围自然环境相协调。当意大利台地园传入法国后，因法国多平原，有大片天然植被和众多的河流、湖泊。因此，庭院设计成平地上中轴线对称均齐的规整式布局。以后，荷兰开始将树木修剪成繁复的几何形体及各种动物形状。在欧洲式风格中，更兴盛的是英国的风景园，它尤其讲究借景与园外自然环境的融合，注重花卉的应用，注意花卉的形态、色彩、香味，花期和栽植方式。出现了以花卉配置为主要内容的“花园”，乃至以某一种花卉为主题的专类园。如“玫瑰园”、“百合园”、“鸢尾园”等。以至一提起欧式庭园，人们的脑海里就会反映出草坪、孤立树、成片花径的美景。

学习各种不同类型的庭园风格，并不是照搬照套，而是要结合自身庭院的环境和特点，因地制宜地加以利用，取其本质、内涵的东西，塑造出自己的园子。

最后应注意的是，在视线能到达的范围内，不要把各种不同风格的东西拼凑在一起，使人感到杂乱。如果园子大，可以分成若干小区将不同风格的布局，分别置于不同空间中，才会使人有舒适感。

知识链接8.2.4 庭院的意境创造

一、庭院的构图原理

庭院的构图含两方面的内容，即平面形式的组织和立体造型的组合。建筑与绿化的平

● 图8－8　用满植绿化的方法突显建筑形态

面组合形成了“图与底”的关系。这种图与底的关系使得两者都得到表现。如建筑周围满植植物，建筑形态就格外突出；在庭院中植植物，植物就被衬托的格外醒目，见图8-8。但在庭院内的自由式点状绿化在建筑与硬地的衬托下十分突出。

绿化平面形式应据建筑外轮廓而设计，其方法之一是随形就势，即在根据建筑外型的凸凹变化布置绿化，其绿化形式与建筑形成统一形态。另外一种绿化形式是不随建筑形态而设，其形式异于建筑外形，并形成较大的动态构图。前者的绿化多呈规则式，后者的绿化多呈自由式。

人们在进行建筑摄影时往往选用树木作为画面的前景或背景，或利用树木来平衡画面的构图。这表明，人们在观赏建筑时，树木在空间画面中起到了构图的作用。许多建筑设计中都精心布置周围的树木，并事先预想到树木在画面中起到的作用，作为构图的要素。树木与建筑的构图中常采用对比法。即当建筑轮廓呈水平状，树木就应选用垂直状，形成水平与垂直的对比。反之，建筑竖直高耸，就可选能形成水平状的树与其对比。

在建筑立面构图中，如感到建筑重心偏向一侧，就可在另一侧植树，来求得均衡。

在庭院的空间构图中要注意使庭院随建筑室内外空间序列的展开而布置，与建筑空间相吻合。植物可进行疏密、高矮的变化，用来表现空间的围合与转换、空间的诱导等特性。

二、庭院景观的设计手法

1. 对景与借景

对景是利用绿化作为建筑轴线或行进路线上的端部景观为视觉中心。对景可分为直接对景与间接对景。

直接对景是视觉必然注意到的景。如进出建筑时都可看到门前的大花坛，把它放在明显的位置上，成为醒目的对景。

间接对景是不在行进路线的正视域内而是略有隐藏之意。如回头一望发现一景，或边行进中发现对景。

对景可以是建筑，也可以是绿化。如在建筑内观室外绿化成对景，或在林木间观建筑成对景。这也称作互为对景。

借景是将并非有组织的景色借到视域内，见图8–9。可将城市绿化中的公园绿化、道路绿化借入建筑室内外空间中，让人观望。明代计成认为“设计巧于因借”。借景能扩大绿化的范围与内容，不费分文而增加景观。建筑的室内常借室外庭院绿化为景，用窗框作为景框，常构成一幅幅优美的风景画。

2. 隔景与障景

隔景是将不希望人们看到的部分遮挡起来。如建筑的配房、杂物院等形象不太美观，就可用树木将其遮挡。或因建筑主要立面出现卫生间的窗时，为避免室内外视线的流通就可用一丛树将窗遮挡住。

障景是用来分隔空间、景区。将大划小，将简单划成复杂，或将不希望人到达的地方用绿化给予屏障，阻止人们前往。如建筑外墙常出现一些凹空间，当不希望人到达这些死空间时，就用草坪或树丛植于此处，人们便不再进入。

3. 诱导与暗示

诱导方式是在人希望到达的目标处设立明显的绿化标志，提醒或帮助人们找到目标。如建筑入口处可植单株树木或设花坛来突出入口；门厅中的楼梯口摆设几盆鲜花就会使人很易找到上楼的通道。

还可利用绿化形成具有暗示方向性的路线。如道路两旁的树木，或室内通道两旁的盆栽，人们沿此路线行进，一定会发现一些目标或景观，见图8–10。

4. 渗透与延伸

利用绿化作为两种不同空间联系的媒介，使两空间相互渗透，扩展与延伸。这不仅可增加空间的流动感，也丰富了绿化的景观。有时人们还能从建筑的外观发现树的一半从屋面长出，这是为保护基地的原有树木在建筑中开“天窗”、留天井造成的。这种设计就能将人们的视线由室内沿树干一直引到天空，这是垂直状内外空间的相互渗透。在中庭回廊的栏板处也常设置悬吊绿化，这也能加强大空间的相互贯通。

5. 尺度与比例

建筑空间中栽植绿化能使人容易把握空间尺度。在建筑庭院中，人们希望体验到轻松愉快、富有宜人尺度的空间。不少设计师把建筑的室内外设计成共享的尺度高大的空间，使人感到自己渺小而使建筑显得宏大。人和绿化都可作为判断空间是否宜人的参照物。

● 图8–9　借景手法的设计应用

● 图8–10　利用绿化形成道路格局，诱导方向

6. 质感与肌理

在建筑与绿化的结合中，可利用绿化与建筑的不同肌理与质感的对比丰富造型语言。满而厚的草坪有一种柔软的地毯感，会和水泥或沥青地面形成明显的对比；树木就比墙面感到粗糙，有起伏变化。在室内环境中，墙面、地面、家具和各种装饰织物的质感不同，但与室内绿化都可形成粗糙与细腻、坚硬与柔软的对比。利用肌理的对比，可丰富人们的视觉内容，加强造型美感。建筑与家具、陈设品等均为人造产品，表面肌理也较机械，而植物表面的肌理则造化于自然，富有生气，在对比中显现其各自的特点。

三、庭院的色彩与季相

1. 庭院的色彩

利用植物的色彩来美化环境时要进行花木的颜色组织，使环境的颜色在丰富多彩中而不杂乱。

色彩的运用中首先考虑的是色相与明度对比。大部分植物的常态颜色为绿色，如果利用色相的对比，在绿丛中的一点红最为醒目，故常在草坪或树丛中种植花卉形成冷暖对比。枫树的红叶在绿树木中会醒目动人。建筑的外墙饰面多为浅灰色，在建筑庭院中植鲜艳的花卉就会造成强烈的色彩对比。建筑的外墙为浅颜色时，窗前植树用深绿色的松柏等会形成强烈的反差，绿化的形态更为突出。

同一空间内当摆设绿色植物时，可使空间有安静、扩大感。而用多色植物搭配，色彩艳丽时，空间显得喧闹而有缩小感。因而在小空间内不宜使颜色变化过多，宜用冷色植物，而在大空间内可用充满扩张感鲜艳的花卉而使空间不空旷。在庭院营建布置时，把暖而明的花卉设计在前，冷而暗的花卉设计在后，就会有增加景深的感觉，使小庭院显得更为深远。如果，在小面积的庭园中应用色彩明度高的花卉会有扩大面积之感。相反，采用冷色明度低的花卉会有收缩感。

植物的冷暖色的运用要视具体情况，朝阳的空间可适当用冷颜色花卉，而背阴处可用暖色的花卉。如室内的北向房间采光较为稳定，又处于无日照的阴影区，绿化时应选用红、黄等明快具有暖意的花卉；南向室内采光充足且有较多日照，可采用常绿、紫色或黄绿色的冷色或中性色的花卉，以增加其凉爽之意。北方地区空气凉爽可多选用暖色花卉，南方地区空气温度高可多选用冷色的花卉。

在园林花卉中，具有冷色调的青色花朵有长春花、八仙花、西番莲、半枝莲、勿忘草、美女樱等。具暖色调的花卉有金盏菊、孔雀草、百日草、金鸡菊等可供配置。

白色花卉和乔木、灌木在观花植物中所占比重很大。在冷、暖色花中混入大量白色，可使强烈的色彩对比得到缓和而趋向明色调。如在暗色调的花卉或在树木浓荫下混入白色花卉，如玉簪、鸢尾等，色调会明快起来。再如，在大红的贴梗海棠中加入了白色的珍珠花，在大红碧桃中加上白碧桃也同样使色彩更为活跃。

晚间，在月光下，红色会变为褐色，黄色会变为灰白，白色会带有青灰色，而比较清楚的是淡青色、淡蓝色、淡黄色和白色等。在夜花园或屋顶、阳台上，夏季的夜晚可以种植一些开白花或淡黄色花的植物，因为月光之下的花色不可能丰富，最好是既白又香的种类更相宜。如月见草、晚香玉、白兰花、含笑、茉莉、夜来香、木兰、山梅花、白丁香等不但是白色的花，还都有浓郁的芳香。

庭院中除了观赏植物花朵的色彩之外，叶色的变化也是十分丰富的。一般说常绿针叶树的叶色为暗绿色，常绿阔叶树的叶色也为暗绿，但具有光泽，而落叶、阔叶的叶色差异较大。具体到每一个种的绿叶色彩均不相同，雪松、冬青、香樟、黄杨、梧桐、侧柏、杨树、柳树……有嫩绿、黄绿、绿色、银灰绿、粉绿等各种绿色。这几年上海绿地中运用灌木作大色块布置就用了龙柏（深绿色）、龟甲冬青（墨绿色）、金叶女贞（黄绿色）、黄杨（绿色）、洒金千头柏（金黄色）……。利用各种绿色就能配置出各种生动的图案。

植物颜色的选择还与建筑的性质有关。纪念性建筑环境多数为常绿植物，如用绿草、松柏象征万古长青。但在其中点缀少许鲜花会使人在缅怀中回到富有人情的现实中来。居住建筑中，公共性相对强的空间如起居室、餐厅等，需要活跃的气氛，花卉的色彩宜鲜艳夺目，形成满堂生辉的华丽环境气氛。而卧室、书房等，由于主人在其内生活时间长，又要求较安静的氛围，就要使用色彩淡雅的花卉，色彩还要与墙、窗帘、家具等协调一致。

2. 庭院的季相

四季的变化会使植物呈现不同的颜色与形态。落叶树春季抽枝发芽，秋季落叶萧萧，反映了季节的变化。树的颜色也呈现从嫩绿、深绿到黄绿的变化，使室外景色变化万千。室外绿化栽植要考虑到不同植物、不同季节的开花时间与颜色，让植物在四季中变化丰富，从春到秋都有花看，即便在冬季也可观树的枝态。

春季是一个充满希望的季节。春季菜花黄，柳梢青，桃花红，是典型的“春光”。因此，春季布置最适合应用鹅黄、嫩绿、粉红等色彩作基调，既反映自然界的本色，又抒发了人们此时的心情。

在炎热的夏季，运用青色和青紫色的花卉，会给人以凉爽的感受。如应用白色的花卉也是极佳的选择。因为白色花反射了所有的色光，减低了热量，使人感到清凉。

秋季是丰收成熟的季节，见到橙色、黄色、紫色的植物总让人觉得十分自然和安慰，是人们希望看到的色彩。所以枫树、银杏树、梧桐树等是秋色的主流。

寒冷的冬季，就应多运用暖色的花卉，使人感到温暖。

春、夏、秋、冬树叶的颜色不断交替。早春，香樟、石楠、山麻杆的红叶，柳树、冬青、女贞的嫩叶非常漂亮。深秋落叶前，红黄色的乌桕，橙色或红色的枫树或槭树，黄色的银杏令人陶醉。

作为设计者，要善于利用各种植物的叶、花、茎、果等色彩，配置出与四季协调，与建筑和庭院环境相映成辉的植物构图和色彩。

四、庭院绿化设计要素

1. 树木

树木的配置对绿化的形态影响较大。树木常见配置方式有孤植、对植及丛植。

（1）孤植。孤植树在建筑室内外环境中形成了点形态，它与面形态的植物和建筑形成对比，引人注目。故常把孤植树木植在庭院、中庭或入口处，作为构图的重心。在庭院内孤植一棵高大的乔木，可为人们提供庇荫。在树冠及树荫的限定下，形成了以树为中心的活动空间。这种做法就像有人乐于在庭院内设亭一样，使之成为景观及活动中心。在设计上为了强调某部分，就可在此植一孤树，成为人们的视觉中心。这样就可诱导人们的视线注意到此。这种树也叫“诱导树”。

一般对孤植树的要求是具有较好的观赏性，姿态要美，花要色香俱佳，且花期宜长。

人们常用名贵奇特的树种作为孤植。

（2）对植。对植树在建筑绿化中十分常见，特别是在入口处和道路两旁。对植易手法有庄重、稳定及秩序感。如北京的四合院就在正房门前对植两树，表现一种端庄感及正房主人至尊地位。在陵墓的墓道两侧常植松柏来加强肃穆的气氛。对植树能形成一种景框，人们的视线会自然地注意到框间景物，这就要求端景的质量高，免得人们失望。若采用对称式对植，两侧的树种、树高、树形宜一致，以便于取得均衡式构图；若采用非对称式对植两侧的树木高矮不等，但可借环境如建筑取得动态平衡。

（3）丛植。丛植是数株植物植在一起，通过树种及高矮的搭配，形成富于变化的造型。树种的搭配要乔、灌木结合，不同花色的树种结合。数株分散种植时，要注意相互间的位置尽可能散而不匀，构图宜呈三角形或不等边四边形。交错组合，彼此呼应，但要以其中一株为主。在建筑周围丛植成林，会显得郁郁葱葱。可使人有脱离闹市来到郊外林间的感觉，有拥进大自然之意。在室外若没有较大绿地植丛林时，可利用景框框出一部分绿化充满“画面”，也有看到林间之感。丛植树时要注意不要离建筑窗口太近，以免遮挡阳光及妨碍通风。

配置树木除要表现绿意外，其枝干也会成为很好的景观。不同的落叶树在冬季树形有所不同，经修剪后的枝干更有一种古拙感。另外还有一种“枯植”法，即在室内外用枯干作为一种装饰性栽植，虽无生但有情。如在南京日军侵华大屠杀纪念馆庭院内的一母亲雕像旁植一枯树，更增加了一种悲怆气氛。

2. 花卉

花有千姿百态，呈绚丽多彩，是建筑绿化中最为活跃的要素。花的栽植形式也最为随便，可植于地里、花钵、花盆中，或固定或活动。花可成片种植，并穿插不同花种形成图案，可栽在盆中摆成不同的造型。花卉一般可设在围墙下、建筑入口处、路旁。公共建筑的室内更应多摆设花盆来渲染气氛。

3. 草坪

草坪多植于室外，在房前屋后植一块草坪给小院会带来几分宁静。植草坪应注意其形态要随建筑环境而定，可采用规则的几何形及随机的自然形。后者的外轮廓呈曲线形能和建筑产生对比，和自然环境取得协调。选择草种要抗旱、抗倒伏。一般的草坪应考虑人们进入使用的可能，特别每到春季随着大自然的复苏，人们在草坪中活动会有一种亢奋感。草坪除密植外，还有一种疏植法，即是在石板路及混凝土路面的缝隙中植草，这既可避免路面扬尘，又给坚硬的路增加了绿意及柔情。绿色的草坪所形成的面形态，又可成为艺术品的展台及背景，室外雕塑都愿伫立于草坪这充满自然美的背景中。

五、庭院设计的个性

每个庭院的建造都应根据业主的物质力量、精神需要和客观愿望进行设计和确立主导思想，千篇一律和人云亦云是造园的大忌。

被列入联合国教科文组织《世界遗产名录》的苏州古典园林，为我们造园留下了极其宝贵的财富。这些号称“城市山林”的百余座苏州园林，面积最大有60亩，最小不足1亩，造园手法有相同之处，但个个特色不一。拙政园的水聚散结合，变化有致。狮子林满园的假山，玲珑奇险，令人称奇不已。留园整个平面狭小，池水、山径、游廊处处曲折。同样花木的群植也形成了某一景区的主要个性，不少建筑都以邻近的植物来命名，如“梧竹幽居”（梧桐、竹子）、“海棠春坞”（海棠）、“藕香树”（荷花）、金粟亭（桂花）等。游览园子，其一石、一山、一水、一木都会给你留下深刻的印象，值得回味。

我们在庭院设计时，可以多学一些我国造园中“以小见大，有限中见无限”的美学技巧。在庭院中亦能栽花种竹，种植乔木，配合花树栽植或棚架紫藤，并置盆景片石，安排一些小景。为使庭院设计更突出个性，就应在种植前确定一个总体的特征，以此形成院子特有的景色。爱荷者可设计一个小的水景园；爱石者可在园内点缀几块观赏石；爱牡丹可搞一个牡丹台间种芍药；爱月季可将藤本、高干、矮生等不同品种收集园内。园内种植犹如画画、作文，一般应突出主题，反映个性。不仅能满足园主本人的爱好，还能让赏园者过目不忘，得到同样的享受。

此外，庭院还应以所处地点的不同，将市院、郊院及市郊结合处等加以区别。如市院一般面积小，设计内容不在多，有一二个突出小景来表现个性即可。郊院相对空间会较大，可布置得较为野趣，有的还可栽些果树、蔬菜，又休闲，又实惠，还会有较好的生态环境。市郊结合处可视院子的大小和个人兴趣，做成介于市院与郊院之间的另一种景观。

[学习情景] 8.3 植物

知识链接8.3.1 植物的特性

用于建筑环境绿化的植物种类繁多，分法各异。这里仅就植物外部形态的不同而分别加以介绍，并说明在建筑绿化中的应用。

1. 乔木

乔木一般具有较大的体形，枝干明显，寿命长。乔木有大、中、小之分，应视建筑的体量，建筑内外空间的大小来选择。一般在作为建筑构图中的配景时，在建筑的前面不宜植过多乔木，以免影响建筑主立面的观瞻。在室内设乔木必须空间要大，否则空间局促、压抑。

乔木分有常绿乔木、落叶乔木、阔叶乔木及针状乔木。树种的选择一般据当地地理气候而定。如北方寒冷地区只能造落叶乔木及针状常绿乔木。

2. 灌木

灌木系矮丛植物，常作篱墙用来限定空间。如在草坪边、道路旁植灌木丛，用来限定人行路线。若将灌木丛修剪整齐或改用开花的灌木，可在室内外作分隔、围合空间之用。

3. 藤类

藤也称攀缘植物，需依靠其他物体延伸生长。如在架、栅或墙面上攀附可形成较大的绿化面并起到遮阳的作用，又可降低建筑表面的温度。室内宜作小面积的攀缘绿化，可沿隔断上攀或依墙面下部形成绿色屏障。

4. 竹类

竹属常绿乔木或灌木。在建筑的室内外植竹，其潇洒的叶片及优美的枝体使人处于清高雅洁的境地。

5. 花卉

花卉分草本及木本。草本花形、态、香俱佳，常用在重点装饰部位，也可植于花盆中做短时、灵活装饰之用。木本因多年生，其位置就应相应固定，如种植在草坪中，道路旁、庭院内、中庭中。

6. 草坪

草坪是低矮草本植物，用于覆盖地面，有观赏及使用功能，可用来调节小气候，防止硬地面扬尘，供人们休憩、观赏用。一般都用在室外多用。

知识链接8.3.2 植物的选择

对植物的选择会因人而异。因为不同人对植物的偏爱不同，这关系到人的性格、年龄、文化程度以至民族的不同。如我国人民习惯用不同植物来比拟人的不同性格。如用松柏象征坚贞不屈，万古长青的气概；以修竹造景表现人的虚心高节、清高雅洁的风尚；以腊梅表现不畏严寒纯洁坚贞的高尚品德；以兰花表现居静而芳，高风脱俗的情操；红枫则可表现不怕艰难，老而尤红的性格；荷花则表现出污泥而不染，廉洁朴素性格等。艺术家一般喜欢浪漫夸张的花木，树桩盆景；科学家喜欢严谨有序的规则式花卉盆栽；老年人喜欢古拙松柏等常绿盆景和带有吉祥之意的万年青、棕竹、天竹、寿桃、君子兰等；青年人喜欢色彩鲜艳，对比强烈的月季花、玫瑰花、菊花、海棠花等。

花代表爱情、幸福、和平和希望，是一切美好事物的象征。爱花是人之常情，赏花使人进入思考和联想。大诗人李白欣赏杜鹃花，赋诗“蜀国曾闻了规鸟，宣城还见杜鹃花，一叫一回肠一断，三春三月亿三巴”，引起千丝万缕的乡思。诗人杨万里欣赏杜鹃花，赋诗“泣露啼红作么生？开时偏值杜鹃声，杜鹃口血能多少，恐是征人泪染成。”激发出忧国忧民的感情。我国的兰花、幽香闻名于世，它野生于林间荒野，这种高风亮节，古人则歌颂它“不以无人而不芳”的气质，由于各人感受的不同，因而对花的情趣不一。

植物的选择还与地区、气候而各异。南方气候湿热，绿化的生存条件好，故植物的选择余地大、品种多。而在北方地区，由于气候干燥、冬季气温很低，许多植物就不适于这种条件。因此，要根据各地具体情况而定，特别注意选择本地区常见，并具特点的植物进行绿化。

不同品种的植物生态习性也不同。有喜阴有好阳，有耐寒、耐干旱瘠薄；有喜暖湿、有喜高燥等。不同植物的观赏部分也不同，有赏叶有观花的，花色也是五颜六色品种繁多。

知识链接8.3.3 公共建筑环境植物装饰

一、建筑出入口

出入口在建筑空间序列中占有“首席地位”，它是由室外通往各个不同室内环境的必经之路，起着空间过渡和人流集散的作用，还可兼有收发、传达、会客、存衣等回旋之用。因此，在进行植物装饰设计时，首先要满足在交通功能上的要求。不要影响人流，阻挡视线；其次要注意反映建筑的特点和性质，加强引导、对比的作用。出入口的植物装饰要简洁、鲜明。

在出入口植物装饰中，要根据总体的环境效果来确定植物种类。入口处光线比室外明显变暗，因此，一般应选择耐阴植物，如棕竹、旱伞草等。植物的色彩处理应得当，要体现出植物清秀的轮廓，给人以深刻的印象。暖色的植物，会给人以热烈欢迎的气氛；对淡色的墙面，应选择常绿、深色的植物；室内墙裙为深色，应选择淡色的植物与其相配。出入口陈设的植物，常常受到采摘或破坏，最好在宽敞的地方，放置一些梗类植物，如南洋杉或盆栽植物，如银桦、榕树等。

植物布置的形式要根据空间的大小来确定。空间较为开敞的，采用规划式布局。可在中排陈列应时盆花，如一串红、八仙花、一品红、菊花、万年青等，堆叠成花坛或做成花篮，形成视觉中心。前排以文竹、天门冬镶边；后排则以整齐、高大的常绿树盆栽作为陪衬，如南洋杉、黄杨球、棕榈等。对于空间较狭小的门厅，可在周边布置盆栽植物，或在垂直方向吊挂观叶植物，借以保证行动方便，又不影响视线。也可利用山水画、镜子等与植物相配，加大门厅的空间感觉，并调和气氛。

入口植物装饰还要注意室内、室外空间的过渡。如在出入口放置明显、高大的植物，或设置色彩艳丽的花坛，让人在远处就能判断此处为入口；也可在出入口道路两旁作对称的种植设计，见图8-11，使人在行进过程中，自然而然地进入室内；还可以通过突然变化的植物种类、形状、色彩等特性，使人的视觉连续受到阻断，引起对出入口的注意。同时，应尽量给人以开阔、舒展的感觉。

二、室内楼梯和走廊

楼梯，在现代建筑中是室内重要的竖向交通空间。用植物装饰楼梯，可以使其成为室内空间中一个精美的局部景观。

在楼梯与平台下的这段地面上，常见的有水景园、石景园和盆景园三种形式。用小池与植物配置，或借山石为壁，或在梯口平台上组成盆景园，免除了梯底死角，使梯面装饰与梯底山水景色融为一体，富于自然之意。当人们扶摇而上时，好像旋转在绿色的花园之中，再配以玻璃隔断，色彩将异常清新。

对于楼梯转角平台小的地方，可以靠角摆放一盆体形优美、纤细的植物，诸如橡皮树、棕竹、棕们等加以遮挡，或不等高地悬吊盆吊兰、常青藤等植物。

楼梯上、下踏步的平台上靠扶手的一边，可以交替放较低矮的万年青、一叶兰、书带草、沿阶草及地被菊等小盆花。下楼梯时，它会给人一种强烈的韵律感和轻松感。也可利用高矮不同的盆花，自上而下、由低到高摆放，以示楼梯的高低变化，缓和人们的心理感受，又能达到装饰目的。楼台的围栏如果是铁栅栏围成的，可摆设种植箱或盆，也可种植攀援植物。

走廊，具有室内交通及分隔与联络各个建筑空间的功能。人们在此停留驻足的时间少，一般不采用复杂的园林手

● 图8-11　建筑出入口两侧的植物装饰

● 图8-12　中庭植物装饰

段造景。常常通栏做花池来陪衬整个景观，或用适当的盆景点缀，来获得一定的气氛。多以衬景、邻景、借景和壁景来装饰走廊空间，增添其功能适应性。

走廊的植物装饰，要特别注意不能妨碍通行和保持通风顺畅。较宽的走廊，可分段放置一些盆花或观叶植物，可以利用不同的植物种类，突出每条走廊的特色。对于一些走廊局部空间突然放大的地方，可配以一些较大型的植物如橡皮树、龟背竹、龙血树、棕竹等。

三、室内中庭

现代室内中庭中，植物的装饰设计是其重要的内容，它能提供一个令人格外轻松、在感觉上与工作环境不同的空间。用于装饰的花草、树木轮廓要自然，形态要多变，高低、疏密与曲直各有不同。室内中庭常用的植物，如铁线蕨、银粉背蕨、荚果蕨、肾蕨、巢蕨等；观叶植物，如菖蒲类、各种万年青、海芋、一叶兰、文竹类、吊兰类、花叶芋类、散尾葵、旱伞草、龙血树、麒麟尾、球兰、麦冬类、竹芋类、龟背竹、豆瓣绿、冷水花、棕竹、绿萝、合果芋类、紫鸭跖草、吊竹梅等；观花植物，如秋海棠科植物、芒毛苣苔、凤仙、报春花类、紫罗兰、蟹爪兰等。但值得注意的是，室内中庭旨在为人们提供一个共享的空间，不要将其设计成为一个大温室。设计时应借用植物作为人对空间的参照物。

室内中庭应满足艺术与使用功能的要求。首先，植物装饰要与建筑空间的艺术格调相协调，形成典雅古朴、轻松活泼或富丽堂皇、野趣浓厚的特点。其次，中庭应与各使用空间有便捷的联系，又不能成为人们穿越的交通路线；同时，应使大空间通透，减少视线阻挡，增加接触自然环境的条件。如安装较开敞的大玻璃或天窗，减少人们在其中的封闭感，增加舒适度及安全感。最后，在共享空间使人产生留恋感——有强烈的停留要求，如图8-12所示。

室内中庭，在宾馆、饭店、医院和疗养院中是为宾客、病员和疗养人员提供休息的场所。在现代酒吧、餐厅、咖啡馆、卡拉OK厅、舞厅等餐饮、娱乐服务场所中，植物装饰也是绝不可少的，而且要求与规格在不断提高。室内植物装饰既反映环境的富丽堂皇，又要使人感到高雅、洁静、亲切和热情。

四、公务活动场所

1. 办公室

办公室植物装饰应突出清静幽雅、美观朴素的特点。其办公室的植物装饰，最好能与整个室内环境布置同时进行。灵活自然的安排方式，使办公室家具形态与植物装饰协调。特别注意植物装饰要设在不易被过往行人碰到的地方，而且要避免遮挡视线。办公室的面积大小不同，装饰的手法常常也有所区别。

办公室最好选用管理方便，并且维持时间长的植物材料，如各种观叶植物及干花，适量使用鲜花点缀。这已成为室内装饰的趋势。办公室内使用的植物数量，常常因空间所限不能过多，在比较显眼的地方布置二三处即可。常用植物有：喜林芋、绿萝、龙血树、橡皮树、变叶木、袖珍椰子、常春藤、龟背竹、散尾葵等木本观叶植物，以及草本观叶植物，如文竹、秋海棠、海芋、豆瓣绿、万年青、凤梨科植物、蕨类植物。

对于办公室面积较小的，可充分利用窗台、墙角以及办公用具等空闲处点缀少量植物（图8-13）。如在墙角摆放小型散尾葵或龙血树；在窗台摆放1~2盆花叶芋、变叶木、白纹合果芋、金边虎尾兰等；也可在少有人走动的窗前垂吊1~2盆绿萝、花叶鸭趾草、迷你龟背竹等；在办公桌上点缀小型的非洲紫罗兰、豆瓣绿、冷水花、四季海棠；公文柜及墙壁空闲处靠挂观叶植物等。

现代办公室趋向大空间，宽大开敞，室内用大量的植物替代了艺术陈设品，使室内更具有生机。在开敞式办公室内还可用植物进行空间划分，分隔成不同大小的空间加以利用。用植物划分出来的空间显得自然，并且各个小空间易形成相互渗透及视觉流通，比用隔断或屏风更具有灵活性与艺术情趣。

2. 接待室

一般行政、商业单位中，都有设施完善、标准较高的接待室，供接待客人、洽谈业务或其他公务之用。接待室内陈设舒适、典雅、精致，应根据接待业务性质的不同来安排全室的植物装饰。

在接待室中，选用的植物材料一般较小，以观叶植物为主，插花及盆花为辅，突出接待室商谈中“安静又活跃”的气氛，而且要大方端庄，如图8-14所示。

根据接待室的性质，植物装饰应各具特色。如商业经营的接待室，可用观花植物或色彩较艳的插花；面积较小的接待室可结合室外景观，共同烘托环境气氛；可利用建筑死角作园林小景处理，强化室内装饰效果。

3. 会议室

会议室的植物装饰应突出严肃、隆重的气氛。大型专门会议室，常在主会议桌上摆放3~5株小型盆花（如四季海棠、一品红等）或插花。其次，在主会议桌前面摆放两排盆花。前排放置密集矮小的观叶植物，如天门冬、吊兰、蕨类等，利用下垂浓密的枝叶遮掩花盆；后排植物根据季节不同，选择大丽花、月季、君子兰等观花植物，对称摆放，前矮后高。若观花、观叶植物协调地设计，不一定使用色彩夺目的花卉。

较大型会议室常将会议桌设置成长方形、椭圆形、圆形，中间留出空的地面，适当布置几盆较大的观叶植物或观花植物，如叶子花、杜鹃、菊花、巴西木、橡皮树、龟背竹等，这是全室装饰的重点。几株植物可以充实空间，还可以缩短人与人之间的距离，活跃空间气氛。在会议桌外围的沙发、坐椅或茶几后面可摆放花时常春藤、绿萝等花木，攀援生长，使人如置身于自然之中。也可适当布置观花和观叶植物。

中、小型会议室的植物装饰，以室内中央的会议桌为

● 图8-13 办公室中的少量植物点缀效果

● 图8-14 在一般办公环境中的接待区域中应用植物装饰

● 图8－15　中、小型会议室的植物装饰

● 图8－16　大客厅中的植物装饰

● 图8－17　小客厅中的植物装饰

重点。桌上可用插花或观叶、观花植物，如四季秋海棠、报春花、水仙、仙客来、非洲紫罗兰、花叶芋、万年青等。注意品种不宜超过两种，与桌布色彩要协调；两三瓶（盆）排列整齐，即可起到烘托和渲染室内环境的作用。其中，中型会议室角落可摆放龟背竹、橡皮树、花叶常春藤等，见图8-15。

知识链接8.3.4　家庭居室植物装饰

在进行住宅的室内环境的植物装饰设计时，应根据不同的房间特点进行考虑，使不同功能的居室环境各具特色，使家庭生活空间更加优雅宜人。

1. 客厅

客厅是家庭接待、团聚、休息、议事等的多功能活动的场所，是家庭的活动中心。总体上应会给人热情、温暖、丰富多彩之感。用植物进行装饰时，一定要注意数量不宜太多，种类宜单纯。太多不仅显得杂乱，而且生长不好。最好能根据季节的变化更换植物种类或花器。客厅内放置的植物切勿阻塞出入走动路线，且忌放在客人和主人之间，影响视线，给人以分隔不方便之感。

对于空间较大的客厅，玄关部位绿化装饰可以采用相当大而庄重的插花、树桩、盆景、五针松、锦松或罗汉松等，起到迎宾作用。角隅处如墙角、柜旁、沙发边、窗边可利用花架来布置盆花，也可放置大型花木，如龟背竹、苏铁、橡皮树、棕竹、棕榈等；还可用龙血树、鹅掌揪，或以它们为中心，用小型盆栽做衬托。如图8-16所示。

对于一般居室来说，客厅面积较小，常在18~20m^2。可选用1~2盆鲜艳的花卉，配以观叶植物，这样既醒目而又不零乱，见图8-17。客厅中央应选用小植株、枝叶细小的植物。如彩叶草、文竹、凤尾竹、花叶芋、四季海棠、瓜叶菊、水仙、蒲包花、四季樱草、球兰、仙客来等观花植物，显示热情、好客；也可用万年青、水芋、旱伞草、小型苏铁等观叶植物，显示南国风光。在客厅中，常常配有装饰画等，其不占客厅面积；再以吊竹梅、吊兰、天冬草、垂盆草、白粉藤类、蕨类、长春藤、绿萝等壁挂植物与之相衬托，会使整个客厅气氛融洽、环境宜人。

客厅是植物装饰的重点，最好能与家具配合。如在大型盆栽植物旁选用一些竹、藤家具，使人有身处大自然的感受。客厅中常有博古架之类的家具，依架内位置，可分别摆放盆景、插花、根艺、古玩及收藏的陶瓷艺术品等，展示主人的文化品味。同时，也可结合人工照明，令人感到温馨而富丽堂皇。

2. 卧室

卧室内植物装饰要求协调自然。面积较小的卧室，植物安排要少而精，以插花为主。较大的卧室向阳的角隅可适当放置一两盆中型植物。

一般的卧室摆放床后余下的面积往往有限。因此，植物装饰要尽可能地利用空间。如化妆台上装饰一瓶插花，如小盆仙客来、蕨类、竹芋类观叶植物。角隅处可布置巴西铁树、袖珍椰子等。在向阳的窗台上装饰1~2盆小型米兰、茉莉、仙人球、山影拳、扶桑、月季、石榴、仙客来等花卉；或邻窗吊挂一盆金边吊兰、月光花等。在有沙发的卧室内，在沙发中间的茶几上，装饰一瓶插花或水养一盆亭亭玉立的水仙，或摆一盆兰草，在沙发旁再摆放上一盆矮棕竹，这样就构成了比较完整的室内装饰。

3. 书房（工作室）

书房中的植物装饰应以雅为主，在雅中求静，着力突出“清新明快”的特点。

书房选用的植物，应给人以体小轻盈、姿态潇洒、文雅娴静之感。如观叶植物中的吊金钱、文竹、万年青、蕨类等。观花植物中花色偏冷色的如梅、菊、水仙等淡色品种，有利于形成安宁的气氛，创造良好的读书学习的环境，同时也可缓解学习工作的疲劳。

在房间面积不大的情况下，可利用墙面和房屋的上层空间作装饰。写字台上，在不妨碍文具使用的情况下，可放置小型兰草、文竹、水竹、凤尾竹、碗莲、万年青、彩叶草、非洲紫罗兰等，或点缀一盆小巧的盆景、插花。特别要注意盆景、插花的知识性和寓意性。向阳的窗台上可摆放1~2盆米兰、月季、仙客来等喜阳而清香美丽的盆花；窗口上可以吊挂1盆吊兰、鸭趾草之类观时的垂枝植物；书架上，可放置1盆枝叶下垂而潇洒的绿萝、吊竹梅或花叶长春藤。

4. 餐厅

用餐是每个家庭生活中必不可少的内容，同时餐厅又是招待客人的窗口。所以，餐厅室内的植物设计要有助于增进食欲，融洽感情。

在餐厅周围，可摆放色彩缤纷的中型观花或观叶植物。按不同季节进行更换。如，春季用春兰，夏季用彩叶草，秋季用秋菊，冬季用一品红等。

餐桌上的植物装饰不宜繁杂，在色彩、大小等方面要与餐桌相协调。在家庭宴会上，还可以用盆插花卉装饰餐桌。用1~3片观叶植物的叶片，加上1~3朵鲜丽色彩的大朵花的香石竹、百合、月季或小朵花的海棠、石竹、蒲公英等，镶嵌配置在盆器中，都会为餐桌添色增彩。对放置餐具、茶具、酒具等物件的餐柜，可做适当的装饰，如在顶上放置垂吊植物等。在餐厅即使一小瓶插花，其生趣盎然的花朵与绿叶令进餐者心情舒畅，食欲倍增，见图8-18。

5. 厨房

有些家庭似乎不太注重厨房的整洁与陈设。锅碗瓢盆乱扔，加上油烟、灰尘，厨房就成了整个居室中最脏乱的空间。其实，只要进行必要的整理，并给予适当的点缀装饰，如放置一些小型植物，厨房就可以变成具有较为轻松气氛的环境。

现代的厨房，面积较大。植物装饰要充分利用窗台、橱柜、工作台等，以小型花卉装饰，见图8-19。瓷砖对植物的碧绿色有良好的衬托，蕨类、鸭趾草、吊兰是适宜的种类，也可利用唐菖蒲等切花。

● 图8－18 居室中餐厅的植物装饰

● 图8－19 厨房中、小型植物的装饰

● 图8－20 卫生间中、小型植物的装饰

一些蔬菜可兼作观赏。如南瓜、苦瓜、番茄、辣椒、土豆、菜花，一些蔬菜的剩余物，如萝卜、球茎甘蓝等带叶的茎端部，分插于盛水浅盆中或葱、蒜、芫荽等调味菜分栽于窗台上，观赏之外也可随时采摘食用。待用的莴苣、花椰菜、四季豆等，注意摆放，也相当于一种花卉植物，别具一格。

6. 卫生间

卫生间的植物装饰应以整洁、安静的格调为主。卫生间内能布置植物的地方有限。所以，应多选用小型的植株，多利用墙面挂靠。注意不要妨碍盥洗室的功能，不要太靠近洗脸盆、便器放置植物。

装饰卫生间的植物，要选择本身适应性强的品种，如藻类、冷水花等。卫生间内，一般不必做特殊装饰，若在台面上、窗台上、贮水箱上放置一支小瓶，插上一朵小小的花朵或放置一小盆绿茵茵的小草，定会使这沉静的空间顿时生动起来，见图8-20。花朵和小草还可以创造清爽洁净的感觉。室内常有放置肥皂、清洁剂等用品的小架，可用它们摆放一些观赏植物。在卫生间的上方如留有露明管道，可以用来吊挂悬垂植物。

7. 窗台和阳台

窗台植物装饰增加了居室与外界自然交接的媒介，它不仅能使室内获得良好的景观，而且也丰富了建筑立面造型，美化了城市景观。

窗台的植物装饰，要注意构图的美感。每放置一株植物，均要做到有新意。植物布置时要留有余地，使植物的各植株充分伸展。注意层次分明，适当分类，及时调整，南北结合，色彩搭配。

窗台的植物一般用盆栽的形式，以便管理和更换。窗台处日照较多，且有墙面反射，应尽量选择喜阳耐旱的植物。

在阳台上放置一些植物顺理成章。由于阳台上阳光充沛，也可放置喜阳耐旱的植物。同时，较大的阳台可以做个植物角，与水景、隔架配合，形成一个优雅的阳光室。同时，布置一组茶几与藤椅，是人们休闲交流的好地方。注意选择不同花期植物，做到四季有花，次第开放。

参 考 文 献

[1] 彭一刚. 建筑空间组合论. 2版. 北京：中国建筑工业出版社，2003.

[2] 陈易. 建筑室内设计. 1版. 上海：同济大学出版社，2001.

[3] 来增祥，陆震纬. 室内设计原理. 1版. 北京：中国建筑工业出版社，1996.

[4] 张绮曼. 室内设计资料集. 1版. 北京：中国建筑工业出版社，1991.

[5] 曹纬浚. 一级注册建筑师考试辅导教材. 魏成林主审. 2版. 北京：中国建筑工业出版社，2003.

[6] 刘加平. 建筑物理. 3版. 北京：中国建筑工业出版社，2000.

[7] 龚锦. 人体尺度与室内空间. 1版. 天津：天津科学技术出版社，1987.

[8] 冯安娜，李沙. 室内设计参考教程. 天津：天津大学出版社，2000.

[9] 朱翔. 构成. 天津：天津科学技术出版社，1997.

[10] 郑钢，丘斌. 色彩构成艺术. 南昌：江西美术出版社，2000.

[11] 蓝先琳. 平面构成. 北京：中国轻工业出版社，2001.

[12] 石铁矛，时天光，蔡强. 建筑与绿化. 1版. 沈阳：辽宁科技技术出版社，1993.

[13] 戴志棠，林方喜，王金勋. 室内观叶植物及装饰. 2版. 北京：中国林业出版社，1996.

[14] 吴红叶. 家具与陈设. 1版. 北京：中国建筑工业出版社，1996.

[15] 卢安·尼森，雷·福克纳，莎拉·福克纳等. 美国室内设计通用教材. 陈明德，陈青，王勇，等译. 上海：上海人民美术出版社，2004.

[16] 刘超英. 家装设计攻略. 北京：中国电力出版社，2007.

[17] 刘超英. 家装设计学. 北京：机械工业出版社，2008.